Build Your Own Quadcopter

動手打造專屬四旋翼

使用 Parallax® Elev-8 套件
提升您的設計

唐納‧諾里斯 Donald Norris 著

CAVEDU 教育團隊 譯

馥林文化

目錄

※Elev-8 為美國 Parallx® 公司所推出之四旋翼套件。

※ 本書中之系統名稱、商品名稱皆為各家公司商標或登錄商標。此外，有關
　TM、©、® 等版權標誌，本書一概省略。

前言

當 我的編輯 Roger Stewart 問我是否有意願撰寫如何建造四旋翼的工具書時，我感到有些訝異。他似乎對這熱門玩意極有興趣，甚至想要為它出版一本工具書。我記得我曾向他提過，四旋翼很酷、很好玩，再加上我對於能讓這些飛行器啟動——不管是用人為操縱或讓它自動駕駛的技術，都相當有興趣，所以我自己組裝了一架頗大的四旋翼。因此我接受編輯的提議，現在您手上拿著，或是在電子閱讀器上閱讀的這本書就是因緣際會下的完成品。

我必須承認，身為一個多軸飛行器的愛好者，我擁有兩架 Parallax Elev-8、一架八軸飛行器，以及一架微型四旋翼。我也必須提醒您這個興趣會讓人上癮，您很快就會發現身邊充滿四旋翼，甚至極有可能會充滿四旋翼的殘骸碎片，這就是您必須為這項興趣付出的代價。但您也不用過度緊張，在盡情享受操縱四旋翼飛行的同時，將損傷風險降到最低並非難事。

接著，我想讓您知道，我以「高水平」的觀點（雙關語）以及在這本書中您將能得到的知識。首先這本書最重要的功能就是，只要參照第三章的教學指南，您就能學到如何成功組裝 Parallax 公司開發的 Elev-8 四旋翼。我必須誠實地說，本書的教學指南是我在 Parallax 公司的官方組裝說明的基礎上，再添註大量額外資訊，進一步深入說明、提供更清楚的組裝教學。如上所述，我覺得這本書比較偏向於替官方手冊「填漏補闕」的工具書。身為一個教育者，讓讀者僅僅學到如何組裝四旋翼還遠遠不夠，就教育意義而言，我有責任讓讀者了解建造一架構造精密的四旋翼背後所涉及的科學知識。因此，我將會詳細介紹組裝一架可以飛行的四旋翼所需要的基本零件，讓您可以依自身需求或喜好自由調整、組裝屬於自己的版本。此外，本書所討論的以性能來說屬於專業或半專業的四旋翼，而不是廉價生產的玩具飛行器。當然，我沒有嘲弄這些玩具的意思，畢竟它們也能供人玩樂，但請各位千萬不要將這兩種四旋翼混為一談，因為在接下來的章節裡，您就會知道它們有多　不同。接下來，請讓我娓娓道來本書將教導給您的知識。

第一章我將介紹四旋翼的歷史，或者說，這章將會回顧多軸飛行器的歷史。在 1920 年代還沒有無人飛行器的概念，因此當時所有的多軸飛行器都是可以乘載一人飛行的大規模飛行裝置。您可以在本章節知道這些飛行器的後續發展。接著我將跳到 1990 年代，半導體及電池科技的快速發展，提供了現代四旋翼的無限可能。

為了讓讀者真正了解四旋翼如何運作，我將「空氣動力學」納入第二章的內容中。您要知道，讓四旋翼飛起來的原理跟萊特兄弟的「飛行者一號」以及現代的「F-35 閃電 II 戰鬥機」都是相同的。因為我本身是個飛行員，我認為讓讀者清楚知道如何讓四旋翼成功起飛，以及在飛行時會運用到的空氣動力學原理是非常重要的。我會使用 PID 控制器理論進行「少量」的數學運算，讓讀者學習如何以基本的演算法和控制協定讓四旋翼維持穩定的飛行路線。

第三章涵蓋了所有和 Parallax 公司開發的 Elev-8 四旋翼的相關組裝教學。如果您只是想知道一份更加詳盡的組裝教學，那您只需要參照這一章就綽綽有餘了。當然，我希望讀者們對四旋翼系統的構成更加有興趣。接著讀下去，我保證您們一定不會失望的。

Parallax 公司提供的 Propeller 晶片是四旋翼的飛行控制板上的心臟。我們將在第四章探討這夢幻般的晶片如何製成，以及學習在這個晶片上編寫程式、進行實驗性的測試。我也會在這章介紹和解釋脈衝寬度調變（PWM），這是控制四旋翼的整合技術。

我們可以在第五章看到大型四旋翼推進系統的重要且不可或缺的零件，包括馬達、電子調速器（ESCs）和螺旋槳，最重要的是，您應該知道每個零件的使用限制及應用方法。如果讓您的馬達負荷過重，四旋翼很可能在最糟糕的情況下飛行失敗。

下一章我將介紹無線電遙控（R/C）系統。別擔心，我並不會要求您建立一個全新的 R/C 系統，但我確實希望您能明白為何某些 R/C 系統會因此比其他系統來得便宜許多。透過本章，您將知道擁有一個高品質的 R/C 系統，可以確保您在任何情況下都能正確安穩地操作四旋翼。當然，坊間也有許多廉價的 R/C 系統，儘管作為玩具令人滿意，但它們確實不適合用在相對來說較為昂貴及大型的四旋翼上，比如本書使用的 Elev-8。我還會告訴您如何編寫 Parallax 開發板來觀測 R/C 系統輸出的重要信號。

第七章將會介紹 R/C 級伺服系統，這聽來有些古怪，因為基本上 Elev-8 組合裡並未包含任何伺服器。我在本章節納入該伺服系統是為了確保您對這個設備相當熟悉，因為它被廣泛地用在「正常」的遙控飛機，以及調整過後的 Elev-8 上，主要功能為控制車載攝影機的傾斜角度。我也會告訴您如何在高品質的 R/

C 發送器的備用連接阜上建立一個 LED 閃光燈的電路。

第八章將以 GPS 定位系統為主題，首先我會簡單介紹 GPS 的功能，以及如何將 GPS 與四旋翼結合。我也會告訴您如何建立一個實時 GPS 數據回報系統，採用 XBee 無線傳輸技術，讓四旋翼收集到的數據傳回地面控制站（GCS）。理論上來說，使用 GPS 發送坐標來控制四旋翼的飛行路線會遠遠超過操縱者的視野可見範圍（LOS），因此，我極不贊同這種操作模式。

在第九章我想討論的是「機載影像系統」，這對四旋翼來說是個被廣為討論的熱門話題。本章會介紹兩種影像系統：一種提供高清、廣角的影像；另一種影像的清晰度較低，不過應用到影像處理軟體上依然綽綽有餘，我們也會在這一章介紹相關影像處理軟體。雖然我沒有在本章節多加著墨，但我想告訴各位，我參與了一個在我任教的大學校園中部署四旋翼影像監控系統的實驗。我要感謝 Lundy Lewis 博士對於本次實驗的協助與支持，本實驗的目的是理性探討在校園中部署這種系統的優缺點。

第十章的關鍵主題是「訓練」。學習如何安全地控制四旋翼是非常必要的，您需要極大的耐心，在您學會安全操作 Elev-8 之前，您必須利用模擬器重複操作、將步驟記牢。您將從玩具飛機跨越到專業級四旋翼這個全新領域。以玩具飛機來說，大多數人都能「從錯中學」，也不會毀損玩具或是危及到他人安全。但這對 Elev-8 可行不通。在您試圖實際操作四旋翼前（尤其是在擁擠地域的情況下），您必須經過充分練習並具備成熟技巧。

最後一章我將針對 Elev-8 的應用和為未來可行項目提出建議，例如自動飛行或是讓四旋翼以人工智能（AI）操作。我將針對「電子指南針傳感器」提出討論，它是相當重要的附加裝置，特別是當發展自動飛行成為未來趨勢時。本章也會簡單介紹「模糊邏輯（FL）」的概念，因為它是讓四旋翼以人工智慧操作的最佳控制方法。我要感謝 Robert Seidman 博士，他教我許多關於人工智慧的知識以及正確運用的方法，這相當有助於本章討論的主題。

我希望這本書能夠燃起您對組裝和操作四旋翼的熱情。您很可能在看過的文章或是新聞片段有所耳聞，相對於一般興趣，四旋翼這一嗜好所費不貲。整體來說，「無人駕駛裝置」這塊市場預計將在不久的將來成長到數十億以上。我希望這本書能助您加入這個瞬息萬變但極度迷人的嘗試與嗜好。

　　祝您的四旋翼一切好運！

唐納‧諾里斯（Donald Norris）

第 1 章
四旋翼簡介

多旋翼直升機簡史

多旋翼直升機中最為大家所熟知的，是以四個螺旋槳產升上升力的四旋翼（quadrotor 或 quadcopter）。它真的是臺直升機，因為其升力是由較窄的水平轉動旋翼產生。四旋翼的設計最早可追溯至 1920 年代的「De Bothezat」（如圖 1-1），這是一臺能載人飛行的直升機，該原型當時是由美國陸軍委託研發製造。

1922 年 10 月，這臺四旋翼直升機進行了第一次試飛，地點在現今的俄亥俄州戴頓的賴特‧派特森空軍基地。事實上，這臺直升機進行第一次試飛時有六個螺旋槳，後來有兩個螺旋槳被認為不必要而移除掉。De Bothezat 在幾年間試飛了超過上百次，但從來沒有飛離地超過五公尺，以及做出橫向的移動。這是因為對駕駛者來說，僅僅維持飛行高度就是一種具複雜性的高難度挑戰，所以更別說想試著橫向移動了。多旋翼直升機的發展因為橫向移動控制而受到了阻礙，直到能大幅減低駕駛員工作量的電腦輔助計算飛行控制系統的發明和運用後，情況才有所改變。美國陸軍在 1930 年代早期失去了對「De Bothezat」的興趣而讓專案壽終正寢，此專案總共花費超過 20 萬美元。

從 1930 年代早期到 1940 年代中期，直升機的發展漸趨停滯，至少在美國本土是這樣。但隨著二次世界大戰結束，直升機的開發工作又重新啟動，但多著重在傳統的設計，如採用主軸結合尾軸，或同轉主軸子這類的方式。無疑地，初期投資直升機的研發是著眼於它的可裝載力，四旋翼預期帶來的好處則遠遠大於它的複雜度與令人詬病的飛行特點。

美國陸軍終於研發出一款能派上用場的重載荷、縱列雙旋翼直升機——「Cinhook」，編號 CH-47。盡管這款直升機是在 1960 年代設計的，但為適應現今的環境經過多次改良與升級，目前仍是許多國家的現役機種。

美國國防部也有贊助「Osprey（型號 V-22）」的研發與製造，這是一臺混合動力、雙傾轉旋翼飛機，它可以像雙旋翼直升機一樣起降，但在巡航模式時，它的雙翼可轉到水平位置，進行像傳統飛機一樣地飛行。圖 1-2 是 V-22 裡駕駛艙的照片，可看到所有駕駛員可使用的驚奇科技。

圖 1-1 De Bothezat 直升機

Chinook 與 Osprey 都利用了電腦輔助飛行控制系統來大幅降低駕駛員的工作負荷，讓飛機能夠實際安全地飛行，否則連起飛都幾乎是不可能的事。

真正的四旋翼的發展變得遲緩，直到 1990 年代初期，當在日本有一款體積小、以無線遙控系統操作的四旋翼，名為 Gyro Scauer1，成功研發並在市場上銷售後，情況才有所改善。在我研究所有出現在世面上實用的四旋翼中，Gyro Scaucer1 是我能找到最早的實例。它利用機械式陀螺儀來保持平穩，以及使用小型電動馬達驅動螺旋槳。不幸地是，螺旋槳是由保麗龍製成，它碰到許多東西時都很容易解體，包括亮色布料的窗簾。Gyro Saucer 未從日本出口過，充飽電後只能提供約三分鐘的操作，這使得它所使用的系統無法得知。圖 1-3 是一張 Gyro Scaucer1 早期的照片。

第一個現代、廣泛使用的多旋翼飛行系統是 Draganflyer——由 Draganflyer 創意公司於 2000 年代初期設計並製造。Draganfly 以近代更複雜、可加裝更多功能的機體取代早期的設計。圖 1-4 是 Draganflyer 型號 X-8 的四旋翼機，這是一臺相當出色且平穩的飛行平臺。

圖 1-2 V-22 駕駛艙

圖 1-3 Gyro Saucer1 系統

　　X-8 四旋翼每個支架上都有一個馬達,每個馬達上也都裝有一對螺旋槳,因此總共有 8 個螺旋槳在它的機身上。在撰寫這本書時,這種四旋翼機種只是眾多可購買機型的其中之一。

　　大部分小型 R/C 多旋翼直升機的馬達數量是四個,但也有些型號的馬達數量是三個，或是多達八個馬達，甚至有些特例有更多的馬達。有一家名為 e-volo 的新創公司，計劃打造出一架擁有十八個螺旋槳可載人的多旋翼直升機——Volocopter。

本書只專注於小型 R/C 四旋翼的組裝與飛行，因為這是目前可選購的多旋翼直升機中，最具代表性，價格也最合理的。

圖 1-4 Draganflyer X-8

有關定義

我想對許多有關四旋翼相關的描述做一下簡要的分析。大部分的人所熟知的四旋翼描述大概就是無人機（unmanned aerial vehicle，UAV），無人機也可解釋成無人航空工具。遙控飛機（remotely operated aircraft，ROA）及遙控飛行器（remotely piloted vehicle，RPV）則是更明確的解釋說法，這兩種描述意味著航空器不會載人，而且所有航空器的控制，不是透過操控員從遠端利用基地臺控制，就是利用航空器自身的自律控制完成。這種作業方式的相關定義就稱作自律飛行器（autonomous aerial vehicle，AAV），這通常用來形容無地面基地臺、自我操控的無人機。然而，為防範機上的自動控制系統出錯，自律飛行器需要設定有地面基地臺能強制控制飛行器的權限。在設計任何自律飛行器時，故障自動防護模式的設計永遠是最重要的。

在解釋四旋翼時，無人機、遙控飛機、遙控飛行器是三種最廣為人知且最常使用的說法。微型飛行器（micro aerial vehicle，MAV）也是一個很常用的說法，它意指一臺小型無人機的長寬高皆小於 15 公分。在各種不同的研究計劃裡，都積極地發展微型飛行器與群體控制技術。這些計劃中的部分研發者希望能將昆蟲學的理論運用在微型飛行器的建造上，試圖讓飛行器達到昆蟲在真實世界中的表現與能力。

四旋翼的運用？

關於四旋翼要如何運用的答案，取決於從哪個角度切入──軍用或民用。四旋翼在軍事用途多是監控、蒐集情報、野外偵查（ISR），有時也會有關戰略的布署。四旋翼非常適合用來進行偵察工作，可補足定翼無人機所無法辦到的事，世界各地許多軍事組織都有使用四旋翼。在現今實戰中的所有戰術布署中，仍以裝配武力的固定翼無人機為主，像是圖 1-5 中的美國空軍 MQ-9 收割者無人機。

如前所述，四旋翼仍不能附載重物，如火箭、大砲，但似乎有許多軍事研究計劃正嘗試突破這個限制。如果一個戰鬥部隊可以布署一個小的空運武裝平臺，並且可以在戰場上方盤旋，依照命令鎖定敵人目標，這會擁有很大的戰略優勢。在古老的軍式諺語中「取得制高點，就是取得了戰略優勢」，但當戰略四旋翼出現後，這句話就該好好地重新詮釋了。

當下一般民眾使用四旋翼的方式比軍方更多元。表 1-1 有列出部分用法。

表 1-1 四旋翼的民間用途

法律強制力
私人財產的嚴密巡邏
農業測量
通信中繼
事發命令的支持
航空測圖
航空攝影
搖測惡劣天氣
大學專案研究
搜索跟救援

關於一般人民使用四旋翼無人機時，美國有一些法律上的限制，包括 FAA 要求不能飛離地超過 400 呎[1]，也不能飛得離機場太近。我很確定相似的規範在每個國家裡都有，所以建議您先去查查當地所適用的法律與規定。

所有美國居民都應該要知道，在自己住所上方的天空並非只有自己能使用。

1　約124公尺。

在1964年美國最高法院的「United State v.Causby328 US256 1946」判決中提到，在合理占用或是用來連接居住用地的情況下，他人可以使用土地所有者的土地上空。以下是法院判決文中確切的文字。

在美國，關於天空沒有合法擁有的權力。除非在有理且有限度的使用下，任何人對於私有財產的空中領域並不具有控制及所有權。空域在一定高度以上就是大眾的空間，沒有任何人可以控訴飛機或相似飛行器侵入他的土地。

圖 1-5 美國空軍 MQ-9 收割者無人機

法院判決文中一開始的拉丁文是參考英國的普通法，其主張土地擁有者擁有從地表至天空的所有權。顯然地，這個判決不適用於美國，否則將會天下大亂，因為航空公司必須要取得土地擁有者的同意才能飛過。正如之前提過的，讓四旋翼飛在某國上空（除了美國）之前，先去向適宜的權力單位確認是比較明智的。否則，您可能不小心就會侵入別人的領地。

有關即時視訊監看的限制或規範才是大問題。在操控所有搭載視訊裝置（不管是機載視訊裝置捕捉畫面或是以視訊方式傳送畫面）的四旋翼時，都要小心謹慎。簡單來說，千萬別將 的四旋翼（不管有無搭載視訊裝置）飛到附近鄰居的房子周圍並試圖從窗戶窺探其隱私。就算是以四旋翼飛越附近鄰居家是合法的，也不要有任何窺探隱私的好奇心。就我來說，當要以四旋翼飛越鄰居家上空或是飛近鄰居家時，絕對會事前跟鄰居打聲招呼。

Elev-8 四旋翼的設計

根據 Parallax 公司的總裁 Ken Gracey 的説法，Elev-8 計劃是源自一次 Hoverfly 公司人員到公司拜訪之後，所獲得的啟發。Hoverfly 公司製造可以裝載相機系統的四旋翼或六旋翼，也設計和製造飛行控制板，這就是 Hovenfly 公司拜訪 Parallx 公司的原因。

之後，Parallx 公司一些聰明的工程師設計了一個不同於以往且聰明的八核心微控制器，並恰當地將之取名為 Propeller。設計者們決定將核心命名為「cogs」，我認為會這樣命名的原因，是為了強調與傳統的多核心處理器相較之下，這顆處理器有更多的共同運算方法（後續章節將更深入介紹 Propeller Chip）。

Hoverfly 的設計師和工程師體驗到 Propeller 晶片獨特的能力後，決定讓他們的飛行控制板使用這款晶片。再者，這趟拜訪 Parallx 總部的目的，在於展示他們的四旋翼。Ken 著迷於他們的展示，而且意識到他和他的公司也必須要加入這志同道合的計劃，而這就是 Elev-8 計劃的起源。Ken 也認為提供四旋翼的套件包會比提供已組裝完成的四旋翼更好。這個想法符合 Parallx 的專長——提供製造者和使用者零件和半成品來取代完整的成品。有時候，Parallx 也提供完整組裝的產品，但這似乎完全不是他們擅長的運作模式。

建構基本款的 Elev-8 套件就不是件容易的事——為了讓製造者得以成功做出 Elev-8 而不會花太多錢或是太困難，Ken 和他的兩位工程師夥伴，Kevin Cook 與 Nick Ernst，必須確認合適的零件。他們面對的許多問題和設計決策將在後面幾個章節討論，讓您得以清楚了解這些複雜的決定。

Ken 很快就決定將完整組裝好的 HoverflySPORT 控制面板與 Elev-8 套件結合。使用者得以用遙控器直接操控四旋翼的關鍵就是飛行控制板。HoverflySPORT 控制板如圖 1-6 所示。

第二章會深入探討四旋翼飛行動力學的複雜性，很快地您就會了解為什麼飛行控制板的設計和製造還是委託給專業人員比較好。

圖 1-6 HoverflySPORT 控制板

話說回來，目前的 Elev-8 套件裡的控制板是 HoverflyOPEN，這讓博學的使用者可以用自己撰寫的控制程式取代原始的控制程式。圖 1-7 是 HoverflyOPEN 控制板。在第二章中，我也將會提出使用個人撰寫之飛行控制程式的利與弊。

Elev-8 主要的電動 / 電子元件

組成 Elev-8 系統的主要電動 / 電子元件如圖 1-8 所示。扣除掉一些電線、連結器，或是一些非必要的遙測元件與 LED 顯示元件後，Elev-8 的重要元件僅有 11 個。

只有 11 個重要元件的 Elev-8 不是個非常複雜的飛行器，這主要歸功於 HoverflyOPEN 控制板提供了自動的控制功能。圖 1-9 展示一臺完整組裝後基本款的 Elev-8。

您可清楚看到，HoverflyOPEN 控制板與 SpektrumAR8000 接收器是安裝在四旋翼的頂部。圖中可以清楚看到四旋翼前方的電源線未接上鋰聚合電池。四旋翼右處的兩根鋁管上貼有紅色格子的印花圖案，此外，左側的管子上貼有黑色格子的印花圖案。紅色的印花有著非常重要的用途：用來指出 X 型四旋翼的前方飛行方向。前方永遠在兩紅格子管子之間。第二章會繼續介紹 X 型和其他型態的飛行器。

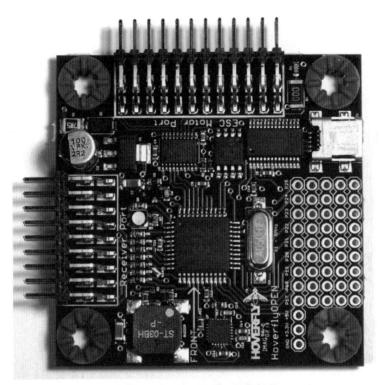

圖 1-7HoverflyOPEN 控制板

　　圖 1-10 裡是我在 2012 年所打造的第一臺 Elev-8。

　　每一臺 Elev-8 建構完後多少都會有一定程度的不同。它們都從位於加州羅克林的 Parallx 公司所販賣的基本套件包開始組裝。使用者可以，也鼓勵，自行改裝套件來滿足他們各自的偏好。改裝的範圍包含加裝像 LED、攝影機、GPS 定位器等項目。舉例來說，我在自己的第一臺四旋翼上加入獨立的微控制器，Basic Stamp II，這讓我能夠獨立控制裝在四支支架下的 LED 燈條。圖 1-11 裡可以看到 Basic StampII 開發板已安裝在 Elev-8 兩片主結構板（聚甲醛樹脂板）之間。LED 電源分配原型板設置在一張印有 Elev-8 卡紙的下方。

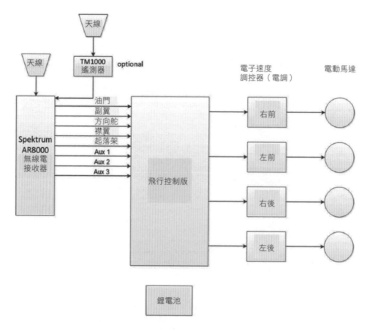

圖 1-8 Elev-8 主要的電動／電子元件

圖 1-9 基本型 Elev-8 四旋翼

圖 1-10 我的第一臺 Elev-8 四旋翼

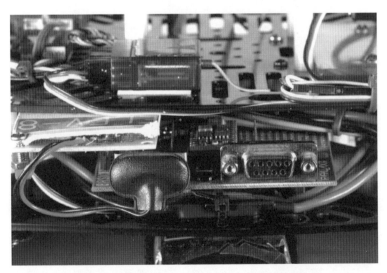

圖 1-11 用來控制 LED 的 Basic Stamp II 開發板

圖 1-12 LED 條

在照片中可清楚看到的 DB-9 連結器，只用來編寫 Stamp 晶片，其他時候則不會用到。

圖 1-12 則是其中一條裝在支架底下的 LED 燈條。每一條塑膠背條上裝有 6 顆 LED，它們只需要兩條電線來供電與控制亮滅。

我也加入了遙控伺服機控制的停止開關，這是終極的故障保險裝置，一旦四旋翼失去控制就可派上用場。圖 1-13 裡就是這個伺服機控制開關。

這個開關可以遙控觸發，一旦觸發後會立即切斷四旋翼全部的電源，讓它直接從空中掉下來。要記得，相較於造成他人的身體受傷與財產損失，摔壞四旋翼會比較恰當，而且損失也較少。

圖 1-13 伺服機控制的停止開關

結論

在這章裡，我從多旋翼發展的簡史開始說起，講到了多旋翼開始於 1920 年代大型的載人飛行器 De Bothezat 直升機。這計劃證明了，對於人類駕駛來說，要安全地操控這臺飛行器飛行，難度相當高。這結果延誤了多旋翼的發展，直到電腦科技成為安全飛行不可或缺的支援後，情況才有所改善。有兩個重大的發展路徑，使得多旋翼的發展更進步：（1）1970 年代，軍隊充裕的資金讓可載人的多旋翼飛行器得以發展與生產；（2）1990 年代日本市場上出現了小型遙控無人多旋翼機。

接著，多旋翼似乎有許多令人混淆不清的描述，我藉由各種定義來幫助釐清。

無人航空工具（UAV）顯然是對四旋翼最貼切的描述。

有關軍方與民間對於四旋翼用途的這一段中，介紹到一般民眾手上對於四旋翼的應用遠比軍事用途來得多元。我也介紹了一些您必須要注意並遵守的法律。

Hoverfly 公司的飛行控制板採用了 Parallax 公司的 Propeller 晶片，這促成了 Elev-8 四旋翼套件的誕生。Parallax 公司的總裁決定生產一個套件包，裡面包含了 Hoverfly 飛控板，讓使用者在合理的花費下打造出一臺高效能的四旋翼。令人驚奇地是，基本型 Elev-8 的主要電動 / 電子零件居然只有 11 個。

本章最後也介紹了一些可以與 Elev-8 基本款結合的附加與強化套件。後續章節中會深入討論即時影像附加元件。

第二章將會提供一個四旋翼飛行動力學的詳盡討論。我強力建議您仔細地閱讀下一章，這樣能對四旋翼飛行力學有更清楚的理解。這個知識將會增進您的控制技能。此外，如果夠投入的話，您會更認識四旋翼的基本控制方式，同樣地，也有助您自行開發軟體。

第 2 章
四旋翼飛行動力學

飛行基礎知識

　　我將會用基本飛行原理揭開本章的序幕，這基本原理也適用在任何有機翼的飛行器上。這些知識對您來說非常重要，能讓您理解四旋翼是如何飛行的，以及它與其他普通飛機之飛行特性有何不同。

　　圖 2-1 中是一架具代表性的萊特 1903 飛行器（Wright 1903 flyer，圖片由 NASA 提供），共有四股空氣動力學上的飛行力，同時並連續地作用在它上面。圖中的這四股作用力會在後續的表 2.1 中說明。

　　這些力適用於所有的飛行器——從萊特兄弟的 Wright Flyer 到現代的 F-35 聯合打擊戰鬥機。飛行器對於這些力的回應方式會決定了它要爬升、下降、平飛或是轉彎。

　　四旋翼與其他一般飛行器的差別在於它沒有機翼的設計，因此無法藉由機翼提供升力。四旋翼上每一隻支架的末端都裝有馬達，升力全由馬達提供的推力作為替代。此外，由於四旋翼所產生向上和前進的移動速度太小，所以不用考慮阻力的因素。如此一來，只有兩個主要的力會影響四旋翼：推力和重量。由於重量是一個固定的力，只能藉由不同的設計或是調整負重來改變它。這使得四旋翼唯一能控制的力就只剩下推力。然而，推力幾乎完全與馬達的旋轉速度成正比，這意味著控制馬達轉速就可以完全控制四旋翼的飛行路徑。當所有馬達達到足夠的轉速且一致的話，四旋翼將會向上飛到空中。在第一章曾討論過，垂直的飛行路徑是早期 De bothezat 直升機實際上唯一可行的飛行路徑。調整一個或是多個馬達的旋轉速度是唯一可以改變四旋翼飛行路徑的方法。對四旋翼的駕駛員來說，調整路徑是最令人怯步的一件事，他們必須靠自己的平衡感將它轉換成馬達轉速的實際變化。這並不難理解在自動飛行控制科技問世之前，為什麼有人駕駛的多旋翼飛行器是一個遲遲無法實現的目標。

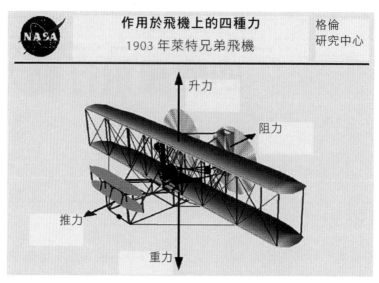

作用於飛機上的四種力

1903 年萊特兄弟飛機

格倫
研究中心

NASA

升力

阻力

推力

重力

圖 2-1 以萊特兄弟 1903 年的飛機說明飛機飛行時的四種力（感謝 NASA 提供圖片）

　　四旋翼飛行動力學也極為重要的，還有平衡和重心這兩個飛行原理，兩者皆與重量有直接的關係，也是基礎飛行力的一種。重量必須妥善配置才能讓飛行器飛得安全。要如何決定安全的重量配置可以從飛行器的基礎設計方法開始，這運用了重心（COG，center of gravity）的概念。重心可以想像成在飛行器裡的一個虛擬點，如果從重心將飛行器吊起來的話，飛行器會處在一個完美地平衡狀態。在真實世界裡，會利用重心來檢查飛行器是否穩定──包含了機身、燃油、乘客和貨物的整體負重是否能保持在預先規劃的設計限制內。如果答案是肯定的，也代表了飛行器可以安全地飛行。四旋翼的重心可以想成在直升機裡的一個點，可以拿一條繩子綁在上面，懸掛起來會呈現完美的平衡狀態。很自然地，大家會預期四旋翼的重心與實體中心是在同樣的位置。如果重心偏離實體中心時，四旋翼會變得不太穩定，如果兩者相離太遠的話，四旋翼很可能變得無法控制。當您需要在四旋翼上加裝某些裝置時，絕對要考慮重心這件事情。舉例來說，為了取得更好的視野，將攝影機模組外推，裝在靠近支架上馬達的附近，這可能會影響到四旋翼的重心，使得飛行不穩定。

飛行軸線

　　要完全了解飛機的飛行動力學，就必須討論三個物理軸，以及三個軸向的旋轉。圖 2-2 中是一臺小型通用航空（GA）飛機，您可看到貫穿機身前後的縱向軸。貫穿機翼的橫向軸與縱向軸位在同一平面並且互相垂直，相交於機身重心。

第三軸稱為垂直軸，垂直於其他兩個平面，也交會於重心。圖 2-2 中可以看到三根軸上的旋轉運動，相關説明請參考表 2-2。

表 2-1 四個空氣動力學飛行力

力	描述
重力	由地球引力作用在飛機上所產生之向下的力。
升力	由快速通過機翼上下的空氣所產生之向上的力。
推力	由螺旋槳將空氣推向後所產生之向前的力。
阻力	由機身與其非流線型附屬物造成之風阻所產生之向後的力。

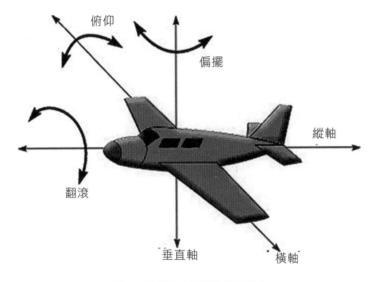

圖 2-2 飛機基本三軸與操控動作

　　實際飛行路徑的轉變是組合了翻滾軸（roll axis）與偏擺軸（yaw axis）的旋轉，而其源自於駕駛員對副翼（在機翼邊緣的可摺疊平面）與方向舵的控制動作。圖 2-3 裡説明了作用在四旋翼上的三種旋轉運動與對應的軸。圖中的四旋翼是 X 型，將會在下一章節討論。然而，不論四旋翼長什麼樣子，俯仰、翻滾、偏擺等旋轉運動對於各對應軸來説都是一樣的。

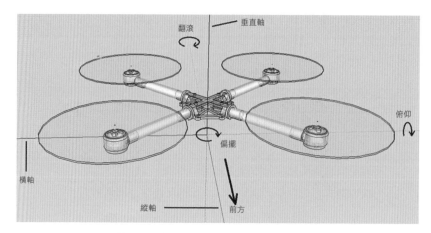

圖 2-3 四旋翼基本三軸與各自的旋轉動作

表 2-2 空氣動力學旋轉動作

名稱	軸	描述
俯仰	橫軸	圍繞橫軸旋轉讓飛行器爬升或下降。
翻轉	縱軸	圍繞縱軸的旋轉讓飛行器沿著直線翻滾而不會改變方向。
偏擺	垂直軸	圍繞垂直軸的旋轉讓飛行器向左轉或向右轉。

四旋翼的基本配置

　　基本型的四旋翼只是一個延伸出多隻支架的中心平臺，裝有螺旋槳的馬達安裝在每個支架的尾端，而從這樣的基本配置又產生了各種變化。圖 2-4 是一些最常見的配置。

　　圖中左上角的是＋型，而中間的是 X 型。X 型也就是 Elev-8 所採用的配置。＋型和 X 型唯一的差異在於對於前進方向的定義。＋型的前方會永遠對齊著某隻支架，而 X 型則是對齊在兩隻支架的中間。很重要地，您得在飛行控制板上設定好實際的四旋翼形態，否則將無法正常控制四旋翼。

　　在圖 2-4 中，所有馬達的位置都有順時針或逆時針的旋轉設計，目前我先不提可以雙向旋轉的位置。從上方看下去，順時針和逆時針旋轉的位置是交錯配置，這可確保作用在四旋翼的淨力矩為零，因此，當所有馬達等速旋轉時機身不會偏擺。當全部馬達的旋動方向都相同時，這會讓機身劇烈偏轉，這可利用牛頓第三運動定律解釋：所有作用力都會有一個反向且大小相同的反作用力。因此藉由個別調整順時針和逆時針馬達的轉速，就能使四旋翼轉向。

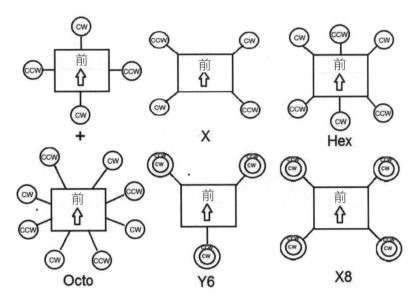

圖 2-4 基本四旋翼配置（CW：順時鐘；CCW：逆時鐘）

　　順時針和逆時針轉動的馬達上所使用的螺旋槳是不一樣的。圖 2-5 中的螺旋槳是設計成用來逆時針轉動的。這款螺旋槳是 10×4.7 的慢速槳，型號 LP 20047 SFP，Elev-8 套件中的一部分。數字 10 代表螺旋槳直徑，單位是英吋。4.7 則表示每一轉可以在空中推進多少英吋，這個數字也可以當成螺旋槳的螺距（pitch），不過別把它和先前描述飛機姿態之空氣動力學的俯仰（pitch）搞混了。螺旋槳的螺距值愈大，表示每轉動一圈可以吃到的空氣量也愈大。相反地，螺距值值愈小表示每轉動一圈吃到空氣量也愈小。螺距值愈大也意味著需要驅動馬達提供的力矩也愈大，換個角度來看，馬達需要的電力也愈大。慢速螺旋槳（Slo-Flyer）在轉速（轉／每分鐘）設計上比高轉速螺旋槳慢得多，它的轉速上限大約是 7,000 轉／每分鐘，而高速螺旋槳的轉速都在 15,000 轉／每分鐘以上。高速螺旋槳的螺距多半比較小，因為要把大螺距螺旋槳以這麼高的轉速推動一段時間，説真的有點不切實際。

圖 2-5 逆時針旋轉的 Elev-8 螺旋槳

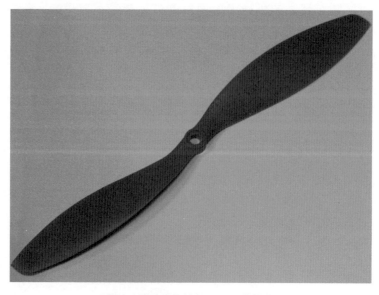

圖 2-6 順時針旋轉的 Elev-8 螺旋槳

　　圖 2-6 裡的螺旋槳是 10×4.7 的慢速槳，型號 LP 10047 SFP，是設計成用來順時針轉動的。與前一種相比，兩者的唯一差異在於螺距的角度，這也是為什麼確認馬達裝的是正確的螺旋槳這件事至關重要，這個馬達必須符合螺旋槳額定的最大轉速。

眼尖的讀者應該在圖 2-4 下排中間發現一個有三支架的多旋翼。很顯然地，這樣的配置在力距上是不平衡的。然而，「Y6」用了個聰明的把戲來抵消奇數支架的影響。在每一個支架尾端的馬達都驅動了兩個螺旋槳，一個在上端一個在下端。上端的螺旋槳順時針轉動，而下端的螺旋槳則是逆時針轉動，因此下端螺旋槳會抵消上端螺旋槳的力矩影響。另一個比較複雜的方式為每一支架上都裝上兩個馬達，分別驅動上、下端的螺旋槳。無論是哪一種方法都可以讓多旋翼根據需求裝配奇數數目的支架。

而位置在圖右下方的四旋翼稱為 X8，因為在每一支架尾端都有兩個螺旋槳，無論是一個馬達驅動兩個螺旋槳，或是有兩個馬達分別驅動單一螺旋槳。螺旋槳數變成兩倍，推力當然也會大幅增加，但相對於一般的四旋翼來說，X8 每個馬達的耗電量也更大。

飛行控制

在介紹如何控制四旋翼的飛行路徑之前，先說明一般飛機的飛行控制比較好。原因很簡單，因為無線控制系統本來就是設定用來控制飛機而非四旋翼，而且您必須知道，當每次輸入控制命令後就會「自動轉發」，這點很重要。圖 2-7 是個外部控制表面，可根據駕駛員所要求的控制動作來改變飛機的俯仰、翻滾和偏擺狀態。

圖 2-8 是現代西斯納（Cessna）172S 型小飛機的駕駛艙內裝（一般也稱作「玻璃」座艙），裡面裝配有一款 Garmin G1000 航空電子套件。為了方便討論，我在圖中把方向舵（york）、方向舵踏板（rudder pedal）和油門（throttle）都標示出來了。駕駛員通常坐在左邊，藉由拉起方向舵讓飛機爬昇，前推方向舵來下降高度，藉此來改變飛機俯仰的姿態。爬升或下降操作時經常要搭配油門的變動。從外部看，圖 2-7 中的升降控制面，就是與爬升和下降動作有關。

進行協調轉彎時，可將方向舵向左或右轉，同時還要根據轉彎方向適當地踩下方向舵踏板。只操作方向舵一樣可使飛機轉彎，但飛機可能會在轉彎的過程出現側滑（slip/skid）的現象，進而造成轉向的效率降低。在圖 2-7 中與轉彎有關的，是飛機外部的側翼和舵控制面。只轉動方向舵只會使飛機繞著偏擺軸轉動，但行進方向不會改變。而側翼則是單獨用來當作外部的控制面。

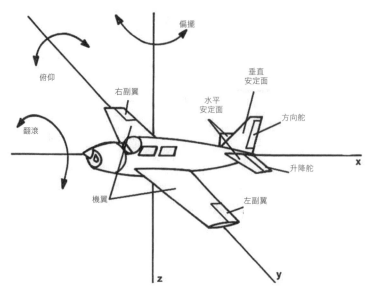

偏擺

俯仰

垂直
安定面

右副翼

水平
安定面

方向舵

翻滾

x

升降舵

機翼

左副翼

z

y

圖 2-7 飛機的控制面

操縱桿

油門

方向舵踏板

圖 2-8 Cessna（飛機製造商）172S 型飛機駕駛艙

四旋翼控制

　　現在最基礎的飛機控制已經討論過，我們可以開始討論四旋翼的控制了。四旋翼可以當成一般無線遙控飛機來操控。控制上的差異在於，四旋翼的飛行控制板在擷取到一般飛控指令後，將其轉換成適合的馬達轉速控制訊號。對於沒有一般飛機該有的機翼、側翼、橫舵柄和擋板等的四旋翼來說，這就是唯一的控制方法。圖 2-9 是從 Spektrum DX-8 的使用手冊所拍下來的圖片，也是我用來控制 Elev-8 的發射器。

　　左側的搖桿可同時控制油門和方向舵，而右側的搖桿則可控制側翼和升降。將左側搖桿向前推或向後推，可控制所有馬達加速或減速。同時將所有馬達加速會讓四旋翼垂直升空，就像是一般飛機向上爬升高度。很明顯地，同時且等量地減少馬達的動力將會使四旋翼下降。將右搖桿向左或向右移的時，會出現一些很有趣的控制動作，就像是控制一般飛機的升降。就一般飛機來說，改變升降舵就會改變飛機的俯仰姿態。而四旋翼的仰俯則是透過改變重心前方所有馬達的速度來達成，減少該馬達的速度會讓四旋翼向前飛行。然而，四旋翼飛行的高度不應該受到仰俯命令的影響產生變化，因此這不單只是改變馬達的速度就好了。為了維持飛行高度與改變俯仰姿態，所有馬達的速度都要改變。對於釐清四旋翼所有的運行方式，以下的一組公式應該有所幫助。圖 2-10 是圖 2-3 的修正版本，圖中顯示所有馬達以及所相對應的公式和旋轉標示。

遙控器模式 2 說明

注意：請參考第三章了解如何變更遙控器模式。

警告：為確保天線安全

請勿嘗試用天甄勾住任何重物、抓住天線拿起遙控器、
或是將天線以任何方式折彎。若遙控器天線或是相關零
件損傷，輸出強度可能會受到嚴重影響，因而造成飛機
墜機、人員受傷或是財產損失等狀況。

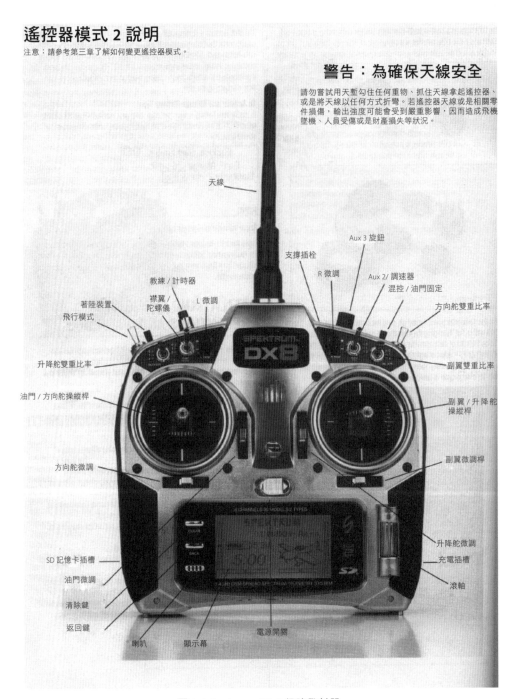

天線

Aux 3 旋鈕

支撐插栓

R 微調

Aux 2/ 調速器

混控 / 油門固定

教練 / 計時器

襟翼 /
陀螺儀

L 微調

方向舵雙重比率

著陸裝置

飛行模式

升降舵雙重比率

副翼雙重比率

油門 / 方向舵操縱桿

副翼 / 升降舵
操縱桿

方向舵微調

副翼微調桿

升降舵微調

SD 記憶卡插槽

充電插槽

油門微調

滾軸

清除鍵

返回鍵

喇叭

顯示幕

電源開關

圖 2-9 Spektrum DX-8 信號發射器

MP1 ＝左前方馬達的速度
MP2 ＝右前方馬達的速度
MP3 ＝左後方馬達的速度
MP4 ＝右後方馬達的速度
T ＝油門設定

垂直朝上或下飛行：

MP1=MP2=MP3=MP4=T

在空中滯留並改變俯仰姿態：

為了讓四旋翼沿著橫軸仰俯，MP1 和 MP2 的馬達速度必須要改變。
然而，若只改變這兩個馬達的速度，之前建立的飛行高度將會跟著
改變。因此，飛行控制板在計算需抵銷前方馬達作用的補償速度
後，對前方馬達速度進行減法補償，同時對後方馬達速度進行加法
補償，如此可達到允許改變仰俯姿態而不改變全部油門的設定。這
樣一來四旋翼就不會改變飛行高度了。

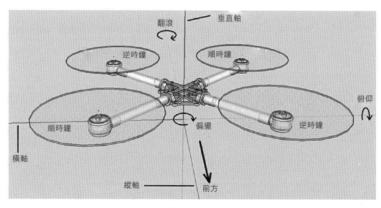

圖 2-10 四旋翼馬達識別示意圖

```
MP1=T-offset
MP2=T-offset
MP3=T+offset
MP4=T+offset
```

而您應該也了解到，可在改變仰俯姿態時同時調高油門的設定，而
這會推進四旋翼逐漸上昇，而不是垂直爬升。

在空中滯留並進行改變偏轉

使四旋翼產生偏轉但不改變飛行高度的方式類似於改變仰俯姿態，
偏轉是將想偏轉方向的不同轉向馬達速度調慢，這樣四旋翼就會向
想偏轉的方向偏轉。這表示若是想進行逆時針方向偏轉，所有順時
針轉的馬達必須進行減法補償，但為了保持飛行高度，要同時對所
有逆時針轉的馬達進行等量加法補償。

```
MP1=T+offset
MP2=T-offset
MP3=T-offset
MP4=T+offset
```

在空中滯留並進行改變滾動

增加預定滾動方向的同側馬達速度，同時減少另一側的馬達轉速，
可使四旋翼滾動。以下方是向左滾的方程式。

```
MP1=T+offset
MP2=T-offset
MP3=T+offset
MP4=T-offset
```

先前的方程式組都非常直觀，也能代表飛行控制板執行的演算法。然而，四
旋翼的飛行控制不是像方程式組這樣地簡單。四旋翼能自動控制意味著至少

有一個感測器會將四旋翼當下的情況和位置的資料回傳給飛控板，進而控制四旋翼保持在想改變的位置上。HoverflyOpen 飛控板上的主要感測器是應美盛（Invensens）公司型號 ITG-3200 的 MEMS 三軸陀螺儀。圖 2-11 是一片裝有陀螺儀的 HoverflyOpen 飛控板。

圖 2-11 Invensense ITG-3200 陀螺儀

這個感測器能快速地偵測到三個先前討論過的軸之角速度的每度變化。圖 2-12 顯示感測器要測量的三個軸，因此很重要的是，感測器所測量的三個軸要與四旋翼的三個軸對齊。圖中的＋Y 必須要和四旋翼的前方對齊。

飛控板本身必須要正確對齊四旋翼的前方，而感測器左上角的圓點則是確認感測器是否對齊飛控板的關鍵。若感測器沒有正確對齊飛控板，表示陀螺儀不會精準地測量角速度，這會使得四旋翼有控制上的問題。

　陀螺儀感測器會把每一個軸的原始資料以序列格式高速地傳給飛控板的主要處理器。主要處理器是 Parallax 的 Propeller 晶片，這在本書第四章會深入討論。現在需要注意的是，為了產生對應使用者希望四旋翼動作的馬達控制速度指令，從感測器產生的原始資料所擷取出來的大量資訊要經過困難且複雜的計算。同時也進行大量的即時訊號過濾，將雜訊的干擾忽略掉，只有與使用者命令有關的訊號才會處理。

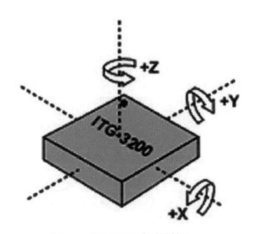

圖 2-12 ITG-3200 感測器軸向

PID 控制法

　PID 控制的 PID 是比例、積分、微分的縮寫，幾乎所有四旋翼的控制系統都使用這種控制。PID 控制的背後理論相當地簡單易懂，可以從圖 2-13 裡的方塊圖開始切入。

　所有的控制系統都有控制變數，而這些變數都需要是特定值。例如，恆溫器是一個常見的家用加熱系統（或是冷卻系統），而在這系統中室溫便是一個控制變數。我們可以在恆溫器上設定一個溫度，如果實際室溫低於設定溫度，恆溫器就會指示暖氣爐的加熱系統（加熱空氣或水）加熱以提高室內的溫度。加熱系統會持續加熱，直到室溫達到設定溫度為止。因為窗或門的熱流失會導致室溫自然下降，因此只要室溫低於設定溫度時，控制流程就會重新啟動。我們稱熱流失為系統干擾，這也是為什麼需要溫度控制系統的原因。真實世界裡的所有系統都有自己的干擾，因此需要控制系統來維持平衡、對等或設定值。圖2-13 裡的系統運作構成要素在表 2-3 裡有說明。

恆溫控制的暖房系統是閉迴圈控制系統範例。感測器不斷地讀取室內溫度，並將感測到的溫度讀數傳給控制器。由於控制器已設定有預設溫度，因此即時的室內溫度與預設溫度的差值便為誤差訊號，控制器再根據此一誤差訊號讓系統或機器開動，直到誤差歸零為止。當現實上無法做到誤差為零或是系統功能需要偏移量時，感測值與設定值之間允許有偏移值。

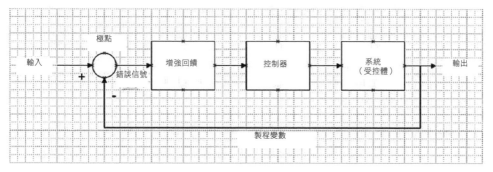

圖 2-13 PID 方塊圖

表 2-3 PID 方塊圖的系統構成要素

系統構成要素	說明
設定值	恆溫器上設定的溫度。
控制變數	室溫。
誤差訊號	設定值與控制變數之間的差值。
輸出	室內溫度加溫的過程。
回饋增益	這種類型的控制系統通常是零
控制器	不同類型的恆溫器會用不同的控制器——也許是使用微控制器，而舊式的恆溫器使用雙金屬電接點。
系統	暖氣爐和其他相關元件

一般來說，控制系統設計的目的是要將干擾影響最小化。一些用來描繪控制系統性能的重要參數需要定義。這些是：

· 上升時間（rise time）
· 最過衝百分比大百分率超過量（percent overshoot）
· 趨穩安定時間（settling time）
· 穩態誤誤差（steady-state error）

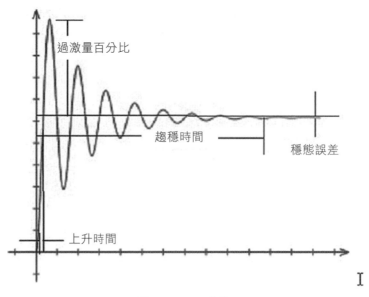

過激量百分比

趨穩時間

穩態誤差

上升時間

圖 2-14 PID 回饋圖

標有先前提過的重要參數之 PID 響應圖如圖 2-14 所示。在這個圖中展示了對於作用在控制系統的步級輸入之控制變數的響應。X 軸通常是時間軸,而 Y 軸是控制變數的單位,就像是恆溫器範例中的溫度。接下來的定義雖然是很普遍,但不是所有的控制產業都接受這些定義:

· 上升時間:在輸入後,訊號從 5% 上升到 95% 所花的時間。
· 過衝百分比:用穩態值的比例描述響應的峰值。
· 趨穩時間:安定在穩態某一個比例範圍內所需的時間,通常比例是 5%,不過也可能有其他的比例。
· 穩態誤差:實際輸出與期望輸出兩者之間的差值。

有一些其他的效能參數也用來幫助描述控制系統,包括:

· 死區時間(deadtime):控制變數改變與系統辨識此一改變之間時間延遲的測量。
· 迴圈週期(loop cycle):兩次呼叫控制系統演算法之間的時間。

這些參數對於四旋翼控制系統都有重要的影響。對於控制演算法的最佳化來說,將死區時間與迴圈週期計時最小化是非常重要的。必要時,謹慎地將原始碼最佳化,以及並用組合語言的常式,都是將這些參數最小化的方法。

PID 理論

既然系統的設定與定義已經提過，現在是該了解 PID 理論的時候了。基本的 PID 方塊圖如圖 2-15 所示。每一區塊都將個別討論。

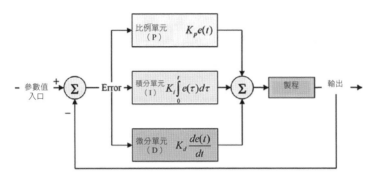

圖 2-15 典型 PID 方塊圖

比例方塊：

P 或比例方塊取決於設定值與控制變數之間的差異。比例方塊的算式是：

$$Kpe(t)$$

其中，Kp 是方塊增益，e(t)是隨時間變化的誤差訊號。這是一個簡單的線性系統響應。舉例來說：

> 在 t0 時，錯誤訊號值是 5，Kp 值為 10，因此這個方塊的輸出為 50。您必須要小心地設定 Kp 值，設定過高會造成系統不穩定並進入震盪狀態，這對系統運作有非常不好的影響。其他方塊常數的設定也將照著這個段落所述 Kp 的設定程序進行。

積分方塊：

I 或積分方塊取決於所有隨時間推移之誤差訊號的總和。積分方塊的算式是：

$$K_i \int^t e(\tau) d\tau$$

其中，Kt 是方塊的增益，是隨時間變化之誤差訊號的積分方程式。

積分方程式是一種加法運算，除非誤差訊號是零或者有負的誤差值補償，否則誤差值會隨著時間穩定地累加上去。積分方塊的淨影響是讓一段時間內穩態值的誤差為零。由於誤差累加的期間很長，因此您可預期得到，積分方塊增益的名義值通常很小。

積分方塊存在一個問題：積分項會暫時上升達到一個飽和程度，這時控制系統無法進行相對應的動作消除穩態誤差。這就稱為積分飽和（integral windup）。在這本書所討論的典型四旋翼控制系統中，飽和是一個我們不希望發生的潛在問題。

微分方塊：

D 或微分方塊取決於控制變數迅速增加而使誤差訊號為零。微分方塊的算式為：

$$K_d \, de(t)/dt$$

K_d 是微分方塊的增益，而是對隨時間變化之誤差訊號的微分方程式。

為了讓系統能反應過程快速的變化，並且不會過度反應反饋迴路中的雜訊，對於微分方塊增益的選擇必須非常小心。實際權衡之下，可以設定一個低值給 K_d 增益，以及一個和一個小的微分時間△t（約 de(t)/dt）。

調諧

PID 演算法中會使用到增益值，而調諧（tuning）則是決定有用的增益值的過程。以下會討論兩種方法：

1. 試誤法（Trial and Error Method）
2. 齊格勒 - 尼科爾斯法（Ziegler-Nichols Method）

試誤法

不要被這個方法的名字嚇到，因為在這個方法中有明確的途徑可供遵行。步驟如下：

1. 設定 K_i 和 K_p 的方塊增益為零。
2. 藉由觀察系統震盪提高 K_p 方塊增益，直到系統變得不穩定為止。
3. 提高 K_i 方塊增益，直到步驟二所引發的震盪消失為止。
4. 提高 K_d 方塊增益來改進系統時間響應到可以接受的值為止。

完成以上的步驟後，應該可以得到一組用於設定之合理的方塊增益。在實際操作時，這些數值應該要微調到實際運作上可接受的效能。例如，您可能會觀察到當 Kd 增益設定值太高時，系統對雜訊的反應會過於敏銳。

齊格勒 - 尼科爾斯方法

這個調諧法的前兩個步驟與試誤法一致。

1. 設定 K_i 和 K_p 方塊增益為零。
2. 藉由觀察系統震盪提高 K_p 方塊增益，直到系統變得不穩定為止。
3. 紀錄下系統開始震盪時 K_p 方塊增益的數值，此一數值稱為臨界增益或 K_c。同時也記錄下震盪的週期，將其稱之為 P_c。
4. 按照表 2-4 調整所有方塊增益。

從表 2-4 可以清楚知道，控制系統不一定需要有全部的三個 PID 方塊。有時候只需要一個比例方塊，就如同之前提到的溫控器範例。

真實世界裡的 PID 控制系統通常會包含自動調諧的功能，可偵測增益和時間響應，並以此設定最佳的系統運作。下一段所要討論的 LabVIEW 軟體，它包含的 PID 模組同時具有自動與手動調諧的功能。

LabVIEW 的 PID 模擬

我使用的模擬平臺是 LabVIEW 2012 學生版，這是我在寫這本書時最新的學生版本。LabVIEW 的售價並不便宜，商用、非教育版本售價是 1,200 美金元。然而，LabVIEW 學生版對我來說就夠用了，除了價格比較便宜之外，Sparkfun.com 的 LabVIEW 學生版套件包還附帶 Arduino 微處理器。LabVIEW 學生版該有的功能都有，只是不允許使用者在沒有購買 LabVIEW 零售授權的情況下開發商用產品。

在 LabVIEW 中，每一個程式都稱作虛擬儀表（VI，virtual instrument）。這個命名系統從早期（1986）LabVIEW 為了控制電子測試儀器而創造出來起一直沿用至今。現在的 LabVIEW 已經發展到應用於儀器控制以外的領域，但仍以副檔名 .vi 對 LabVIEW 的源起表示敬意。點擊空白的 VI 圖示就可以建立新視窗，如圖 2-16 所示。

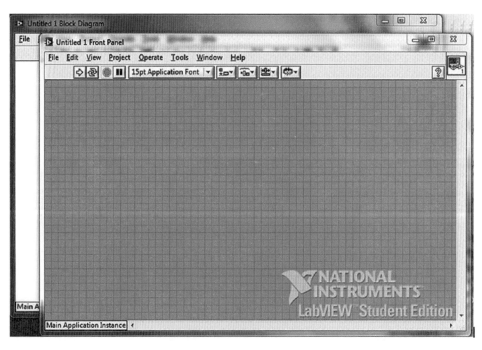

圖 2-16 空白的 VI 螢幕截圖

當仔細地觀看這張圖時，應該會發現裡面有兩個視窗，一個叫作人機介面（front panel），另一個叫作程式方塊（block diagram）。LabVIEW 對於每個 VI 都會產生這兩個視窗。人機介面是使用者與電腦互動的介面，又稱 GUI。而程式方塊是提供使用者編寫程式的介面。所有 LabVIEW 的程式碼都是由功能方塊與連線所組成，這裡的連線所載送的內容是資料而不是電流。功能則是選自一系列的面板，像是圖 2-17 所示。此一控制面板是從工具列 View 的下拉式選單中選取的，是 Express 控制面板。

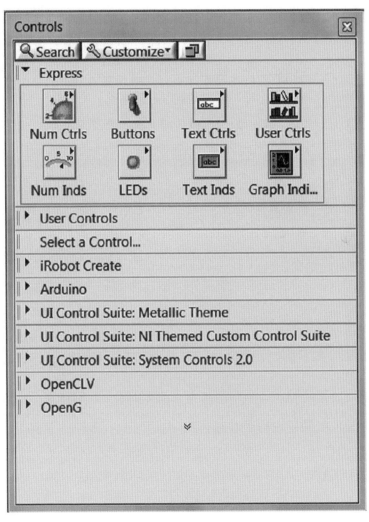

圖 2-17 Express 控制面板

我沒有親自撰寫一個 PID 的 VI，而是下載一個叫做 single axis quadcoptor.vi 的檔案，這個檔案是美商國家儀器的應用工程師用來展示以 LabVIEW 模擬四旋翼部分的功能。這個 VI 可以從 http://decibel.ni.com/content/docs/DOC-22670 下載。在執行這個程式前要注意一個限制，它需要 LabVIEW 2012 PID 與 Funny Logic 工具套件的兩個副虛擬儀表。這個兩個 LabVIEW 擴充工具套件並不便宜，不過，可以從 www.ni.com 下載安裝，並以評估模式使用一段時間。這也是為什麼我有能力執行這個單軸模擬。請注意，因為這是單軸展示，所以在這個 VI 中只模擬 MP2 和 MP4 兩個馬達。圖 2-18 是當 VI 正在執行時的螢幕截圖。

在這個模擬中，我設定四旋翼的設定點是 +10°。在模擬執行幾秒鐘之後，可以從上排中間的圖示與四旋翼右邊的指示器中發現到，虛擬的四旋翼穩定在傾斜 10°的狀態。從右下方的時間響應圖中，四旋翼平滑地在一秒鐘左右進入指定的傾斜狀態，而沒有任何的過衝。這就是您希望四旋翼的飛行控制板能做到的一種精密控制行為。另外，注意三個 PID 參數，K_p、K_i、K_d，在實驗中可能要設定各種不同的數值測試它們對整體效能的影響程度。

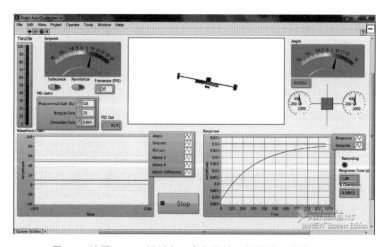

圖 2-18 油門 50%，傾斜角 10°之單軸四旋翼的 VI 模擬截圖

我也執行了另一種模擬，如圖 2-19 所示。這次我把油門提高至 70%，並把傾斜角度增為 25°。

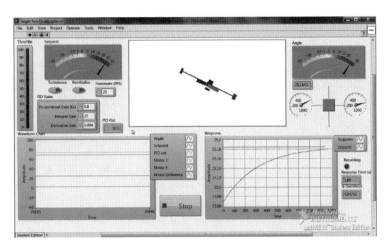

圖 2-19 油門 70%、傾斜角 25° 之單軸四旋翼的 VI 模擬截圖

觀察圖下排左側的波形圖，當 MP2 的油門為 74%，而 MP4 的油門為 70% 時，四旋翼呈現 25° 的傾斜。與圖 2-18 的波形圖相較，當 MP2 的油門為 52%，而 MP4 的油門為 50% 時，四旋翼呈現 10° 的傾斜。

與之前討論的 VI 同一個群組中的 Untethered Quadcoptor.vi，是一個您可以嘗試更具挑戰性的模擬。圖 2-20 是該程式執行時的螢幕截圖。

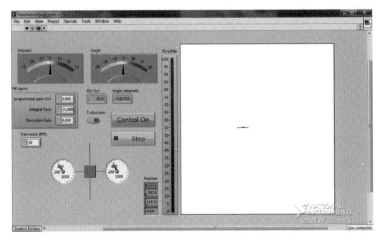

圖 2-20 the Untethered Quadcopter.vi 截圖

這個挑戰是使用混和運用控制油門大小和設定點角度，試著讓四旋翼保持在那個可見的框框中。相信我，這不是一件很容易的事。雖然我相信四旋翼在模擬時反應比實際操控來得靈敏。事實上，從模擬中對真實四旋翼的操控技巧確實能得到一些深刻的理解。

總結

對於學習四旋翼空氣動力學的特點來説有個好基礎是很重要的，所以我一開始討論一般飛機的空氣動力學。搭配重力、平衡的概念介紹四個飛行力原理，並與重心的概念緊密聯繫。

接著，對主要的飛行軸進行描述，範圍包括這些軸相對應的旋轉：俯仰、滾動、偏擺。有一張圖顯示這些軸和旋轉對於四旋翼的影響。

也有圖顯示基本的四旋翼型態，包括 Elev-8 所使用的 X 型態。其中有討論到用於 X 型態中的兩種螺旋槳，以及其他型態。

接著詳細聚焦在四旋翼飛行控制的討論，因為這與一般飛機飛行控制有很大的差異。我介紹一系列基本算式，包括飛行控制系統如何將一般飛機飛行控制命令變成四旋翼需要的資訊。另外也有簡短地介紹加載在 HoverflyOPEN 晶片上 MEMS 三軸陀螺儀，它是用來感測四旋翼的實際移動。

比例積分微分（PID）控制和理論涵蓋了兩個章節。因為這是確認是否平穩且正面控制四旋翼功能的關鍵技術。

本章節也介紹了兩個 LabVIEW 的範例。第一個是執行單軸 PID 模擬，而第二個是非受限四旋翼飛行模擬。

為了獎勵您讀完這個章節，接下來我會將繁重的理論拋到一邊，開始介紹如何打造您自己的 Elev-8 四旋翼。

第 3 章
打造 Elev-8

序言

　　這一章的篇幅很長，會教您使用 Elev-8 標準套件與一些外加元件完成整個四旋翼的組裝。本章大部分的操作指南、圖片與組裝圖都來自 Parallax 公司所出刊之 Elev-8 四旋翼套件（#80000）的《資料與組裝指南》，這些都取得了 Parallax 的使用許可（對我來說，已經有一個可用的操作指南，再去從無到有寫一份是沒有意義的）。 我也取得授權在指南裡某些地方可增補一些自己覺得有用的圖片與內容。我另外增加了一些非常有用的元件的操作指南，這可增加組裝時的容易度。在任何具有必要的組裝零件與工具之工作空間裡，大概需要 10 至 12 個小時的時間就可以將四旋翼組裝好。在進入討論工具與補充材料之前，先複習一次安全注意事項是很重要的。

安全注意事項

　以下條列的安全事項來引述於之前提到的 Parallax 文件。

- 警告：切斷危險。旋轉中的四旋翼葉片可以切開皮膚與皮下組織。操作四旋翼時請務必小心並保持安全距離。
- 警告：纏繞危險。在組裝、測試與操作 Elev-8 四旋翼時，要將頭髮、鬆垮的衣服或裝飾品綁緊，以避免被四旋翼的馬達纏住。
- 警告：眼睛危險。當組裝、焊接、操作、修理四旋翼時，請務必帶著護目鏡。
- 提醒自己在操作 Elev-8 四旋翼時要遵守當地有關使用遙控飛行器的相關法律規定。請檢閱美國聯邦航空管理局（FAA）的所有法規——您有遵循這些法規的義務。

- 這套四旋翼套件不適合初學者。組裝與操控四旋翼需要高階的機械技能。最好具有遙控飛行器的組裝與操控相關經驗。
- 請小心按照操作指南組裝四旋翼。組裝不正確可能會導致元件損壞、自己或他人受傷，以及財物的損失。
- 測試或修改電子調速器的程式時，要先將螺旋槳拆下來。
  安裝螺旋槳前要先建立、測試無線電遙控器與無線電接收器之間的無線電連線。測試不同的遙控器時要將螺旋槳拆下。
- 四旋翼不用時一定要把電池的線路拔掉。
- 慎選存放 Elev-8 四旋翼與控制器的地方，要讓小孩子、寵物，以及不熟悉如何安全操作的人難以取得。
- 操控 Elev-8 四旋翼時，要選在沒有小孩子、寵物的地方，以避免他們被轉動的螺旋槳割傷。原因在於，小孩子和狗可能會試著跳起抓住飛行中的四旋翼，或者為了研究一臺剛降落的四旋翼而向它飛奔而去。
- 只在室外空曠遠離人群的地方操作四旋翼。旁觀者應要站在操控者背後保持一定的安全距離。
- 操縱 Elev-8 四旋翼時，不要讓四旋翼飛出您的視線之外。由於夜晚、煙霧、飛塵等會阻礙您辨識四旋翼的飛行，因此不要在這些情況下操控四旋翼。
- 要讓您的 Elev-8 四旋翼保持乾燥，避免它被水淹過，或是在下雨、潮濕的環境下運作。要小心灑水器，以及不要讓四旋翼降落在潮濕的植被上。
- 在 Elev-8 四旋翼啟動前先確認風速，對新手來說，即使是微風也會增加操控的難度。遇到強風時，任何人都應該停止四旋翼的活動。

　　以上所列出的注意事項大多數是操作四旋翼的基本常識，Prallax 公司手冊裡有更多的注意事項。我之所以沒將那些注意事項列出，是因為個人認為它們是 Parallax 公司假設銷售的產品沒被正確史時會造成財物損失或人員受傷，所做出的法律免責考量。每一份 Elev-8 套件包都有完整的組裝操作指南，原始的版本請參考該份指南。

工具與額外的材料

以下列出組裝 Elev-8 所需要的工具。

- 烙鐵與樹脂芯焊錫絲（可選用無酸助焊膏）
- 元件固定夾

- 十字螺絲起子
- 1/4 英吋（0.6 公分）套筒扳手
- 11/32 英吋（0.9 公分）握柄螺絲套筒
- 剝線器或剝線剪（線規 12-16）
- 剪刀
- 尖嘴鉗
- 斜口鉗
- 尺和捲尺
- 熱風槍

　　我建議使用可控溫的烙鐵或焊臺，如此一來，當焊接一些大的接點或是多線組合時，就可以提供足夠的溫度了。另外，較小的接點不需要太高的溫度就可以將焊料熔化。我同時建議盡可能地搜尋您能買到之品質最好的樹脂芯焊錫絲。這個投資絕對值得。對任何人來說遇到冷焊點是個噩夢，要找出來非常困難。要得到品質好的焊接，關鍵在於有良好的焊接技巧、焊槍頭要保持乾淨，以及使用高品質的銲錫。圖 3-1 所展示的是優良的焊接技巧。焊接的重點是，焊點的熱度要足夠讓銲錫可以熔化自由流動。在接點使用適量的銲錫是需要練習的，太少，會造成冷焊；太多，可能會讓彼此鄰近的元件短路。

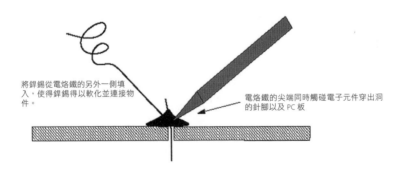

　　將銲錫從電烙鐵的另外一側填入，使得銲錫得以軟化並連接物件。

　　電烙鐵的尖端同時觸碰電子元件穿出洞的針腳以及 PC 板

圖 3-1 很棒的焊接技巧

　　另一個有關品質好的焊接接點之議題是使用無鉛銲錫。我知道有人會不以為然，而我所謂的品質好是指一個健康的焊接環境。除非採取了一些額外的措施，否則使用無鉛銲錫焊接容易產生不良的焊接點。最簡單適合的方法是在焊接之前，先用高品質的無酸助焊膏塗在焊接點上，然後再進行焊接的動作。這個方法會讓熔化後的無鉛銲錫流動得更順暢，進而產生品質良好的接點。再提醒一次，只有練習才能得到良好的焊接技巧。

關於焊接點與其他類型的電子接點，我最後有一個見解。長久以來一直流傳著一種說法：電機電子設備的失靈有 90% 的原因來自於功能失效的接點。當我們細細思量時，會覺得這個說法合乎常理。我們生活的環境充滿氧氣，而氧氣是很棒的還原劑，許多的元素會與它進行氧化反應。金屬氧化物是有效的絕緣體，因為它們的自由電子被氧分子佔用了。焊接點如果有這種情況發生則其電阻會愈來愈高，最終導致電流傳導的失敗。當然，電流經過電阻會產生熱，如果電流夠大，甚至會產生火花。如果要避免這種情況發生，有哪些解決方案？比較貴的解決方案是接點表面鍍金。由於金不會氧化，所以接點不會因氧化而不導電。這個方法的花費非常高，不適用於表面積很大的接點。就我自己處理的專案，我會從機械與電子的角度來確認焊接點是沒有問題的。同時也會就各個電子接點有無氧化或雜質進行檢查，對於損壞的元件則會採取適當的步驟進行更換或維修。

材料清單

Elev-8 的材料清單（BOM，bill of material）如圖 3-2 到圖 3-5 所示。強烈建議各位讀者依照材料清單交叉比對套件內的元件，如果有任何材料遺失，請聯絡 Parallax 公司。我覺得 Parallax 公司對於消費者詢問有關元件遺失、不正確這類問題，回答得非常迅速和細心。圖 3-6 展示了套件的內容物，其中，Parallax 公司為了組裝者的安全非常細心地附上了兩個護目鏡。

ELEV-8 四旋翼套件組（#80000）		
零件編號	個數	說明
31500	1	Hoverfly Open 板
700-10003	1	護目鏡
80050	1	Elev-8 機身套件
80060	1	Elev-8 硬體套件
80070	1	Elev-8 電機套件
85000	1	電子調速器程式編譯卡 *

圖 3-2 High-level 材料清單

ELEV-8 四旋翼套件組 （#80000）		
零件編號	個數	說明
730-00080	4	Elev-8 軸管（黑）
721-80010	1	Elev-8 控制板蓋子
721-80007	4	Elev-8 降落支架
721-80005	4	Elev-8 馬達安裝部件
721-80003	2	Elev-8 方形板
721-80002	1	Elev-8 控制板底盤

圖 3-3 機身材料清單

ELEV-8 四旋翼套件組 （#80000）		
零件編號	個數	說明
900-00021	2	尼龍背帶（黑）
725-00087	1	1.5 mm 六角扳手
720-28001	1	光管
713-00051	4	墊片，#4×½ 吋，NY
713-00043	16	螺柱，#4-40， 吋，尼龍
713-00025	4	螺柱，#4-40，1¼ 吋，尼龍
712-00004	4	墊圈，#6， 吋 OD. Zinc
710-00100	8	螺絲，#4-40，¼ 吋，PH，黑
710-00042	4	螺絲，#4-40，1¼ 吋，PH，SS
710-00039	16	螺絲，3×6 mm，螺紋 0.5，黑
710-00036	24	螺絲，#4-40， 吋，PH，SS
710-00002	16	螺絲，#4-40，1 吋，PH，SS
700-00106	1	Loctite 黏著劑 242
700-00093	12	拉鍊帶，4 吋，黑
700-00059	16	內齒痕墊圈
700-00024	4	鎖固螺帽 #4-40，1/4 吋

圖 3-4 硬體材料表

ELEV-8 四旋翼套件組 （#80000）		
零件編號	個數	說明
800-00080	5	三插頭線，22AWG，F/F，8 吋
800-00039	6	1/2 吋熱收縮管（黑）
800-00036	24	3/4 吋熱收縮管（透明）
800-00023	27	3/16 吋熱收縮管（黑）
800-00022	2	16 吋黑色可插拔公跳線
800-00021	2	16 吋紅色可插拔公跳線
750-90002	4	有刷 1,000Kv 馬達
750-90000	4	Gemfan 30A 電子調速器
750-00059	18	12AWG 紅線
750-00058	1.5	12AWG 黑線
750-00056	15	16AWG 紅線
721-80001	2	10×4.7 Slow Flyer CW 1045R 順時鐘螺旋槳葉片
721-80000	2	10×4.7 Slow Flyer CCW 1045 逆時鐘螺旋槳葉片
452-00088	1	EC3 插頭（10 對 / 一組）
452-00050	2	鍍金插塞接頭，10-Pak
350-00045	8	白色 LED 貼帶
350-00044	8	紅色 LED 貼帶
120-0007	8	紅白格子貼紙
120-00006	8	黑白格子貼紙
800-00080	5	三插頭導線，22AWG，F/F，8 吋

圖 3-5 電子材料清單

　　強烈建議準備兩個塑膠盒收納四旋翼套件的大部分零件，也建議打開套件裡的每一個塑膠袋之後，將零件放入單獨的格子內並貼上標籤。在 www.mhprofessional.com/quadcopter 上可以找到「Elve-8 V1.2 裝配圖」，可以用它來比對出零件的號碼或是當作安裝步驟。圖 3-7 展示的塑膠收納盒收納所有的硬體零件和一些電子零件。

　　還有一點要注意：區分 1/4 吋 4-40 黑色螺絲釘和 3-mm×6-mm 黑色螺絲釘會有點困難。建議先把螺絲釘分類然後清點。這時會有 8 個 4-40 螺絲釘，16個 3-mm× 6-mm 螺絲釘。

額外材料

讓 Elev-8 飛起來還需要下列的材料：

- RC 信號發射器與接收器
- 30C 三芯鋰聚電池
- 鋰聚電池充電器

圖 3-6 Elev-8 套件內容

圖 3-7 收納了硬體與一些電子零件的塑膠盒

建議購買 Spektrum DX-8 R/1C 信號發射器搭配 AR8000 信號接收器。AR8000
信號接收器的照片如圖 3-8 所示。DX-8 信號發射器的圖片可參考第二章圖 2-9。

DX8 和 AR8000 這組發射接收器價格不便宜，雖然如此，買了之後它們不會
讓您有後悔感。信號發射器非常棒，具有許多功能，某些功能讓人很快上手，
有些功能會隨著熟悉度、練習度的提高後才體會得到。這一組信號發射接收器
有八個控制通道可以使用，不管是現在或日後的需求都能滿足。您的需求只會
不斷地改變，為了能跟上這個變化，只買符合當下需求的材料是不夠的。

在電池選擇的方面來說，價格合理的鋰聚電池是首選。建議一開始選用額定
電容 30C 的三芯鋰聚電池。使用三芯的鋰聚電池很重要，因為這樣可以將提供
的直流電壓穩定在 11.1 伏特（名義電壓），這剛好是馬達與 Elev-8 板載電子零
件運作所需之最低電壓。30C 的額定電容可以讓四旋翼飛行大約 20 分鐘。電容
與重量之間會有取捨的問題，對於 Elev-8 這臺四旋翼來說，我發現 30C 的額定
電容是個取捨甜蜜點。我建構的 Elev-8 四旋翼所使用的鋰聚電池可參考圖 3-9。

鋰聚電池的化學性質很特別，需要使用專門設計的充電器。因此您還要購買
一個品質良好的鋰聚電池充電器。

警告：對鋰聚電池充電時不要使用車用充電器，電池很可能因此會冒出火
花，以及產生有毒煙霧。

品質好的鋰聚電池充電器內有平衡電路，使得每一個電池芯能以其所需的電平適當地充電。為了品質好的充電器額外多花一點錢是十分合算的。我所使用的自動鋰聚電池充電器如圖 3-10 所示，這是 Thunder Power RC 型號 TP610C 的電池充電器，可以提供鋰聚電池、鎳鎘電池與鉛酸電池充電之用。

圖 3-8 Spectrum AR8000 RC 訊號接收器

圖 3-9 30C 三芯鋰聚電池

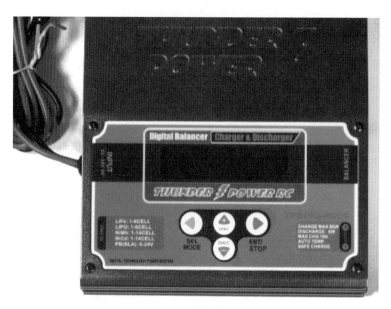

圖 3-10 自動鋰聚電池充電器

選配材料

以下材料雖然不是必備的，但有了這些材料將可增進組裝經驗或增加四旋翼一些額外功能。請注意，因為 Parallax Propeller Quickstart 板會在第四章中提到，所以我沒有把它列在以下清單內。

相關材料：

- 四旋翼用配電板
- 配電電纜束
- 兩組 EC3 連接器套件（每一組套件內含 10 對公 / 母）
- 48 吋 22 AWG 紅色實心導線
- 48 吋 22 AWG 黑色實心導線

配電板如圖 3-11 所示。它的功能是消除電池與電子調速器之間難處理、雜亂的連結。

若是不使用配電板，您只能把連接上電子調速器的兩條電線與電池上的兩個端點焊接成兩個體積有點大且笨重的接點。請別誤會我不讓您自己焊接，不過這塊板子能讓連接更方便且保持整潔的外觀。利用 PCB 板上廣闊的布線可輕鬆處理操作四旋翼時所產生的高電流。配電板上鍍金的導孔（鍍金的孔洞可連接到下面的 PCB 布線）可接上電池扣，之後只要簡單地把電池扣上就可以直接供電給附加電路或模組。另外還有兩針腳的電源接頭，使用一般類型電源連接器的裝置可使用這個接頭。

圖 3-11 四旋翼配電板

　　圖 3-12 裡展示的是配電電纜束，與配電板有類似的功能，不過在使用上預製的束線和之前提到自製的束線差別不大。使用電纜束線可讓電源完全隱藏起來，只要插拔電纜束線就可以開關電源。

　　我使用從 Hobbyking 網站買到的四旋翼配電板。額外的 EC3 連接器會用在連接馬達與外接電線，處理 EC3 連接器的過程可能有點冗長乏味，卻能讓連接更牢靠。

為了光控功能，LED 光帶要與輔助 Propeller-chip 控制板連接，這時額外的 22AWG 紅黑電線就可以派上用場。製作完成後電線應該還剩很多，可供來日您想新增一些電路或模組時使用。

功能相關材料

- Spektrum TM1000 遙測發射器
- Spektrum 遙測無刷 r/min 感測器

圖 3-12 配電電纜束線

圖 3-13 裡 的 Spektrum TM1000 遙測發射器可以把有關四旋翼的資料傳回 DX-8。它也搭配了電壓與溫度感測器，可以把選定監控之元件的電壓與溫度資料即時回傳給 DX-8。我將使用此一模組監控新電池的電壓與電池溫度。雖然 DX-8 名為 RC 發射器，卻也內含遙控接收器。傳回 DX-8 的資料可能會需要以 DX-8 的 LCD 螢幕顯示，這是購買 DX-8 的另一個理由。

圖 3-13 Spectrum 1000 遙測發射器

　圖 3-14 裡的 Spektrum 遙測無刷 r/min 感測器將會用在監控 Elev-8 某顆馬達的轉速。感測器提供的資料在設計一個新的飛控程式時十分有用，也可用在確認四旋翼的即時效能。

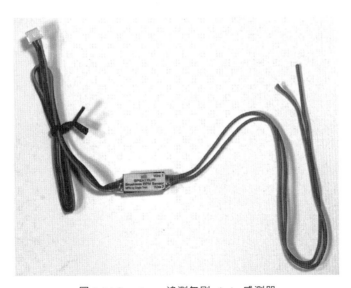

圖 3-14 Spectrum 遙測無刷 r/min 感測器

開始組裝

　　現在進入開始組裝的階段了。請記得確認手邊有之前建議的工具、套件、元件，以及一個明亮舒適的工作空間。這些會讓組裝的過程充滿令人愉快的體驗。

馬達固定螺絲

　　用藍色的黏著劑（Blue Loctite ）塗在馬達固定螺絲上，確保這些螺絲不會在四旋翼飛行時鬆脫，以及造成設備毀損。

1. 從 Elev-8 硬體套件裡找出 Blue Loctite 242 黏著劑、四顆馬達，以及小的內六角扳手（Allen wrench）。
2. 參考圖 3-15，使用內六角扳手小心移除馬達（項目 1）上的固定螺絲（項目 2）。
3. 螺絲可能鎖得很緊，作業時請小心，別把內六角扳手弄壞了。
4. Blue Loctite 黏著劑塗在每一顆馬達的固定螺絲螺紋上，接著小心將螺絲重新鎖上，鎖的時候要把每顆螺絲鎖牢但不要鎖得太緊。Blue Loctite 的黏著效用會在約十分鐘後顯現，24 小時後完全固化。

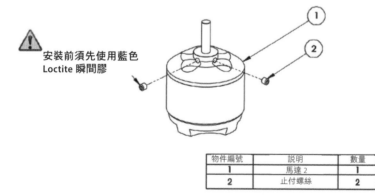

安裝前須先使用藍色 Loctite 瞬間膠

物件編號	說明	數量
1	馬達 2	1
2	止付螺絲	2

圖 3-15 馬達的止付螺絲（set-screw）調整方式

焊接馬達和電子調速器連接器

在這個步驟中，要把每條長導線的末端焊接一個 EC3 連接器，也要把馬達的每條導線都焊接一個 EC3 連接器。最後，要將電子調速器連接到馬達的每條導線末端都焊接一個 EC3 連接器。裝了 EC3 連接器之後，未來在組裝過程中確認馬達的旋轉方向時，只要把每條線路的連接點接線交互切換即可。

所有的導線都要標示極性，通用的做法是把提供電源的導線接上母接頭。所有的連接器最後都要以熱縮管做為絕緣保護，因此，母連接器從配對公連接器斷開後不會突然造成短路。

1. 準備好馬達、紅色 16AWG 電線、EC3 連接器、剪線鉗、剝線鉗、量尺，以及焊接工具。
2. 使用量尺和剪線鉗，從紅色 16AWG 電線剪下 12 條，每條長 12 吋（30.5公分）。這些電線從此刻開始我稱之為延長導線（參考圖 3-16）。

提醒： 在延長導線與馬達之間加入 EC3 連接器，這是 Elev-8 安裝指南裡沒提到的。這一步驟的好處是增加重要接點的可靠性，還有避免焊接線與線時不小心造成冷焊。這也是建議購買額外的 EC3 連接器的原因。

---

3. 使用剝線鉗去除每條導線上末端的絕緣皮，露出長度大約吋（0.3 公分）的金屬導線。在每個露出金屬導線的地方進行預鍍錫（pre-tin），這個動作有助於下一步的焊接。
4. 下一步，將每條導線的一端焊接 EC3 母連接器，另一端焊接 EC3 公連接器。焊接 EC3 連接器時，將導線約 吋（0.3 公分）的露出線頭放到子彈型連接器的開口內，然後融化焊錫填入開口內，但不要填滿。圖 3-17裡是一個在元件固定支架上焊好的 EC3 連接器。
5. 在這個步驟中會把所有的 EC3 公接頭都用掉──將所有馬達的導線都連接一個 EC3 公接頭。
6. 如果有必要的話，用剝線鉗剝除每一個電子調速器上藍色導線末端約 吋（0.3 公分）長的絕緣皮，露出金屬導線。
7 參考圖 3-18，將每一個電子調速器的藍色導線都焊接一個 EC3 母連接器。
8. 參考圖 3-19，將電子調速器上每一個 EC3 母連接器都連接一個延長導線上的 EC3 公連接器。然後把馬達上的 EC3 公連接器都配對一個延長導線的 EC3 母連接器。完成後要確認連結沒有任何問題。
9. 將所有的連結斷開。

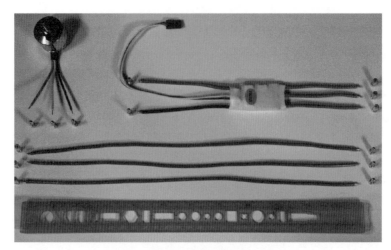

圖 3-16 將電子調速器連結到馬達

圖 3-17 焊接電子調速器的導線

圖 3-18 將 EC3 母連接器連接到電子調速器上。

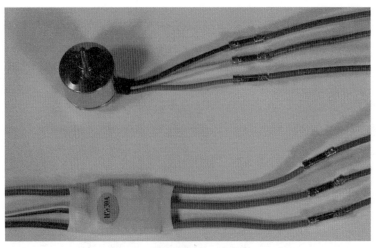

圖 3-19 以延伸導線連接電子調速器與馬達。

在馬達和電子調速器的導線上套用熱縮管

為避免意料外之電的接觸而造成短路，會以熱縮管保護焊接點。以熱縮管包覆延長導線的 EC3 公連接器與母連接器，如圖 3-20 所示。

這個保護方式可避免導線彼此誤觸。另外，在稍候測試馬達連接的步驟時，也可以依據需要插拔接頭。

提醒：連接器套用上熱縮管後仍可能會暴露出一些。雖然機率不大，但這些暴露出的部位仍有可能導致意外的短路。下列步驟可以有效加快組裝的時間。

1. 找出長 27 吋（68.6 公分）的黑色 3/16 吋熱縮管，以每段 5/8 吋（1.6 公分）進行切割，整條熱縮管約可切割成 42 段。
2. 把熱縮管套在每個已焊接延伸導線的 EC3 公、母連接器上。
3. 將馬達總成上的連接器插上與其配對之延長導線上的連接器。調整熱縮管的位置，讓其能包覆全部的連接器與焊接點。
4. 小心地對覆蓋在所有連接器上的熱縮管加熱。
5. 將延伸導線的連接器都插入馬達的連接器，而延伸導線的連接器暫時不插入電子調速器的連接器。

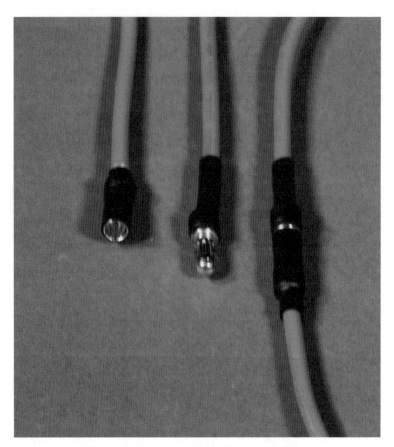

圖 3-20 包覆 EC3 公、母連接器接口的熱縮管。

馬達底座組立

在這個步驟中，會把馬達底座、馬達與起落架腳安裝到吊臂（boom）上。目前還不要將螺旋槳葉片安裝到馬達上。

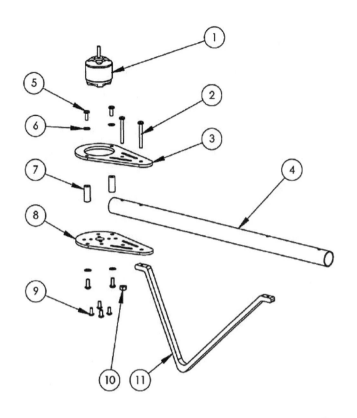

品項	零件	數量
①	馬達總成	1
②	1 吋 盤頭螺絲，不鏽鋼材質	2
③	馬達底座頂蓋	1
④	黑色的吊臂	1
⑤	吋盤頭螺絲，不鏽鋼材質	4
⑥	內齒鎖緊墊圈 #4	4
⑦	4-40 × 5/8 尼龍管柱	2
⑧	馬達底座底板	1
⑨	螺絲，3 mm × 6mm，0.5 螺紋	4
⑩	4-40 × 1/4 鎖緊螺帽	1
⑪	起落架	1

圖 3-21 馬達底座組立示意圖。

1. 備齊圖 3-21 中的元件。

2. 把每個馬達（項目 1）分別用四顆 3mm×6mm 螺絲釘（項目 9）固定在每個馬達底座（項目 8）上。

3. 利用兩顆 吋（1 公分）盤頭螺絲（項目 5）和兩個內齒鎖緊墊圈（項目 6）將兩根 吋（1.6 公分）尼龍管柱（項目 7）安裝至馬達底座底板。再用兩顆 吋（1 公分）盤頭螺絲（項目 5）和兩個內齒鎖緊墊圈（項目 6）將馬達底座頂蓋（項目 3）安裝至兩根 吋（1.6 公分）尼龍管柱（項目 7）上。

4. 提醒：我增加此一步驟整理吊臂的電線安裝。吊臂上有兩個相距 2+3/4 吋（7 公分）的洞，選擇其中一個，在距離它 ½ 吋（1.3 公分）的地方鑽一個直徑 5/32 吋（0.4 公分）的小洞（參考圖 3-22）。這個新鑽的孔可以讓 LED 的導線穿入吊臂而不用裸露在外。

警告： 鑽孔時只鑽一邊，千萬別貫穿另一邊。

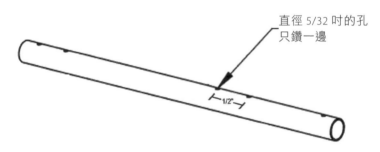

直徑 5/32 吋的孔
只鑽一邊

1/2"

圖 3-22　LED 導線穿孔的地方。

5. 每一根吊臂的一端有兩個孔，彼此相距 1 吋，將組立好的馬達裝在吊臂的這一端，如此一來，馬達的導線可以走在吊臂管內。馬達底座的上蓋與底盤的孔應與吊臂孔對齊成一直線。

提醒：調整吊臂的位置，讓步驟 4 新鑽的孔面向下方。

6. 利用 1 吋（2.5 公分）的盤頭螺絲（項目 2）和鎖緊螺帽（項目 10）將每個馬達底座鎖緊在對應吊臂的最外一個洞上。

7. 每個馬達底座總成與吊臂的另外一個洞用 1 吋（2.5 公分）盤頭螺絲（項目 2）穿過即可，這裡不需要用鎖緊螺帽（項目 10）鎖緊，而是讓螺絲鎖住與吊臂平行之起落架較短的那一端（項目 11）。

吊臂附件

Elev-8 四旋翼套件內附兩個搭配吊臂的選用配件：格狀膠帶和有背膠的 LED 燈條。這些配件雖然不是一定要用，但是強力推薦使用。可以擇一使用在吊臂上，也可都用或一個也不用。許多組裝者會選擇在面向前方的吊臂上使用白色 LED 燈條和黑白格狀膠帶，而在面向後方的吊臂上使用紅色 LED 燈條和紅白格狀膠帶。這有助於操縱四旋翼飛行時辨認行進方向。如果兩個都要使用時，請先貼格狀膠帶，之後再貼 LED 燈條。

提醒：以貼的方式做出花樣與我在第二章所提的不同，但這種作法行得通，因此我將以貼花和 LED 燈條做為方向指示。

1. 將兩條格狀膠帶對等裁切後，可得四條膠帶。每條格狀膠帶以纏繞的方式貼到一根吊臂上。這樣一來會有兩根吊臂是紅白格狀，兩根吊臂是黑白格狀。

2. 從 Elev-8 套件裡找出紅色、黑色的 22 AWG 導線。如果決定要在四旋翼上增加光控功能，還需要準備額外的導線。

3. 不增加光控功能可按照此一步驟安裝：

將兩條 22 AWG 導線分別剪下兩條長約 9 吋 （23 公分）的導線，每條導線的兩端分別剝除 ¼ 吋（0.6cm）的絕緣皮。這樣一來，LED 燈條就能有四條黑色導線與四條紅色導線可以使用。

4. 增加光控功能可按照此一步驟安裝：

將兩條 22 AWG 導線分別剪下兩條長約 14 吋 （35.6 公分）的導線，每條導線的兩端分別剝除 ¼ 吋（0.6cm）的絕緣皮。這樣一來，LED 燈條就能有四條黑色導線與四條紅色導線可以使用。

5. 找出一條是淡黃色閃白光的 LED 燈條，另一條是透明閃紅光的 LED 燈條。參考圖 3-23，沿著燈條上的黑線將每條燈條對半裁切。切錯了地方會讓 LED 燈條無法使用。

6. 每一段 LED 燈條的端點都有很小的（＋）和（-）接點。每條燈條的（＋）接點焊接上紅色 22AWG 導線，（-）的接點焊接上黑色 22AWG 導線。在每對導線的端點標記是連接哪根吊臂，例如「左後吊臂」。

7. 把紅色和黑色導線穿過之前在吊臂上鑽的孔（參考圖 3-22）。把導線往中間推，遠離馬達一點。

8. 將 LED 燈條背面的貼紙撕開，沿著吊臂下緣（覆蓋格狀膠帶）貼上，讓電線的走向遠離馬達。

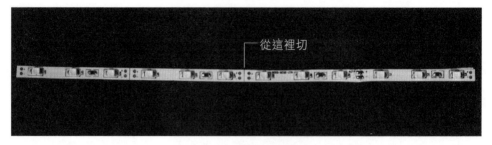

圖 3-23 切開 LED 燈條

9. 從透明的 ¾ 吋（1.9 公分）熱縮管切下四段，每段 4.5 吋（11.5cm）長。

10. 把每一根吊臂套上熱縮管，蓋住 LED 燈條與焊接點，然後給熱縮管加
　　熱，完成後如圖 3-24 所示。

安裝馬達／吊臂總成到底座板

在這一步驟中，會把馬達和吊臂的每個配件安裝到底座板上（Elev-8 套件附
有兩個四方形底座板。這一步驟需要用到其中一塊，另一塊用在稍候的步驟）
。在 Elev-8 硬體套件裡找到圖 3-25 標示出項目的配件。

1. 在底座板上找出用來安裝吊臂部件的正確安裝孔。

2. 將馬達／吊臂總成（項目 2）置於底座板（項目 3）上。吊臂管要在底
　 座板的上方，吊臂上的馬達轉軸要朝上，LED 燈條則是朝下。起落架腳
　 的開口端要滑入底座板下。

3. 拿 1 ¼ 吋 （3.2 公分）的長盤頭螺絲（項目 5），從底座板（項目 3）下
　 方把螺絲依序穿入起落架腳的孔、底座板（項目 3）和吊臂管（項目 2）。
　 最後用　吋（1.6 公分）尼龍塑膠立柱（項目 1）固定住。

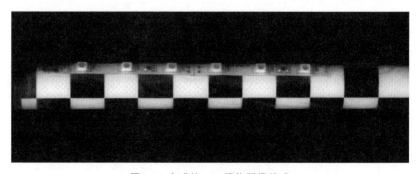

圖 3-24 完成的 LED 燈條閃燈總成

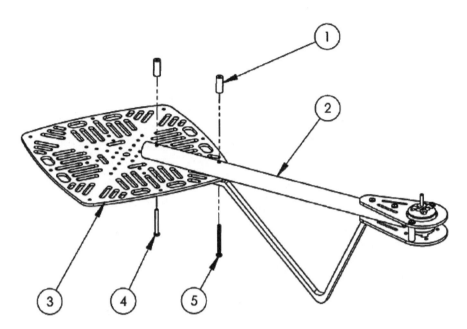

品項	零件	數量
①	馬達總成	1
②	1 吋 盤頭螺絲，不鏽鋼材質	2
③	馬達底座頂蓋	1
④	黑色的吊臂	1
⑤	吋盤頭螺絲，不鏽鋼材質	4

圖 3-25 將馬達 / 吊臂安裝到底座板

4. 提醒：如果使用的是方形配電板，可跳過此一步驟。

   用 1 吋（2.5 公分）長盤頭螺絲（項目 4）穿過底座板（項目 3）下方，再穿過吊臂（項目 2）最尾端的孔。使用 吋 （1.6 公分）尼龍立柱（項目 1）固定。

5. 提醒：安裝方形配電板可參考此一步驟。

   用 1¼ 吋（3.2 公分）長盤頭螺絲（項目 5）穿過方形配電板的一個角孔，再穿過底座板（項目 3），接著穿過吊臂（項目 2）最尾端的孔。使用 吋 （1.6 公分）尼龍立柱（項目 1）固定。方形配電板安裝後如圖 3-26 所示。

6. 重複上述步驟直到四個馬達 / 吊臂總成安裝在底座板上。

將電源線束焊接在一起

提醒：這些操作指南是直接抄自套件所附的操作指南。由於我沒有將電源線束焊接在一起，因此我沒有這個流程的圖，而以套件操作指南內的圖片提供您參考。看完下列操作指南後，相信您會了解我為何要選擇方形配電板。在這套操作指南之後就是我的方形配電板安裝操作指南。

在這個步驟中，會將您的 Elev-8 四旋翼的電源線束焊接在一起。這會用來連接電池盒與電子調速器（也用來連接 LED 燈條，如果有使用的話）。

1. 在四旋翼套件內找出紅色、黑色 12 AWG 導線，這些導線將成為電源線束導線。每條導線的一端剝去長約 ¼ 吋（0.63cm）的塑膠絕緣。
2. 將所有電子調速器上的紅色導線焊接到同一根 12 AWG 紅色導線的端點上。相同地，將所有電子調速器上的黑色導線焊接到同一根 12 AWG 黑色導線的端點上，如右圖、上圖。（作者註：請參考套件操作指南。）
3. 裁切兩段長 1½ 吋的 ½ 吋黑色熱縮管。將熱縮管套上之前焊好的兩個接點上，暫時還不要加熱，此時熱縮管的位置要靠近電子調速器。

將電源線束置入 Elev-8 底座板背面，但還不要固定。下一頁有推薦的布線（作者註：布線請查看套件操作手冊）。

4. 如果有使用 LED 燈條，則要把所有的紅色導線都綁在一起，將這些綁在一起的細電線沿著紅色 12AWG 電源導線擺放直到與電子調速器的導線端對接，然後如右圖、底圖的方式焊接固定（作者註：布線請查看套件操作手冊）。這樣以熱縮管封裝後會顯得更整潔。
5. 以前一步驟同樣的方式，將 LED 燈條的黑色導線與其他黑線導線焊接在一起。
6. 調整之前熱縮管的位置，讓每一個焊接點都用熱縮管包覆好，用熱風槍或吹風機加熱熱縮管使其收縮，如右下圖所示（作者註：圖片請參考套件操作手冊）。
7. 視需求裁剪 12AWG 導線的長度。如果用的是如下圖的組裝（作者註：圖片參考套件操作手冊），您要把電池組放到底盤之上，您可以修剪電源導線到 4 吋（10.16cm）。如果您打算用客製化的板子來容納額外的電力元件。修剪電力線束到足夠長的程度，然後將每一條電源導線末端吋（0.375cm）長的絕緣外皮剝去。

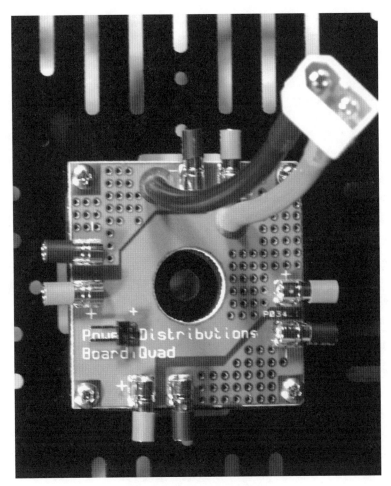
圖 3.26 安裝後的方形配電板

8. 取出並放置 ELEV-8 四旋翼套件包中的鍍金電線插塞接頭與塑膠外殼,您會需要兩個電線插塞接頭和一個塑料外殼。

9. 將電線插塞接頭分別焊接到兩條 12 AWG 導線的末端。把電源導線沒有被塑膠絕緣皮包覆的尖端插至插塞接頭的底部,並以銲膏將插塞接頭填滿。

10. 將插塞接頭插入藍色塑膠殼扁平的一端,紅色導線插入外型像「D」的一側,黑色導線插入外型像「O」的一側。插入電線插塞接頭時需要施加一點力氣才能將它卡至位置。

進階技巧:我們建議使用一字螺絲起子將插塞接頭塞入塑料外殼,之後使用小槌子將接頭輕輕敲入塑料殼中。

11. 重新將電源接頭套上 ELEV-8 四旋翼機架底盤。確認一下電子調速器有用束線帶束在一起。

12. 把電池組連上電源接頭。如果您有用 LED 燈條，也請在這時候接上。

安裝方形配電板

這個教學預設您買了方形配電板且準備安裝它。安裝步驟比連接電線還簡單。

1. 配電板應該已經被安裝在四旋翼底盤上。如圖 3-26。

2. 將所有的電子調速器用束線帶整理，讓所有的黑色、紅色導線穿過四旋翼底盤。如圖 3-27。

3. 將 EC3 公連接頭分別焊接到每一個電子調速器的紅色、黑色導線上。

4. 將 吋（1.6cm）長的熱縮套管放置在焊接點，使得它能蓋住焊點，但不要交疊在 EC3 公連接頭。

5. 提醒：我使用紅色熱縮套管在紅色導線，黑色收縮管在黑色導線。是否執行這點不是非常重要，但這在安裝時會提供良好的感覺。

6. 連接所有的電子調速器上的電線到配電板上，確保所有紅色導線插入 EC3 連接器的紅色連接口，且每個黑色導線插入 EC3 連接器的黑色連接口。如圖 3-28 所表示，所有的電子調速器的導線連接到方形配電板。

7. 把所有的 LED 線先斷開連接。筆者在下一個章節會展示如何連接 LED 燈條。

8. 圖 3-29 表示電線如何從電子調速器上延展到他們相對應的馬達。另外，我用了額外的束線帶來減少接線時的困擾。我也在所有的 BEC 導線和 LED 燈條導線上貼上標籤，這在後續連接相對應的飛行控制器與 LED 控制器時會有極大的幫助。

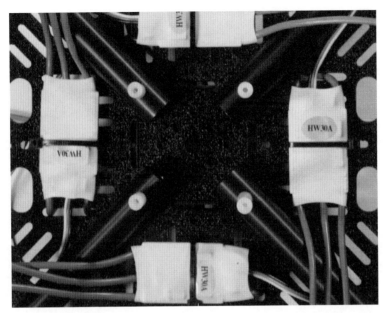

圖 3-27 電子調速器（ESC，Electronic speed controller）安裝後和電線擺放後。

裝置您的訊號發射器

我使用 Spectrum DX-8 R/C 發射器，如圖 3-30。其他品牌的 R/C 訊號發射器也是類似的裝置方式，因為絕大部分的訊號發射器遵循同一套製造標準。為了安裝順利，最好按照表格 3-1 所建議的方式來設定您的訊號發射器。可以參考圖 3-31，了解訊號發射器的二軸搖桿如何自動轉發到 Elev-8 四旋翼的動作。

提醒：我在第二章節的「飛行控制」時已經詳細的討論了「自動轉發」的內容，為了內容一致性，這裡只針對套件安裝進行說明。

圖 3-28 電子調速器（ESC）導線連接到方形配電板。

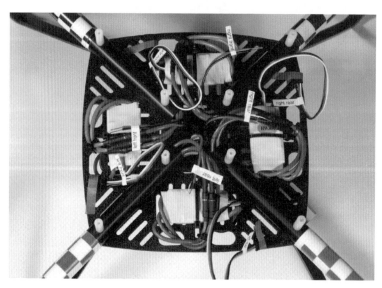

圖 3-29 所有的電子調速器連接到馬達延伸線。

圖 3-30 Spectrum DX-8 R/C 訊號發射器。

表格 3-1 信號發射器建議設定。

模式選擇	ACRO（Plane Model） 遙控飛機模式
舵機最大行程調整	設定 50%（如果 Elev-8 依舊反應過烈，減少至 30% 直到您可以讓它飛起來）。
Dual-rates （D/R） 1.2.4 通道曲	100%
通道反轉	正常：Hi Tech Spectrum，JR Brands 反轉：Futaba brand
微調	Centered（置中）
次微調	Centered（置中）
增強調整	設定第五頻道為接收。從 25% 開始，依照飛行穩定度增加或減少。
混合指數	有經驗後，可以增加至 30% 到副翼（Aileron）與起降（Elevator）的控制。

編寫電子調速器控制

在這個步驟，您會透過電調編程卡（ESC programming card）編寫控制馬達的電子調速器上的程式。這個階段電子調速器不能與馬達進行連接。如果已經接上接頭了，請現在將其拔除。

提醒： 電調編程卡可以在 2013 年四月後出貨的套件組找到。也可以在 http://www.parallax.com 收尋「85000」找到。

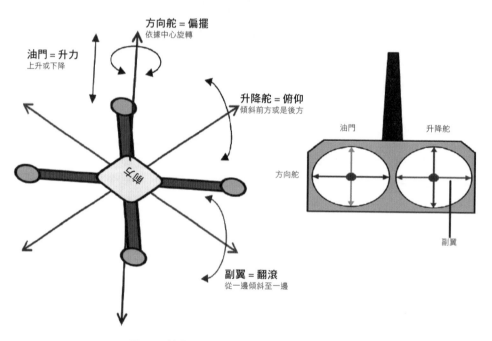

圖 3-31 轉動二軸搖桿操控 Elev-8 四旋翼的動作

1. 連接一個電子調速器到電調編程卡的電池分離迴路（BEC，Battery Eliminator Circuit）接口。務必確定將黑色導線連到陰極（-），紅色導線連接到陽極（+），白色導線連接到信號端。

警告：不要同時連接編程卡上的 BEC 和 Batt 接口。這會讓板子損壞。

2. 連接您已充電的鋰電池到電源線上。

提醒：在這邊我改變了官方安裝手冊的步驟。如果您先接上鋰電池再連接電子調速器，電調編程卡不會讀取到電子調速器，這似乎跟電子調速器預設的初始化順序有關。

3. 依照圖 3-32 和表格 3-2 設定電調編程卡，然後按下 OK 鍵開始編寫電子調速器上的程式。重複以上的動作在每一塊電子調速器，務必確認編寫程式時電子調速器為通電狀態。

連接馬達並同步電子調速器

編寫完每個電子調速器上的程式後，是時候將它們都裝到馬達上，並且測試每個馬達都按照對的方向轉動。在這個步驟，您的訊號接收器會直接地與每一個電子調速器暫時接上（並接上電源）。

警告：不要同時在訊號接收器連接電子調速器、電池或其他外加電源。如果您這麼做了，電子調速器和訊號接收器將會發生嚴重且永久的損壞。

不要這樣做：在這邊您應該還沒在您的馬達上安裝葉片，如果您安裝了，記得把馬達上的葉片卸下！

1. 如果您尚未完成，將您的訊號發射器與接收器束成您 R/C 控制器教學手
   冊裡的樣子。

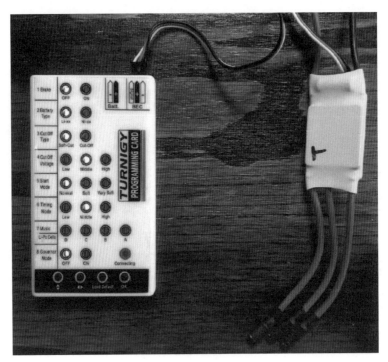

圖 3-32 電調編程卡

表格 3-2 電調編程卡參數

Brake（煞車）	off
Battery type（電池種類）	Li-xx
Cut-off type（斷電方式）	Soft-cut*
Cut-off voltage（截止電壓）	Middle
Start mode（開始模式）	Normal
Timing mode（時脈模式）	Middle
Music/Li-po cells（鋰電池節數）	（none）
Governor mode（定速模式）	off

*Soft-cut （也稱作 Reduce Power，減少輸出的電量）讓您知道何時四旋翼的電力要用光
了。如果您把這個狀態設定成 Cut-off/Shut Down，當電力降到一定程度時，四旋翼會直
接從空中掉落。

2. 確認機殼的哪一側是您的四旋翼前方。如果您有使用格狀膠帶或白色 LED 燈條,則將兩根貼有黑色格狀膠帶或白色 LED 燈條的吊臂中間視為前緣。

3. 在馬達的轉軸上貼一小段膠帶,用來辨識馬達旋轉方向。

4. 連接一個電子調速器的 3-pin 接頭到訊號接收器的油門接口。

5. 輕輕推動油門,觀察馬達轉動的方向。參考圖 3-33 以識別哪個馬達需要調整。

6. 如果哪一個馬達的旋轉方向不正確,拔掉馬達上的兩根導線,反接、並重新測試。

7. 在電子調速器本體和 3-pin 接頭上標注對應的馬達位置。

8. 重複調整每一個電子調速器直到所有馬達的轉向都是對的,並且已經標記符號在電子調速器和導線上了。

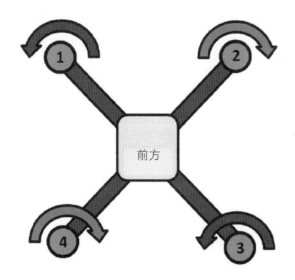

圖 3-33 馬達旋轉方向

9. 當您確認所有馬達的連結是正確的,加熱每個馬達與電子調速器焊接點上的熱收縮管。

10. 為了要同步所有的電子調速器,在這邊先將您的 Elev-8 四軸飛行器的電源接上,然後打開您的信號發射器,將油門調到最大。在標準的啟動程序之後,聽到兩聲蜂鳴聲表示油門已經開到最大,同時最大油門的狀態已經被設定且紀錄了;然後將油門調到最小,您會聽到三聲蜂鳴聲,此時最小油門的狀態已經被設定且紀錄了。

組裝上方機殼與控制板

提醒：如果您在考慮安裝一個攝影系統在四旋翼，我會您現在建議閱讀第七章與第八章。在四旋翼上方機殼尚未安裝完成時安裝攝影系統套件會比較容易，如果您並不打算安裝攝影系統，您可以繼續依照指示進行；但是後續如果您打算加上攝影系統，您則需要把四旋翼拆解回到這個步驟。

在這步驟，您會先準備並安裝四旋翼的上方機殼，再準備並安裝控制板到它的安裝面板。

提醒：控制板的安裝面板的螺絲孔位在它的四個邊緣。

1. 按照圖 3-34 和圖 3-35 拿出套件。
2. 將所有的電子調速器的 pin 腳面向安裝板前方。
3. 參考圖 3-34，將四個長 1¼ 吋 （3.2 公分）的尼龍銅柱插入底盤上對應的孔裡。

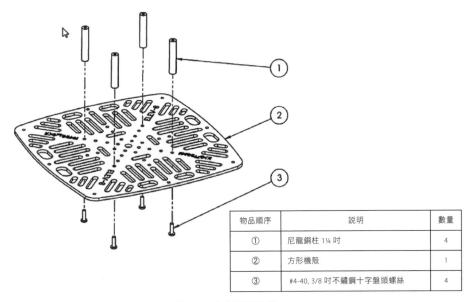

物品順序	說明	數量
①	尼龍銅柱 1¼ 吋	4
②	方形機殼	1
③	#4-40, 3/8 吋不鏽鋼十字盤頭螺絲	4

圖 3-34 上方機殼組裝

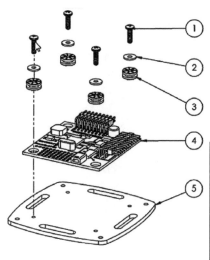

物品順序	説明	零件編號	個數
①	#4-40, 3/8 吋 不鏽鋼十字盤頭螺絲	710-00036	4
②	#4, SS 不鏽鋼墊圈		4
③	橡膠墊圈		4
④	Hoverfly Open PC 板		1
⑤	四旋翼控制板安裝部件	721-80002	1

圖 3-35 HoverflyOpen 板安裝圖

4. 連接每個尼龍銅柱（物品一）到上部機殼（物品二），並用長 3/8 吋（1 公分）的十字盤頭螺絲（物品三）固定。

5. 使用 1/4 吋（0.6 公分）的黑色盤頭十字螺絲連接上部機殼與吊臂上部支架，每個吊臂需要兩根螺絲。

6. 參考圖片 3.35。橡膠墊圈也包含在控制板上。將橡膠墊圈（物品三）插入控制板（物品四）上四個角較大的孔上。這些塑膠環會減少飛行時的振動傳遞到控制板。

7. 將長 3/8 吋（1 公分）的十字盤頭螺絲（物品一）穿過不鏽鋼華司（物品二），再穿過前一步驟已經裝好的墊圈，最後穿過控制板上的孔洞（物品五）。十字盤頭螺絲也是自攻螺絲的一種，所以謹慎的把螺絲轉入洞裡，避免破壞洞口。

提醒：在第六步時，您也許會想用 1/2 吋（1.3 公分）的 #4-40 尼龍螺絲與螺帽取代不鏽鋼十字盤頭螺絲，如圖 3-36 中呈現，控制板上方使用尼龍螺絲進行安裝，提醒您，在這裡我依然使用金屬墊圈。圖 3-37 表示的則是使用尼龍螺絲拴上控制板的機殼底部。您可以清楚的看見 #4-40 尼龍螺帽與尼龍螺絲接合在一起。從不鏽鋼十字盤頭螺絲換到尼龍螺絲有兩個好處，首先，鐵製螺絲比尼龍螺絲還要硬，尼龍螺絲傳遞到控制板的振動會比不鏽鋼螺絲少。第二個好處是，使用一般的電動起子進行控制板的安裝時，使用尼龍螺絲會比使用自攻螺絲來的保險。

圖 3-36 使用尼龍螺絲安裝控制板。

圖 3-37 底盤下方的安裝示意圖。

提醒：編號 5 的光纖管長 5/8 吋，置入後裁切到需要的長度。

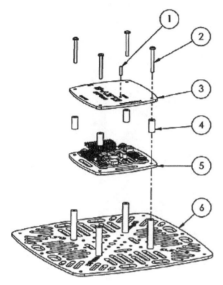

物品順序	說明	數量
①	光纖管	1
②	1 吋（2.5 公分）#4-40 SS 不鏽鋼十字盤頭螺絲	4
③	Elev-8 控制板上蓋	1
④	尼龍軸環，1/2 吋（#4-40 螺絲的規格）	4
⑤	Hoverfly Open 控制板部件	1
⑥	方形板	1

圖 3-38 組裝控制板。

安裝控制板到底盤

在這個步驟您會用它提供的保護蓋把控制板蓋起來，接著安裝控制板到對應且已完成的四旋翼底盤上。

1. 參考圖 3-38 收集材料。
2. 找到控制板上的箭頭標記，如圖 3-39。這個標記指出控制板的前緣，必須跟四旋翼的前方同方向。

圖 3-39 安裝後的 HoverflyOPEN 板（使用不鏽鋼螺絲固定）

訊號接收端：控制板左邊

圖 3-40 接收器接口

3. 用支架固定控制板在底盤上。確保控制板的前端與四旋翼前端方向一致。

4. 將控制板蓋子對齊控制板，在控制板蓋子中間有一個小孔是給光纖管。確保那個孔在控制板 LED 的正上方，如此一來，當蓋子蓋上時將可以看見 LED 的光。

5. 使用長 1 吋（2.5 公分）的十字盤頭螺絲（物品二）穿過控制板上方蓋

子角落的孔，並穿過長 1/2 吋（1.3 公分）的尼龍軸環（物品四）以及控制板角落的孔（物品五），最後插入底盤上的尼龍銅柱（物品六），然後輕輕的鎖緊。

6. 從控制板上蓋（物品三）上插入一根光纖管，直到底部碰到 LED，再依據長度修剪光纖管。

7. 將電池滑入控制板與機殼上蓋之間，確保電池用尼龍綁帶固定。

提醒：如果您使用方形配電板，您會發現把電池裝在機殼上蓋與方形板之間比較方便。您需要使用 3/8 吋（1 公分）的軸環在電池與底盤之間以避免壓擠方形板。

8. 安裝訊號接收器在底盤，使用束帶固定。可參考安裝手冊，並放在手冊內推薦的位置上。

控制板連接

在這個步驟，您會連接電子調速器和接收器到您的控制板上。接收器連接到控制板左邊接口的 2 x 9 公接頭，如圖 3-40 所示。電子調速器連接到控制板前緣的電子調速器接口的 2 x 12 公接頭，如圖 3-41 所示。

電子調速器接口：控制板前緣

圖 3-41 電子調速器接口

1. 連接接收器到接收接口，接口提供了下列五種連接訊號，使用套件包所附的三線延長接線進行連接。

A = Aileron 副翼

T = Throttle 油門

R = Rudder 方向舵

E = Elevator 升降舵

G = Gear

（ON: 終點調整 [2] 數值主動調整，關閉定高模式 [3]）

（OFF: 終點調整數值隨定高模式調整，開啟定高模式）

2　EPA，End Point Adjustments.

3　Altitude Hold.

2. 把每個馬達上的電子調速器連接到對應的電子調速器控制端。

3. 參考圖 3-32 的馬達編號接到圖 3-41 相對應的接口。

4. 再次確認所有的連接 – 這個地方很容易發生錯誤。

安裝螺旋槳葉片

注意：只有當您準備起飛才需要安裝馬達葉片

我強烈推薦完成每一個葉片平衡後才安裝。套件中所提供的塑膠螺旋槳在葉片上會有些許的重量差異，此一差異會造成葉片的震動，而平衡後的葉片會減少飛行的振動。即使是小小的不平衡也會在葉片高速旋轉時，造成可觀的振動。減少振動也會有助於飛行攝影系統的表現，這會在第八章提到。我使用的是 Top Flite 公司的磁浮螺旋槳平衡器（magnetic propeller balancer）。如圖 3-42。

圖 3-42 磁浮螺旋槳平衡器

螺旋葉片會裝在不鏽鋼柱上，被兩個強力磁鐵吸住。鋼柱的一端接觸到磁鐵，另一端與另一邊磁鐵隔著約 1/32 吋 （0.1 公分）的距離，在上圖中您可以看到左邊的鋼柱有些許的縫隙。這個方法有助於懸著鋼柱且使他幾乎沒有摩擦力的讓螺旋葉片任意轉動，這樣一來，葉片較重的一端會自由地垂下。我會使用砂紙摩擦輕輕的（真的非常非常輕的）砂磨較重那一端葉片的背面，直到螺旋槳沒有比較重的一端。我會將螺旋槳從平衡器上拿下、輕微的砂磨、然後再將其放回，直到沒有一端會旋轉並垂下為止。這是一個乏味的過程，但是效果卻很值得。

　　Elev-8 電子套件包裡有兩種低速槳（Slow-fly）螺旋槳葉片：逆時針（CCW，Counter Clockwise，標記：1045）和順時針（CW，Clockwise，標記：1045R）。不同的螺旋槳必須正確的安裝在四旋翼馬達上才能飛行。參考圖 3-43 標記的位置，其中葉片弧形面為向上。

1. 斷開電源與電源線的連接。
2. 參考圖 3-44 以確定每個螺旋槳葉片應該對應的位置。
3. 參考圖 3-45，連接每一個螺旋槳葉片與馬達。葉片（物品二）的弧面要朝上安裝，並裝在錐狀迫緊器上（物品三），整個放在螺旋槳槳夾（物品四）。
4. 用手轉緊螺旋槳子彈頭（物品一），接著再用六角扳手轉約四分之一圈，讓它再緊一些。

安裝電池

　　您選擇使用在 Elev-8 四旋翼上的電池必須能安穩的安裝在您的四旋翼上。因此在套件包中可以找到如圖 3-46 所示的兩條 VelcroTM 綁帶，這兩條綁帶將用來把電池固定在四旋翼的底盤。

　　在固定電池時，這兩條綁帶將可以適用在任何一種底盤，但是如果已經安裝好了配電板，電池的電線可會會影響綁帶的綑綁，我的解決方法是使用 ½ 吋（1.3 公分）的尼龍銅柱將電池盤安裝在底盤之上。圖 3-47 是 LexanTM 的電池盤結構圖。

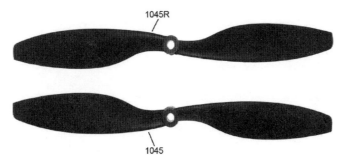

圖 3-43 分辨螺旋槳的種類

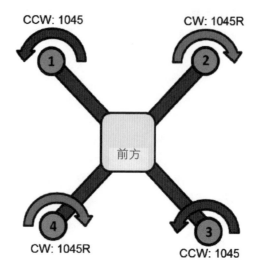

圖 3-44 螺旋槳安裝位置示意圖

　　要將電池安裝盤保險的固定在四旋翼的底盤，需要用到兩個 #6-32 長 1 吋（2.5 公分）的平頭螺絲與螺帽，可以將 LexanTM 電池盤上的螺絲孔稍微擴孔，以確保電池能平整的躺在安裝的平板上。為了讓您能更清楚的看到我用了哪些元件安裝和安裝在底盤的哪個位置，圖 3-48 呈現的是未安裝電池的電池盤。現在可以很輕鬆的將電池滑入電池盤固定，而不會影響到其他的元件或是電線。

　　接下來的圖片是安裝教學的最後一部分了。

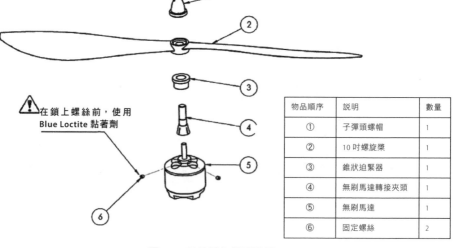

物品順序	說明	數量
①	子彈頭螺帽	1
②	10 吋螺旋槳	1
③	錐狀迫緊器	1
④	無刷馬達轉接夾頭	1
⑤	無刷馬達	1
⑥	固定螺絲	2

在鎖上螺絲前，使用 Blue Loctite 黏著劑

圖 3-45 馬達螺旋槳組裝圖

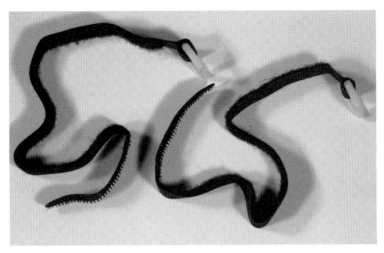

圖 3-46 VelcroTM 安裝綁帶

恭喜您！您安裝好的四旋翼已經準備起飛了。可以上 ELEV-8 四旋翼產品頁面，或者到 www.parallax.com 搜尋「80000」，參考「第一次飛行就上手」影片和除錯小撇步。

但在本章結束之前，我還有一些建議。

一些建議

現在您有一臺功能完整的 Elev- 8 四旋翼。但是我還是建議您先不要起飛。因為還有一些重要的修改要完成，而繼續閱讀後續的章節將能增加您對操縱、調整四旋翼系統的的知識。

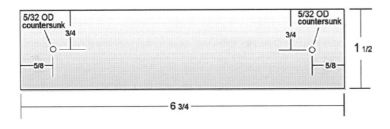

圖 3-47 LexanTM 電池安裝盤結構圖

圖 3-48 安裝後的電池盤，沒有裝電池。

　　我在這邊也強烈的建議您在四旋翼加入第十章所討論的「Kill switch」功能，這個功能可以讓您無法控制四旋翼的狀態下或是它失控衝向人群等情形，快速停止四旋翼的運作。讓四旋翼從空中掉下來總比造成人的嚴重傷害或重要物品損毀來得好。

第 4 章

編寫 Parallax Propeller 晶片程式

介紹

本章將從硬體與軟體的角度討論在第一章介紹過的 Parallax Propeller 晶片。為使文章簡潔，我在後續篇幅中將以 Prop 稱呼本晶片。

Prop 是 Parallax 工程師在 90 年代晚期為了一項延伸的專案而獨自開發出的晶片，並在 2006 年將其引入市場。到目前為止，Prop 依然是唯一針對技術與業餘愛好者市場而設計的多核心處理器，其他諸如英特爾（Intel）與 AMD 的多核心處理器，則分別為設計給個人電腦與伺服器而採用了不同的技術。Prop 比英特爾處理器有更低的時脈速率，但因為用途和英特爾 /AMD 極為不同所以不成問題。Prop 也非常便宜，一般而言低於 10 美元，極度適合實驗和原型設計。首先，在本章捷進到軟體與程式的撰寫之前，我會先介紹 Prop 獨特的架構。

Prop 架構

在圖 4-1 中可見到的是 Prop P8X32X 方塊圖，圖中可見八個分離的核心與其他關鍵元件。您能馬上發現核心在方塊圖中被稱作 Cog。每個 Cog 都是獨立的處理元件，各自擁有 2kB 的記憶體。Prop 也有 32 位元資料及位址匯流排，代表字元組（word）大小也是 32 位元。每個 Cog 可以經由 32 個通用型輸入輸出（general-purpose input/output, GPIO）腳位連接。這些 GPIO 腳位是共用的，然而如果您想要的話，部份或全部的腳位可以專屬某一個或某一組 Cog。這樣專屬某一組 Cog 的 GPIO 腳位，可以簡單說成：這些腳位是由該 Cog 控制著。

所有 Cog 經由一個 hub 進行溝通，這個 hub 內涵 64-Kb 的共享記憶體（Common / Shared memory），並將其切做 32kB 的 RAM 與 32kB 的 ROM，這個 hub 內也包含組態、電源管理、重設、與同步脈衝電路。

同步脈衝電路的用途蠻有彈性，可以作為內部阻容振盪器（Resistor-Capacitor

Oscillator, RC Oscillator）或是晶控振盪器（Crystal Oscillator）（要有外部的晶體）。大多數我用過的 Prop 板都是搭配晶控振盪器，因為相較於內建 RC 振盪器，晶控振盪器可以提供更高速度、更好頻率穩定度、和更精準的時脈信號。此外，本章之後提到的應用會需要精準的定時，必須使用到晶控振盪器。

　　Prop 晶片還有鎖相迴路（phase-locked loop, PLL）用來接合晶體振盪器。PLL 可以將外接晶體共振頻率乘上，1x、 2x、 4x、 8x 或 16x 的倍數。常見的作法是 Prop 板裝上 5-MHz 晶體搭配 16x PLL 乘法器來對 Prop 產生 80-MHz 時脈頻率。雖然比不上 2.4~3.0-GHz 的英特爾處理器，但為了符合 Prop 嵌入式應用程式的需求，頻率不需要用到那麼高。

　　Prop 也可以想成是微控器，因為 GPIO 腳位和每個 Cog 包含兩個可以自行配置以符合應用需求的多功能計數器，每個 Cog 也有各自的視訊產生器電路可以增進顯示器效能與增加程式顯示的功能。

　　hug 以循環法（round-robin）依次與其他 cog 互動，見圖 4-1。每個 cog 有各自存取 32kB 公用 RAM 的時間片段。hub 與記憶體的存取時間為系統時脈速率的 50%，所以是 40MHz 的存取頻率對上 80-MHz 的時脈頻率。Cog 在 80MHz 時脈速率運行下，有名目 20 MIPS（million instruction per second, 每秒百萬條指令）的指令處理頻率，MIPS 是表示 Prop 在 4 個時脈週期內平均能完成的指令數目，40-MHz 對 hub 依次循環的存取速率則是表示 Cog 和共享 hub 記憶體間的資料傳輸不會受到限制。

　　32kB hub ROM 用來存放公用資料表與顯示字元產生器組，後者可以讓每個 Cog 的字元產生器用來顯示編程過的視訊輸出。Cog 共用公用的字元資料表可以為個別的 Cog 節省記憶體，並給在執行的程式。8kB 的 hub ROM 也用來當 Spin 的直譯器，把 Spin 的原始碼轉換成可執行的指令與符記。空間優化過的 Spin 直譯器會被置入個別 Cog 的記憶體中，使得 Cog 能夠即時處理指定給該 Cog 執行的 Spin 符記。Spin 語言將在下面編程的區段詳細討論。

注意：您應該會發現 hub 記憶體並不執行程式，所有 Prop 晶片中的程式都是在 Cog 裡面執行的。

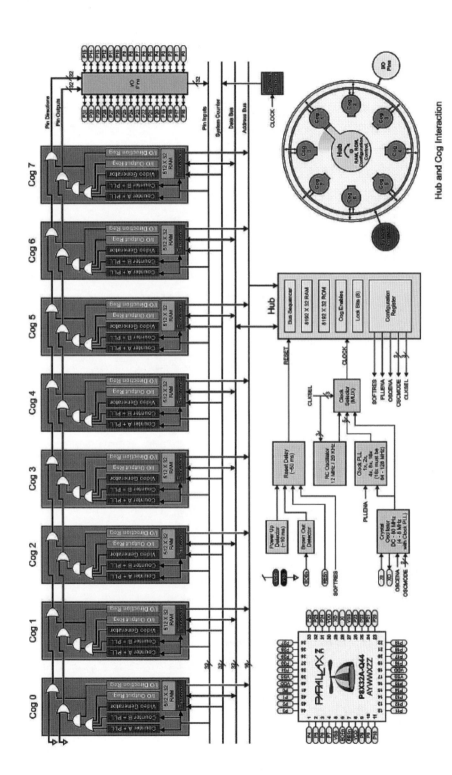

圖 4.1 Prop 方塊圖

Prop 以數種封裝形式製造，包括 0.8mm 腳位間距、44- 腳位薄型四面扁平封裝（Low Profile Quad Flat Package,LQFP）的表面貼焊配置。也有 44- 腳位四面扁平無引腳封裝（Quad Flat No leads，QFN）載體型式，以及適合無銲麵包板原型設計的 40 雙列直插式封裝（Dual Inline Package, DIP）。我使用圖 4-2 中的 Parallax Propeller 教學板（Board of Education, BOE）來開發與測試 Elev-8 四旋翼輔助功能的軟體。

BOE 有連上其他週邊設備的 LQFP 的 Prop 晶片，可以快速且方便地開發 Prop 軟體，這點在第五章提到的伺服機測試程式中可以得到印證。圖 4-3 為 BOE 的照片，右上角有一串伺服埠。

BOE 上有外部的 64kB EEPROM 讓您可以在非暫態存取程式，意思是就算電源中斷了程式仍保留在 EEPROM 中。存在 RAM 的程式為暫態，因為只要電源移除了程式就會消失。BOE 支援 Prop 韌體特色，一旦電源接上後，存放在 EEPROM 中的程式就會自動複製到 Prop RAM 中並執行。注意電源接上後會有短暫的延遲，因為把 32kB 的 ROM 映像複製到 32kB RAM 需要 1.5 秒。

避免您好奇，使用者的程式沒辦法載入到 Prop 晶片的內部 32kB ROM。這樣做會複寫並摧毀 Prop 的韌體，消滅 Spin 直譯器和重要資料表，您的 Prop 晶片就毀掉了。

Prop 軟體

一直以來，Prop 都是以 Spin 語言和 Propeller 組合語言（Propeller Assembly Language, PASM），而現在 C 語言也成為 Prop 的編程工具之一。我一開始會將重點放在在 Spin，因為它是編寫 Prop 程式的主要語言。PASM 和 C 則會在第五章進行討論。

Spin 語言

Spin 語言是一種我稱為物件導向（Object-oriented, OO）混合語言，意思是 Spin 有很多成熟的物件導向語言（如 Java 或 C++）的特色，而直接在即時編程環境處理固有的限制。舉例來說，Spin 不支援一些基本的 OO 功能，如建立與消滅動態物件。Spin 因為依賴 Prop 晶片的功能而避免支援基本物件導向的特色。這並不表示 Spin 不是個好用的物件導向工具；這只表示一般編程的方式必須因應 Prop 的架構而改變。Spin 語言的設計者發現現實中並不是所有的物件導向語言範例，都能夠在即時、平行處理的環境中實現。Spin 編譯器是設計極度良好的軟體開發工具，可以讓您創造真正能在即時環境有效率執行的平行處理程式。雖然也有其他的平行程式開發工具，但據我所知沒有一種是這麼的平易近人且在解決實務問題上是如此易於使用。

要在本章完整介紹物件導向編程的基礎實在太過天真，我會呼籲您學一些基本的命令式編程概念，至少讀過一些物件導向編程原理導論，沒有一些寫過程式的背景會很難完全理解 Prop 程式的範例如何運作。如果您缺乏良好基礎，您會發現您很難將範例程式修改成符合您需求的樣子。Parallax Propeller 使用者手冊（Parallax Propeller User's Manual）的作者也假設讀者應該有些物件導向的底子。做完這個免責聲明，我建議所有人下載並閱讀最新板的 Propeller 使用者手冊。即使是有物件導向開發經驗的讀者也需要從手冊中得到重要資訊。撰寫 Prop 軟體和一般物件導向軟體非常不同，因為您必須考慮到平行處理的 Cog 與即時運作的環境。這些問題我會在下列的討論中詳細解釋，以便您清楚理解 Spin 程式中的語句。

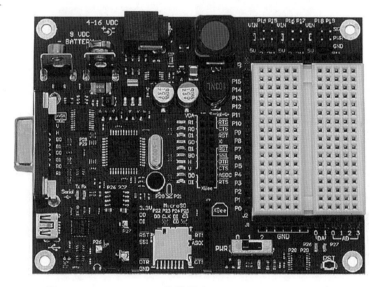

圖 4-2 Parallax Propeller 教學板（Board of Education, BOE）

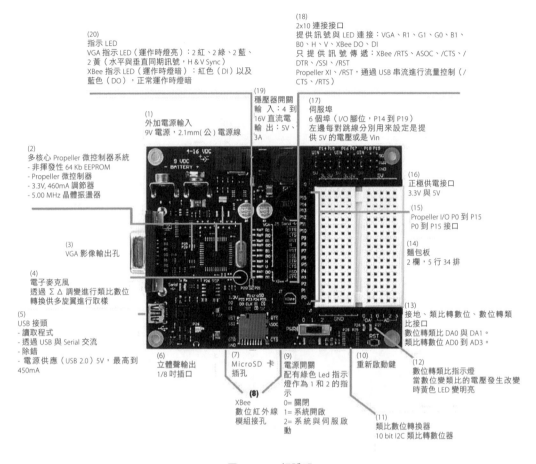

(20)
指示 LED
VGA 指示 LED（運作時燈亮）：2 紅、2 綠、2 藍、2 黃（水平與垂直同期訊號，H & V Sync）
XBee 指示 LED（運作時燈暗）：紅色（DI）以及藍色（DO），正常運作時燈暗

(18)
2x10 連接接口
提供訊號與 LED 連接：VGA、R1、G1、G0、B1、B0、H、V、XBee DO、DI
只提供訊號傳遞：XBee /RTS、ASOC、/CTS、/DTR、/SSI、/RST
Propeller XI、/RST，通過 USB 串流進行流量控制（/CTS、/RTS）

(1)
外加電源輸入
9V 電源，2.1mm(公) 電源線

(19)
穩壓器開關
輸入：4 到 16V 直流電
輸出：5V、3A

(17)
伺服埠
6 個埠（I/O 腳位，P14 到 P19）
左邊每一對跳線分別用來設定是提供 5V 的電壓或是 Vin

(2)
多核心 Propeller 微控制器系統
- 非揮發性 64 Kb EEPROM
- Propeller 微控制器
- 3.3V, 460mA 調節器
- 5.00 MHz 晶體振盪器

(16)
正極供電接口
3.3V 與 5V

(3)
VGA 影像輸出孔

(15)
Propeller I/O P0 到 P15
P0 到 P15 接口

(4)
電子麥克風
透過 ∑ ∆ 調變進行類比數位轉換供多旋翼進行取樣

(14)
麵包板
2 欄，5 行 34 排

(5)
USB 接頭
- 讀取程式
- 透過 USB 與 Serial 交流
- 除錯
- 電源供應（USB 2.0）5V，最高到 450mA

(13)
接地、類比轉數位、數位轉類比接口
數位轉類比 DA0 與 DA1。
類比轉數位 AD0 到 AD3。

(6)
立體聲輸出
1/8 吋插口

(7)
MicroSD 卡插孔

(9)
電源開關
配有綠色 Led 指示燈作為 1 和 2 的指示
0= 關閉
1= 系統開啟
2= 系統與伺服啟動

(10)
重新啟動鍵

(12)
數位轉類比指示燈
當數位變類比的電壓發生改變時黃色 LED 變明亮

(8)
XBee
數位紅外線模組接孔

(11)
類比數位轉換器
10 bit I2C 類比轉數位器

圖 4-3 BOE 板說明

Propeller Spin Tool

　　Propeller Spin Tool（PST）是 Parallax 提供的免費工具，讓您可以在任何 Prop 開發板或 Prop 電路原型上新增、讀取、執行軟體。本章先前提過，我用 Prop BOE 開發軟體。我把 BOE 連接裝有 1.3.2 板 PST、作業系統為 Win7 的筆記型電腦。不管使用哪種 Prop 開發板，應該會有 USB 埠驅動程式自動載入，讓您的電腦可以偵測到開發板並與其溝通。點擊下拉式選單的執行（Run）會顯示選擇硬體（Identify Hardware）選項。點擊下去會彈出訊息對話框（Information Dialog），如圖 4-4 所示。

圖 4-4 顯示 USB 埠已運作的訊息對話框

　　我決定談一點 Propeller 使用者手冊已經詳細記載的教學。我會特別從 Blinker1 程式開始。我輕微的修改過手冊中原始程式以符合 BOE 上可用的 GPIO 腳位。圖 4-5 是修改過的 Blinker1 程式的螢幕截圖。

　　圖中顯示 PST 開發畫面，Parallax 稱之為整合視窗（Integrated Explorer）。整合視窗的中間部份是輸入和修改 Spin 程式碼的編輯區。左側有兩個窗格顯示目前的檔案目錄與檔案目錄底下包含的檔案。我刻意選擇 _Demos 目錄，它是 Propeller 函式庫（Propeller Library）的一部分。您可以在檔案列表的窗格中看到各種 Spin 程式。順帶一提，下載 PST 時會包含 Propeller 函式庫。

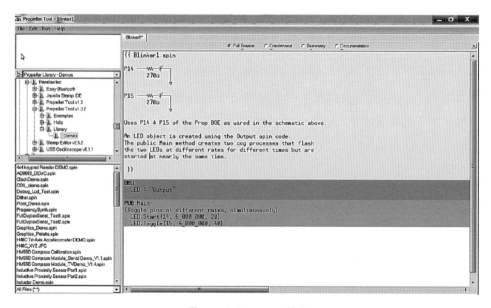

圖 4-5 Blinker1 Spin 程式

表 4-1 PST 註解與文件符號

註解符號	用途
{... 註解 ...}	多行程式碼註解（使用一對大括號）
{{... 註解 ...}}	多行文件註解（使用兩對大括號）
'... 註解 ...	單行程式碼註解（使用一個撇號）
''... 註解 ...	單行文件註解（使用兩個撇號）
5	吋盤頭螺絲，不鏽鋼材質

在圖 4-5 編輯區中的 Blinker1 程式包含三個區段：

1. 註解 / 文件
2. OBJ
3. PUB

第一部份，註解 / 文件區段，包含程式名稱、註解、解釋這個程式該做什麼、解釋這個程式如何運作。我強烈相信註解在任何程式中都非常重要，即使是那些只寫給您自己用的程式。可以很容易想像當您寫了一個沒有任何註解的程式，擱置六個月，回頭再看這份程式的時候對程式的內容一點概念都沒有。我對此感到十分重視，如果我學生的程式沒附上註解，我甚至不會為我學生的程式進行評分。

PST 提供一些方法在原始碼中增加註解，見表 4-1。PST 使用文件註解符號來決定某個註解是否應該顯示在文件檢視（Documentation View）中。圖 4-6 即是 Blinker1 程式的文件檢視。

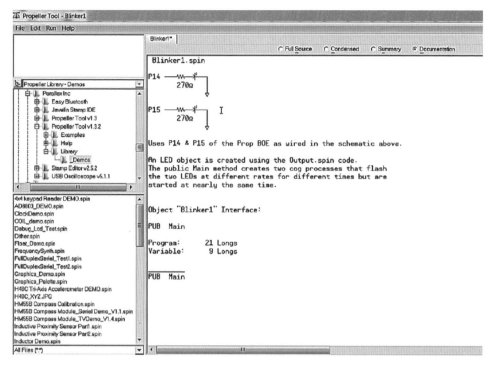

圖 4-6 Blinker1 文件檢視畫面

　　在 PST 中有四種檢視模式可以選擇，點擊編輯窗格上方的選項按鈕，來選擇檢視模式。您可以注意到在圖 4-5 中，完整原始碼檢視（Full Source）的選項被選取，而在圖 4-6 中則是文件檢視（Documentation）的選項被選取。另外也可選擇簡明檢視（Condensed）和摘要檢視（Summary），但對於這個小程式他們只提供很有限的資訊。我可以想像簡明檢視和摘要檢視在有很多物件及相應程式碼的大專案中會非常有用。

　　PST 也含有周全的字元集，包括我用來在程式碼註解區段中產生 LED 原理圖的原理圖符號。圖 4-7 是字元表（Character Chart）的螢幕截圖，可以看到水平線的符號被點選。

　　要插入原理圖字元，在編輯畫面把編輯插入點移到您想插入的地方，點擊說明（Help）再點擊顯示字元表（Show Character Chart）。接著點擊表中的字元，字元就會在編輯插入點後出現。只需要一點練習就能學會使用 PST 字元表產生小型原理圖的技巧。

　　Blinker1 程式中的 OBJ 區段是拿來宣告額外輔助物件的地方。Blinker1 也稱作是頂層物件（Top Object），因為他包含程式執行起點與在其 OBJ 區段內參考到的其他額外物件。Spin 程式只能有一個頂層物件，但可以包含零個或多個輔助物件。OBJ 區段是 Spin 建立物件階層的地方，其他非頂層物件可能擁有自己的 OBJ 區段來參考更多物件。PST 會追蹤物件階層，如果有物件找不到便會回報錯誤。在 Blinker1 的 OBJ 區段，您可以看到一行程式碼。

```
LED:  "Output"
```

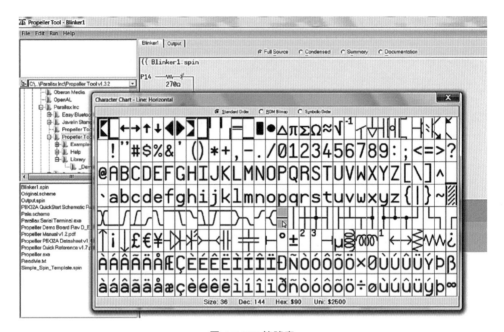

圖 4-7 PST 符號表

指令參照到的物件正式檔名是 Output.spin，然而 .spin 副檔名是系統預設會去找的，不需要指示，之後我的討論也不再提到這個副檔名。LED 是 Blinker1 程式指稱 Output 程式的內部或邏輯參照。您可以想像 LED 是個暱稱，就像您用暱稱稱呼親朋好友而非他們的正式名稱。

在 Blinker1 編輯區最後一個區段是 PUB（PUBLIC 的簡寫）。在 PUB 旁邊會有個識別標記，如在本程式的 Main。Main 是方法（method）的名稱，方法會去執行特定的動作。如果您有相關經驗，可以想像成是函式（function）或子程式（subroutine）。Main 方法在程式的第一行，Spin 會從這裡開始執行。注意慣例上在 Spin 程式中只能有一個 Main 方法，而且會放在頂層物件裡，也就是 Blinker1 中。將程式執行起點的方法命名為 Main 並非強制，但是這樣做會讓 Spin 程式碼比較容易閱讀。我會分別討論 Main 方法中的兩行語句，但您會發現在您讀完下文 Output 程式的區段之後，會比較明白這兩句。就現在而言先繼續閱讀，我保證您讀完之後會越來越清楚。另外請記得 Spin 程式中可能會有多個 PUB 區段，每個區段擁有各自的 Main。他們誰先誰後並無差別，除非有 Main 存在時，Main 應該排第一個。

Blinker1 程式 Main 方法中的第一個指令是：

```
LED.Start (14, 6_000_000, 20)
```

這個指令是一個物件導向結構，用「.」號參照到左邊的 LED，「.」號在物件導向術語代表「是...成員」的運算元。以下會稱他為「點號」。在點號右邊的「Start」，指稱到定義在 Output 檔案中的 Start 方法（記得 LED 是 Output 的參照）。在 Start 方法括號中間的三個數字是 Start 執行功能所需要的參數。現階段而言，我會忽略它們的意義，因為在這段討論還不重要，我會在討論 Output 程式時再提到它們。這個指令以物件導向術語釋義如下：

以三個特定資料值，執行 Ouput 物件的成員：Start 方法。

下一個 Main 方法的指令是：

```
LED.Toggle (15, 4_000_000, 40)
```

用以上相同邏輯，這個指令翻譯為

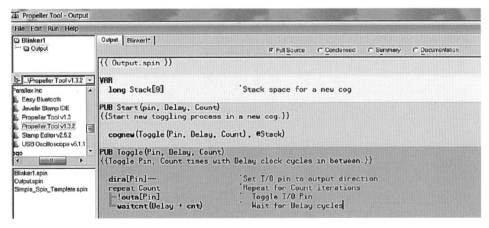

圖 4-8 Output 的完整程式碼

這個指令在 hub 的共享記憶體中保留九個 long 資料字元組。記得 Prop 晶片標準的字元組長度是 32 位元，相當於 4 個位元組（byte）。所以，九個 long 相當於公用 hub RAM 保留 36 位元組的空間。這個記憶體空間會用來產生讓 Cog 的堆疊（stack）運作的區域。避免提到太多細節，我將簡單定義堆疊為一個可以讓運作中的 Cog 暫時存放資料的記憶區域，且是 Prop 韌體可以在需要時存取的區域。在頂層物件 Blinker1 呼叫 Output 的 Start 方法時會產生一個新 Cog，這是保留堆疊空間的原因。

Output 也包含兩個我在先前 Blicker1 提過的公共方法（Public method）。第一個方法稱為 Start，另一個稱為 Toggle。在 Spin 程式的組件物件中有 Start 方法是標準作法，這樣頂層物件可以以大家所了解且一致的方式開始執行。Output 的 Start 方法包含一個複雜的指令，會讓新的 Cog 輪流執行 Toggle 方法。Toggle 方法是 Output 的另一個公共方法。Spin 編譯器會自動從可用的 Cog 中選擇新的 cog，在本例中為 Cog #1。Cog #0 會永遠被選擇來執行頂層物件的代碼，所以已經非常忙了。Toggle 方法其實是 Output 物件的重點。我重複貼了 Toggle 原始碼，以便強調註解的部份。

```
PUB Toggle (Pin, Delay, Count)
{{ 切換 Pin 腳位共 Count 次，每次間隔 Delay 個時間週期 }}
    dira[Pin]~~                  ' 把 I/O 腳位設定為輸出
    repeat Count                 ' 重複 Count 次
      !outa[Pin]                 ' 切換 I/O 腳位
      waitcnt (Delay+cnt)        ' 等待 Delay 個時脈週期
```

程式碼的第一行稱作方法簽名（method signature）。它包含方法公開的名稱，本例中為 Toggle，接著一連串需要的參數。本例有三個參數：Pin、Delay、Count。Pin 是一個整數，代表控制 LED 的 GPIO 腳位。在這個例子中，使用到了 pin 14 和 pin 15。所以，很明顯的 Toggle 方法必須呼叫兩次以作用在兩個不同的腳位上。

下一個參數 Delay 也是個整數，代表延遲的時間，以實際時脈週期為單位。在 Blinker1 程式中有兩種不同的延遲，一個值是 6_000_000 另一個值是 4_000_000。我確定您沒辦法不注意到我們以底線而非逗號來分隔位數。我相信他們不是必要，但是用底線可以避免我們輸錯 0 的個數。實際延遲時間決定於實際 Prop 運作時的時脈速率。4_000_000 的延遲代表在 12-MHz 的時脈會延遲 4/12 秒（或 333.3 毫秒），是 Spin 編譯器的預設速率。只要記得，Delay 數字越大，延遲時間越久。

最後一個參數是 Count，代表在方法停止之前迴圈要重複執行的次數。這會設定閃爍的次數，而 Delay 會設定每次閃爍延遲的時間。Toggle 方法中剩下的指令會在表 4-2 中解釋。

提過了 Output 程式碼，現在我們回顧 Blinker1 的程式碼。現在 Blinker1 的兩個函式呼叫應該看起來更有意義了。第一個是：

```
LED.Start (14, 6_000_000, 20)
```

Output 的 Start 方法以 pin 14 作為輸出，6_000_000 為延遲的時脈週期，20為重複次數。記得 Start 會新增一個 cog 給 Toggle 方法去執行。

另一個 Blinker1 函式呼叫是：

```
LED.Toggle (15, 4_000_000, 40)
```

表 4-2 Spin 程式的 Toggle 方法指令

指令	解釋
dira[Pin]~~	將值為 Pin 的 GPIO 腳位設定為輸入或輸出。
repeat Count	迴圈開始的地方，重複執行 Count 次。
!outa[Pin]	切換腳位輸出的值，例如 0 到 1 到 0 到 1 …以此類推。 注意在 repeat 之後的指令有縮排，這是 Spin 決定哪些指令包含在迴圈裡的方式。
waitcnt（Delay+cnt）	這是迴圈的結束，因為是最後一行縮排的指令。waitcnt 會延遲 Prop 運算直到括號中數字代表的時間週期數字。cnt 是代表目前時間週期數字的全域變數。它本身並不重要，Delay 加上去就是延遲過後的時間。

這裡 Output 的 Toggle 方法以 pin 15 作為輸出，4_000_000 作為延遲，40 為重複次數。在 Toggle 呼叫之後並沒有增加新的 Cog，所以這個指令會使用現有 Blinker1 或是 Cog #0。

圖 4-9 顯示為 Blinker1 程式接好的 BOE 板。它非常簡單，只用了兩個 LED、兩個電阻器、和一些跨接線。

移植到 Propeller QuickStart 板

我接著要示範把 Blinker1 程式載入到其他 Parallax 開發板有多麼容易。我選擇的開發板為 QuickStart 板,如圖 4-10 所示。

QuickStart 是非常低成本的 Prop 開發板。它仍然有一 USB 到序列埠的界面晶片,使得它與 Parallax PST 的插接相容。您要做的事只有連接 QuickStart 板到跑著 PST 的 PC,並載入 Blinker1 程式。連到 QuickStart 板的 USB 埠應該會自動被 PC 識別,讓您可以把程式下載到開發板的韌體。圖 4-11 顯示開發板配有原型設計用的無銲麵包板,上有 LED 燈,接法和先前在 BOE 接的一樣。

我在 QuickStart 板執行 Blinker1 程式。圖 4-11 中您可以看到板以 9 伏特電池供應電源。程式執行的結果就和 BOE 一模一樣。

現在我要示範如何開發一些簡單的閃爍程式,我會深入一些 Prop 複雜的細節。

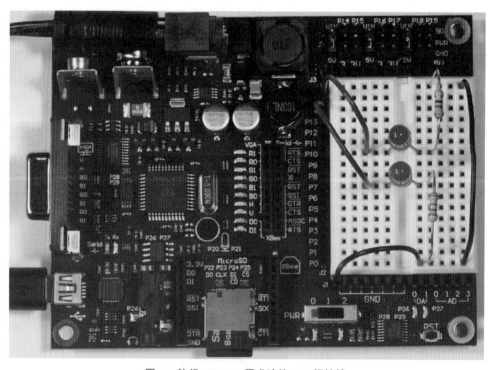

圖 4-9 執行 Blinker1 程式時的 BOE 板接線

圖 4-10 Parallax Propeller Quickstart 板

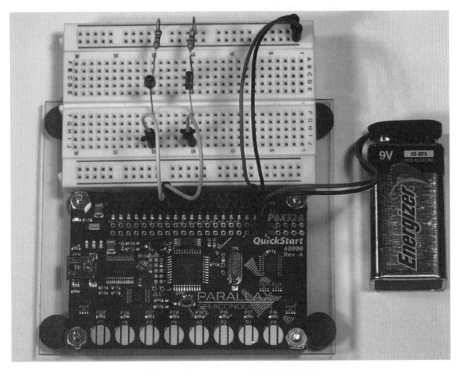

圖 4-11 在 Quickstart 板上設置原型

時脈定時

這個區段會從延遲（delay）與持續（duration）的層面討論定時。定時是 Prop 所執行之即時作業的關鍵特色。LED 閃爍的持續時間是基於在 Delay 變數中，預先指定的經過時間週期數目。Count 變數被指定了閃爍的總數，也直接影響特定 LED 全閃爍完經過的時間。實現 LED 閃爍持續時間的關鍵指令是：

```
waitcnt (Delay + cnt)
```

這個指令是包在 Output 的 Toggle 方法的迴圈中。迴圈重複次數被 Count 變數所控制。因此，全閃爍完總共經過的時間大致上可由下列公式計算

總閃爍時間 = （延遲時間）* Count

注意我用大致上這個詞來描述公式的準確度，因為有個額外的短暫延遲來自於所謂的間接程序（overhead processing），它是執行實際延遲指令時也會執行的其他迴圈指令。這個間接程序，雖然一般很小，但在需要極度準確的定時應用中必須考量進去。

我進行了一個非常隨便的實驗來驗證「總閃爍時間」公式某種程度上準確。我純粹設定 pin 15 控制的 LED 的閃爍持續時間。我做了四次的時間測量，取得平均總閃爍時間為 13.4 秒。但這怎麼和理論時間比較？要回答這個問題我計算了預期的延遲，如下所示：

參數：
   Delay = 4,000,000
   Count = 40
延遲秒數 = 4,000,000 / 12,000,000 = 0.3333 秒
總延遲 = 0.3333 * 40 = 13.33 秒
測量值 = 13.40
計算值 = 13.33

小於 0.1 秒的測量值與計算值誤差對粗糙的實驗來說不算太差。然而，您可能會納悶在延遲秒數中 12,000,000 的數字從哪裡來。我會在下個區段討論。

RC 振盪器運作

在本章的第一段我曾解釋 Prop 晶片有多樣的時脈運作設定,包含內部的 RC 振盪器。事實是,如果您在 Spin 程式中沒有指明要用哪個特定的時脈配置,Spin 編譯器會自動設為所謂的「快速」RC 振盪器("fast" RC oscillator, RCFAST)模式,該模式會以 12MHz 運行,這就是 12,000,000 這個值的來源。這個運作模式對原型設計或不須精確定時的應用非常適當,但基於先前討論過的原因不推薦用來做需要精確定時的運作。您也應注意 12-MHz 只是 Parallax 所謂的名目頻率,因為實際上會因為數種原因在 8~20MHz 的範圍間變動。我很快就會提到一些編程方法來減輕時脈週期變動所帶來的不良效果。

還有一種 RC 時脈模式是針對極低電源應用。這個模式是低速 RC 時脈模式,他的時脈頻率只有 20,000Hz,大概慢了預設的 RCFAST 模式 1000 倍。圖 4-12 為 SlowBlinker1 程式的 PST 完整原始碼檢視,它用來示範慢速運作。因應使用慢速時脈速率造成時間的時間延長,Delay 數目顯著地降了 1000 倍。

在 pin 15 重做定時實驗得到相似的 13.36 秒,非常合理,因為時脈速率和延遲都同樣縮減了 1000 倍。細看 SlowBlinker1 原始碼會發現有個新的區段稱作 CON(用來代表常數 CONSTANT 的縮寫)。在 CON 區段只有一句指令:

```
_CLKMODE = RCSLOW
```

_CLKMODE 是 Spin 軟體的內建常數,用來設定想要的時脈模式。RCSLOW 單純為一個代表時脈模式的整數。Spin 指定了什麼整數給什麼時脈模式並不重要,因為 Spin 程式是當設定一個明確的時間模式時,提供一個數值用來回應。使用這方法可以避免用到「魔術數字」這種不好的寫法。講得清楚些,假設實際設定給慢速 RC 時脈模式的數字是 8。這樣上面時脈模式的表達式會變成:

```
_CLKMODE = 8
```

這個寫法在沒有「8 代表慢速時脈模式」的額外資訊之下看起來毫無道理。這就是為甚麼在上述表達式中使用的 8 會稱作「魔術數字」,必須要有一些魔法才能理解它代表的意義。盡一切可能來避免使用魔術數字是您應該遵循的編成慣例,如果非不得已要使用,請在數字旁邊註解數字所代表的意義。

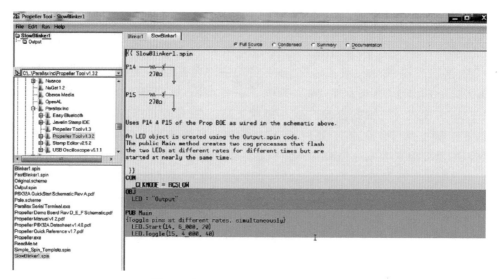

圖 4-12 程式 SlowBlinker1 的完整原始碼

RCSLOW 時脈模式一般頻率為 20kHz，但和 RCFAST 的狀況一樣會有潛在大幅變動。這個範圍大概在 13kHz 到 33kHz，這會造成嚴重問題如果您程式碼的時間會依賴預設的時脈週期。在下個區段我會討論如何使用晶控振盪器來大幅提昇時脈週期精準度。

晶體振盪器運作

如果要操作晶體震盪器只要改變時脈模式即可。這會要在 CON 區段中插入兩個指令。使用 5MHz 外部晶體的指令是：

```
CON
    _CLKMODE = XTAL1
    _XINFREQ = 5_000_000
```

在本例中，XTAL1 設定晶體振盪器為時脈模式，_XINFREQ 指定連接到 X1 Prop 腳位的額外晶體的共振頻率。記得有個 PLL 頻率乘法器可以用在外部晶體嗎？在本例中，因為沒有指定乘數，所以 Prop 的時脈頻率會是 5MHz，和外部晶體一樣。下個例子會告訴您如何使用 PLL 乘數。

```
CON
    _CLKMODE = XTAL1 + PLL16X
```

```
_XINFREQ = 5_000_000
```

這個例子和上一個幾乎一模一樣,除了在 XTAL1 後面增加的 PLL 時脈乘數。指定乘數的方式就只是「+ PLL16X」,代表把外部晶體的頻率乘以 16 倍。這代表 5MHz 的外部晶體可以產生 80MHz 的時脈頻率。

我接著更動 SlowBlinker1 的程式碼來使用配上 16 倍 PLL 乘數的高速晶體振盪器。這份修改過得程式我稱之為 FastBlinker1,圖 4-13 為其完整程式碼檢視的螢幕截圖。我也把 SlowBlinker1 改低的 Delay 調回原本的數值了。

如您預期,這個程式跑起來的速度比 Blinker1 大幅提昇。我估計 pin 15 閃爍會持續大約 2 秒鐘,因為時脈加速 6.5 倍,這是 80MHz 和 12MHz 的比值。我用 Blinker1 運作時間的 13 秒除以 6.5 得到 2 秒鐘的結果。實際運作時間也真的是 2 秒左右,但很難確定,因為還要考慮把程式從 EEPROM 讀到 RAM 的額外時間。

減少對絕對時間週期數的依賴

在這個區段,我將示範在程式中設定延遲與持續時間時,如何擺脫麻煩的絕對時脈週期數定時。使用這種方法,您將會使用毫秒為單位,而非時脈週期的數目,這樣不用為了要設定準確的延遲或持續而要知道實際的系統時脈速率。我會使用修改過的 FastBlinker1 程式來示範這個方法,新程式命名為 PreciseBlinker1。圖 4-14 是 PreciseBlinker1 完整原始碼檢視的螢幕截圖。

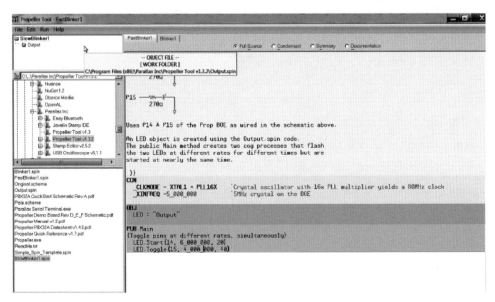

圖 4-13 程式 FastBlinker1 的完整程式碼

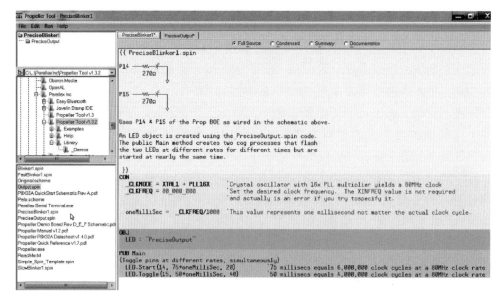

圖 4-14 程式 PreciseBlinker1 的完整程式碼

　　一 個 PreciseBlinker1 和 FastBlinker1 的 差 異 是 CON 區 段 的 _XINFREQ = 5_000_000 被移除了，改插入 _CLKFREQ = 80_000_000。這個指令指定想要的 Spin 時脈頻率，之後會拿來從 _CLKMODE 與 PLL 乘法器導出相應的 _XINFREQ。您只能選擇指定 _XINFREQ 或 _CLKFREQ，但非兩者，否則 Spin 會回報錯誤。

　　下一個改變是插入了 oneMilliSec = _CLKFREQ/1000。常數 oneMilliSec 現在代表在一毫秒的時間區間內要經過的總時間週期，您再也不需要講明時間週期來訂定時間，只要使用 oneMilliSec 常數就好。

　　最後一個 PreciseBlinker1 的改變，影響了 Delay 的值如何傳到 LED 物件。在 Main 區段寫死的週期數 6_000_000 與 4_000_000 現在分別改成 75 * oneMilliSec 與 50* oneMilliSec。現在您只要專注在想要的時間延遲即可，而不須去計算時間週期，這使得開發輕鬆了多。

　　在 Output Spin 物件中也有少許修改。圖 4-15 是 Output 完整原始碼檢視的螢幕截圖，我改名為 PreciseOutput 以反應功能上的改變。

　　Toggle 方法中有兩個變化。第一個在迴圈開始之前捕捉了系統計數器的值。這個值存在名為 Time 的區域變數中，因此，這個變數也要宣告在 Toggle 的方法簽名（或最上一行）中。您可以看到他加在垂直線分隔符號的後面。Time 會在迴圈開始的前一瞬間取得系統計數器的值。第二個改變在迴圈中，waitcnt（Time+=Delay）指令會一直被評估直到變成 True，之後迴圈就會結束。記得 Delay 值是您想延遲的時間週期的總數，現在用毫秒數乘上每毫秒的時脈週期數來表達。在 waitcnt 中的「+=」表達式代表「前面的值指派為後面的值加上前面的值」運算元，指示 Spin 把 Delay 值加上現在的 Time 值然後存回成為新的 Time 值。這可以寫成「Time = Time + Delay」，但顯然 += 的寫法比較簡潔些。

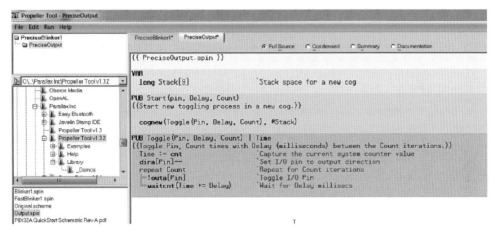

圖 4-15 程式 PreciseOutput 的完整程式碼

　　我將 PreciseBlinker1 程式下載到 BOE 中，而且執行結果和 FastBlinker1 程式一模一樣，但 PreciseBlinker1 處理的是實際時間而非時脈週期。

　　我重新測試了 PreciseBlinker1 程式，使用 40MHz 時脈和使用 80MHz 時脈得到相同的結果。這完全是我所預料的，證明這個方式來處理延遲和持續時間是可以不管實際的時脈速率。

　　到這個地方，我已經示範以 50% 負載率切換各種 GPIO 腳位的程式，代表一半的時間它們是開，一半的時間是關。把訊號使用示波器觀看的話會呈現所謂的方波。圖 4-16 是 PreciseBlinker1 在 pin 15 的輸出的螢幕截圖。

　　注意「開啟時段」，也就是信號軌跡高起來的部份，剛好是 50ms，根據程式符合預期。當然，「關閉時段」，或信號軌跡低下來的部份，也是 50ms，使得整個波形持續 100ms，或 10Hz。

　　我納入了一張我用來量測波形的示波器給可能好奇的讀者。圖 4-17 顯示 PicoScope 3406B 型，是一個高效能的 PC 示波器。因為沒有顯示螢幕，這個儀器需要一臺個人電腦來顯示波形。3406B 是四通道的裝置，能夠以優異準確度測量頻率高達 200MHz 的訊號。我會呼籲讀者看一看 Pico Technologies 網站來了解這些強大且有可變性的儀器。然而先告訴您它們可都不便宜，就如諺語所說：一分錢一分貨。這個儀器完全沒讓我失望，因為它運作完美且讓我鉅細靡遺地量測與記錄本書中出現的波形。

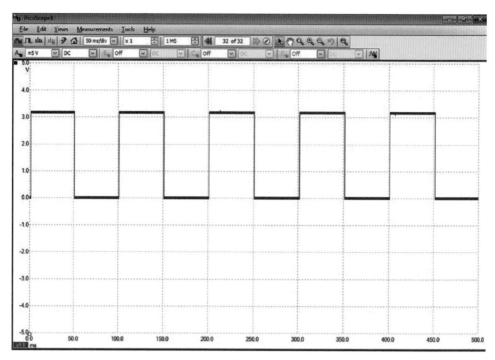

圖 4-16 透過示波器呈現 pin 15 的真實波型

圖 4-17 PicoScope 3406B 型 USB 示波器

脈寬調變與伺服機範例

這個範例介紹脈寬調變（pulse-width modulation，PWM），開啟脈衝時段會比整個週期的波形短得多。開啟時段一般是基於程式輸入，波形週期則是常數。PWM 是一種控制伺服機的技巧，而且是 Elev-8 飛行控制架構的核心。

示範程式和頂層物件的名稱為 1 Center Servos，而且是 Parallax Learn Propeller Code 教學的一部分。要執行頂層物件還需要兩個組件物件：Propeller Board of Education 和 PropBOE Servos。執行頂層物件會創造一個連續波形，以 50Hz 頻率重複並有 1.5 毫秒的開啟時段。圖 4-18 是把 USB 示波器連接 pin 14 得到的波形。圖中顯示 1.5 毫秒的脈衝以 50Hz 重複著，相當於 20 毫秒的波形週期。

圖 4-19 是非常簡單的 1 Center Servos 程式。從程式可以看出作者（們）對鉅細靡遺地註解程式沒有興趣。這種缺乏註解的程式是種恥辱，因為它讓使用這份程式的人很難了解它應該如何運作。雖然這是個很小的程式，但應該要有更多註解。話說回來，我會繼續討論程式，並且告訴您我怎麼修改來示範 PWM 功能。

程式裡只有一個名為 Go 的方法，這是程式執行的起點。沒錯，這應該要命名為 Main，但如我之前所說，這只是慣例而非強制要求。Go 方法的第一行指令是：

```
system.Clock(80_000_000)
```

頂層物件會把時間配置的責任委派給參考名稱為 system 的組件物件，它真正的檔案名稱是 Propeller Board of Education。如果您看 Propeller Board of Education 的原始碼，您會發現和我在 FastBlinker1 設定時脈的程式幾乎一樣。這種委派方式非常好用，而且減少了頂層物件裡的程式碼。它可以濃縮到您寫程式的方式，特別是如果有多重頂層物件的狀況，會在本程式的出處 Learning Tutorials 中遇到。

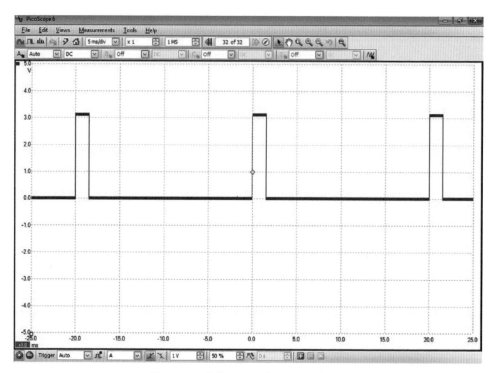

圖 4-18 1.5 毫秒、50Hz 的 PWM 訊號波型

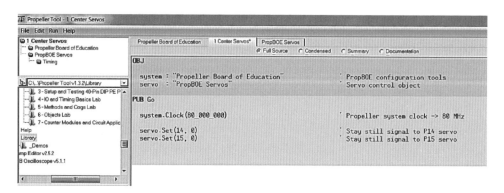

圖 4-19 程式 1 Center Servos 的程式碼

Go 方法的下一行是：

```
servo.Set(14,0)
```

區域參考名稱是 servo，它代表名為 PropBOE Servos 的 Spin 檔案。在這個檔案中的 Set 方法控制 PWM 波形。第一個參數是 GPIO 腳位，在本例就是 14 號，第二個參數是抵消（offset）。「抵銷」表示一個 -1000 到 +1000 中間的數字。抵消可以想成是對脈衝寬度的直接控制，0 offset 代表 1.5 毫秒脈衝，-1000 offset 代表 0.5 毫秒脈衝，+1000 代表 2.5 毫秒脈衝。因此，抵消實際上就是您想讓脈衝偏離 1.5 毫秒中心多少個微秒數。任何在 -1000 到 +1000 的整數會依比例設定脈衝寬度。

大多數標準的伺服機都設計可以使用 PWM 技巧運作。送一個 2.5 毫秒的脈波列到改變角位置的伺服機會造成順時脈 90 度轉動。相同地，送一個 0.5 毫秒的脈波列會造成逆時脈 90 度轉動。送 1.5 毫秒的脈波列則會讓伺服機維持在中心角位置。

對連續轉動的伺服機送出一樣種類的脈衝會造成角速度的改變，2.5 毫秒脈衝會是順時針最高速，0.5 則是逆時針最高速，1.5 則速度為零。圖 4-20 顯示伺服機中心位置波長在 1.5 毫秒脈寬。

我接著連接 Hitec HS-311 標準伺服機到 BOE 板上的 pin 14 伺服機聯接器。圖 4-21 顯示 BOE 執行 1 Center Servo 程式時，當輸出一波型時所呈現的自然位置。

我放置一個白色箭頭在伺服機磁軛邊（Servo yoke）來指示伺服機的中心位置，您可以看到它指向圖的上方。我接著把抵消從 0 改成 +1000 並照下新的伺服機位置，如圖 4-22。

伺服機現在順時針轉了 90 度，反映出 Set 指令中 +1000 抵消的效果。2.5 毫秒波寬的控制波形顯示在圖 4-23。

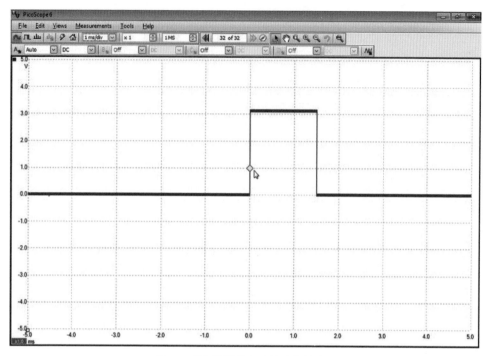

圖 4-20 使伺服機呈現自然位置的波型

圖 4-21 BOE 控制 Hitec 伺服機在自然位置上

圖 4-22 BOE 控制 Hitec 伺服機在順時針的最大位置

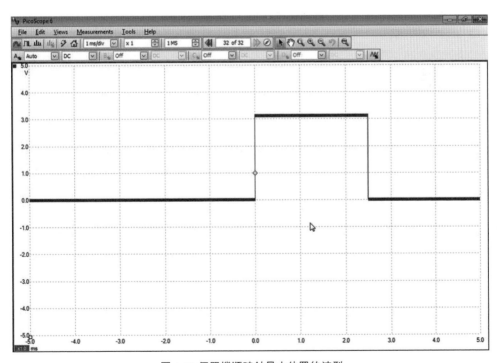

圖 4-23 伺服機順時針最大位置的波型

我在其他位置測試了伺服機以確定運作完整，但我不再佔據篇幅來顯示伺服機位置和波形的圖片。向您保證伺服機在其他抵消指令下會正確運作。

PropBOE Servos 的文件檢視可以在本書的網站 www.mhprofessional.com/quadcopter 中找到，這文件會說明這個物件裡複雜的東西。它也提供說明給想要實驗程式中額外出現（但之後範例不會用到）函數的讀者。在這個範例中，頂層物件只呼叫 Set 方法，然後呼叫 Start 方法，接著呼叫 Servos 方法。腳位和抵消的數值在呼叫 Set 時定義，和波形有關的一些基本參數在 Start 方法定義。Start 方法也會產生一個 cog 實例來執行 Servos 方法。下面我複製了 Servos 方法的程式碼，與其說是分析它，不如說是告訴您 Spin 語言如何創造即時波形產生器。

```
PRI servos | t, i, ch
  t := cnt
  repeat
    i := -1
    repeat until i == 13
      repeat ch from 0 to 1
        if ++i =< _servoCnt
          outa[_pinList[i]]~
          dira[_pinList[i]]~~
                    spr[CTR + ch] := (%000100 << 26) & $FFFFFF00
| _pinList[i]
                    spr[FRQ + ch] := spr[PHS + ch] := 1
                    pulse[i] += ((_pulseList[i] - pulse[i]) #> -_
stepList[i] <# _stepList[i])
                    if ((_enableMask >> i) & 1)
                        spr[PHS + ch] := -((pulse[i] #> -1000 <#
1000) * us + center)
       waitcnt(t += frame)
    repeat until not lockset(lockID)
    longmove(@_pinlist, @pinList, 48)
    lockclr(lockID)
    waitcnt(t += cycleEnd)
```

您應該會馬上注意到方法的開頭有個 PRI 記號，是 PRIVATE（私有方法）的縮寫。這代表 Servos 方法只有 PropBOE Servos 物件裡面其他的方法可以使用，沒有外部的物件能夠呼叫它。這個限制是發揚一個重要的物件導向原則：封裝（encapsulation）。物件不應該顯露太多內部運作的訊息，這樣才能避免意料外的改變。

陣列 _pinList[i] 設定來處理多個同時運作的伺服機。這是 Prop 晶片支援平行處理的關鍵優勢。是這個應用程式的一大利器。

上述程式有兩個關鍵指令以 spr 開始。這是一個 Spin 指令「特殊目的暫存器」（Special Purpose Register,SPR），讓您可以間接存取一些在各個 Cog 中的特化暫存器。給不熟悉暫存器的讀者，是一個有命名的儲存區讓資料可以讀取或寫入。我把 Propeller 使用者手冊中 Cog 的 SPR 列在圖 4-24 中，因為我想您應該要知道它們。它們是用來打造執行快速有效率的程式的利器。

表 2-15 Cog RAM 特殊目的暫存器			
名稱	索引	類型	描述
PAR	0	唯讀	啟動參數
CNT	1	唯讀	系統計數器
INA	2	唯讀	P31-P0 輸入狀態
INB	3	唯讀	P63-P32 輸入狀態
OUTA	4	可讀 / 可寫	P31-P0 輸出狀態
OUTB	5	可讀 / 可寫	P63-P32 輸出狀態
DIRA	6	可讀 / 可寫	P31-P0 方向狀態
DIRB	7	可讀 / 可寫	P63-P32 方向狀態
CTRA	8	可讀 / 可寫	計數器 A 控制
CTRB	9	可讀 / 可寫	計數器 B 控制
FRQA	10	可讀 / 可寫	計數器 A 頻率
FRQB	11	可讀 / 可寫	計數器 B 頻率
PHSA	12	可讀 / 可寫	計數器 A 相位
PHSB	13	可讀 / 可寫	計數器 B 相位
VCFG	14	可讀 / 可寫	視訊配置
VSCL	15	可讀 / 可寫	視訊尺度

圖 4-24 Cog 暫存器說明

我想指出上述代碼實在太有效率以至於沒有必要使用到組合語言：一種常用在有要求效能的應用上的語言。然而別太沮喪，我會在第五章討論組合語言，因為它用來支援控制 Elev-8 測試馬達的示範程式。

總結

本章一開始介紹 Parallax Propeller 晶片的獨特架構。核心（Cogs）是高度有彈性的計算元件，能夠處理平行作業來有效執行應用程式指令。我也討論協調 Cog 活動的 hub，和高度彈性的同步脈衝電路。

Propeller Spin Tool（PST）的討論包含示範用 PST 和 Prop 開發板新增、載入、執行程式有多容易。我示範了我用來開發軟體的 Propeller 教育板（Propeller Board of Education, BOE）。它包含 USB 至序列埠界面晶片，讓連接 BOE 到執行 PST 的個人電腦非常容易。

我接著帶到一系列的 LED 閃爍程式，用來示範基本的 Spin 編程和基本的物件導向（OO）技巧。PST 讓 Spin 編程非常容易上手。當然持續的研讀與練習是養成紮實開發能力的不二法門。

之後，我們傳輸一個 LED 閃爍程式到 Parallax QuickStart 開發板。我藉此示範在 BOE 開發的 Spin 程式轉移到其他 Parallax 開發板不會產生任何問題。

接下來討論時脈定時，我帶到各種系統時間模式並解釋每種的優缺點。我推薦用外部晶控振盪器來開發您的應用程式。這個時脈模式準確、快速、且在各大 Parallax Prop 開發板立即可得。

我再來告訴您在編程時如何使用實際時間值來代替時脈週期。時間值使用毫秒表達比使用時間週期表達優異多了！這個技巧讓您程式中的時間值獨立於實際系統時脈。

在時脈的教學之後，我們詳盡討論脈寬調變（pulse-width modulation,PWM）。PWM 的介紹為了解伺服機運作的科技打下良好基礎。伺服機科技廣泛的用在無線電控制飛行系統和 Elev-8 飛行系統。我用了數種程式來示範基本的伺服機控制演算法如何運作。

這個章節以介紹 Cog 的特殊目的暫存器（special purpose registers,SPR）做總結。這些暫存器是建立高效快速應用程式的關鍵。

下章我們會進入 Elev-8 的關鍵成份，包括馬達、ESC 和螺旋槳。

第 5 章
四旋翼的推進方式

序言

如標題所述,本章將討論推動四旋翼飛上天的三個要素:螺旋槳、馬達及電子速度控制器(電調,ESC)。這三者缺一不可,只要少了一個即無法產生推進力,四旋翼也會停在地上不動。我們會分別針對這三個要素逐項討論,同時我也會盡量說明它們是如何相互作用,及解釋它們施加在彼此身上的限制因素。

本章也會示範兩個能讓您更進一步探索目前的螺旋槳以及馬達與 ESC 的方案,增加螺旋槳未來升級的可能性。

我會先從對四旋翼的性能有重要影響,且最為人熟知的元件一馬達開始談起。

馬達

直流(Direct current,DC)馬達被普遍的應用在各種遙控飛行器、直升機及多軸飛行器上。DC 馬達主要被分為兩類,第一類是直流有刷(Brushed DC,BDC)馬達及直流無刷(Brushless DC,BLDC)馬達。最常用在四旋翼的馬達是無刷馬達,因為它們沒有碳刷,所以更不易損壞。而且相較於有刷馬達,無刷馬達的轉速更快且產生較少的電子噪音。圖 5-1 中呈現的即是其中一個 Elev-8 所提供的無刷直流馬達,型號為 A2212/13T 1000KV。

1000KV 在型號中表示這個馬達被設計成能在每伏特 1000 轉 / 分(r/min)的速度下運轉。因此,當一個電調由三顆鋰聚合電池提供超過12伏特的電壓時,,理論上馬達最大能達到 12,000 r/min 的轉速。但事實上 Elev-8 的最大轉速是約 7000 r/min 左右,卻已經跟 Slo-Flyer 螺旋槳的有效轉速差不多快了。此外,轉動螺旋槳負載的馬達通常會有大概每伏特 600-r/min 的功率,剛好在約 12V 的供電下等於最大轉速的 7000 r/min。

圖 5-1 Elev-8 無刷直流馬達 A2212/13T 1000KV

Elev-8 使用的無刷直流馬達還有個特點是馬達的轉子在馬達外面、而馬達的定子則被固定在馬達內,因此被稱作外轉子(Outrunner)馬達。而傳統的位於馬達殼內的轉子自然就被稱為內轉子(Inrunner)。外轉子馬達使用永久磁鐵(Permanent magnets,PMs),如圖 5-2 所示。

用在 Elev-8 的馬達的永久磁鐵是利用釹(Neodym)製成的,他的化學命名是NdFeB。釹是由鎳(Nd)、鐵(Fe)及硼(B)三項元素所製成,被歸為稀土金屬,同時也是磁鐵的關鍵成分。它的磁力持久性極高,意味著它能永久磁化及保持著極強的磁場。

在圖 5-2 中,有 14 個永久磁鐵磁棒被放置在轉子裡,且為了符合轉子與定子的電磁磁場,永久磁鐵被依照南北極交替擺放。

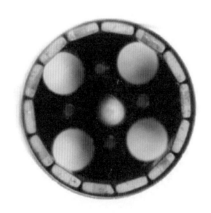

圖 5-2 無刷直流馬達永久磁鐵組成 14 極轉子

圖 5-3 無刷直流馬達線圈纏繞成的 12 極定子

　　馬達的另一個主要部分是定子，由環繞的線圈纏繞在鐵製核心組成。圖 5-3 即是一個類似於用在 Elev-8 馬達的 12 極定子。

　　需要注意的是這裡的轉子有 14 極而定子只有 12 極。極數的差異對啟動並維持運轉非常重要，極數與定子一致會讓轉子鎖住並停止運轉。圖 5-4 是一個從底部看去的一個完成組裝的 A2212/12T 馬達，清楚呈現了轉子與定子磁極之間是如何相互切換而讓馬達得以運轉。

圖 5-4 從底面看 A2212/13T 1000KV 直流無刷馬達

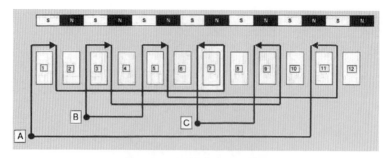

圖 5-5 無刷直流馬達定子線路示意圖

　　另一個對馬達運轉也很重要的因素是對定子的供電量。ESC 能有效供應三相電流至定子。圖 5-5 是簡單的線路示意圖。

　　圖 5-5 是部分線路的插圖，說明 ESC 的三條導線是如何連接至定子中的線圈。A、B、C 三個連接點交替傳遞電流，使得定子產生一道循環磁場。如果您跟著線路從 A 閥沿著線路走，您會注意到電流會以順時針方向經過定子的磁極 1，然後以逆時針方向繞過磁極 11。這樣相反的電路組合是為了讓每個定子內的磁極產生相反的磁極。此電磁極與轉子裡的永久磁鐵磁棒配置方式相近。當電子磁極因為 A、B、C 閥輪流的電流切換而依次移動時，將會帶動轉子一同運作。我知道這有點讓人難以理解，不過 ESC 裡有這物理特性以帶動磁極旋轉所專門設計的程式，整個作用會按照程式去細膩協調。這個系統的美妙之處是，ESC 只需要控制對要送給馬達的電流脈衝比率，便能直接控制馬達的轉速。

　　為了幫忙了解定子線路纏繞方式，圖 5-6 是一張簡化的是意圖。同時為了清楚的解釋無刷直流馬達的運轉方式，我另加了一張呈現無刷直流馬達運轉中的動畫截圖（圖 5-7）。

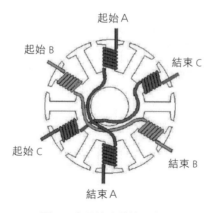

圖 5-6 定子線路纏繞示意圖

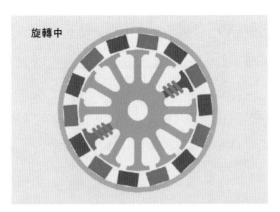

旋轉中

圖 5-7 中途停止旋轉的無刷直流馬達運作動畫截圖

　　我建議大家，可以參考看看這個網站：http://www.aerodesign.de/peter/2011/
LRK_in_action.gif，如果您想看無刷直流馬達運轉中的動畫。

　　定子的線圈在內部是依照 Wye（Y 型）或 Delta（Δ 型）的結構進行連接。圖
5-8 是此兩種結構的示意圖。

　　對於使用者來說，Wye 或 Delta 的結構會造成馬達之間一些差異。但事實上，
Delta 類型的馬達可以使用比 Wye 類型馬達稍低的電流並且以較高的速度與電
壓進行操作。而 Wye 類型的馬達的轉速雖然稍微慢了點，但只要多給它一點電
流就能產生更大的扭矩。當然，較大的電流也意味著會產生更高的溫度，而這
正好是無刷直流馬達需要避免發生的情況。

　　熱一直是馬達運作時常見的問題，特別是那些使用釹製成的強力永久
磁鐵馬達。有一種現象稱為居里點（Curie Point，又稱居禮溫度，Curie
Temperature），磁鐵會在這個過熱的溫度失去磁力。對像釹這種強磁力的稀土
金屬來說，最低可能只有攝氏 80 度就會失去磁力。這比起平常的環境溫度算
是一較高的溫度，但是您要知道當馬達全力轉動時將通過大量的電流。我估計，
用 100% 的負載量運轉 20 分鐘就很有可能讓馬達內部的溫度達到居里溫度的範
圍。如果馬達失磁了真的會非常的尷尬，特別是當四旋翼還在天空飛的時候。
當然，若是永久磁鐵消磁了，馬達也就永遠的壞掉了。如果要冷卻馬達的溫度，
您得用偶爾降低與使用較慢的馬達轉速來進行控制。

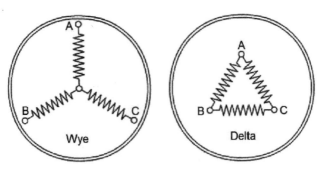

圖 5-8 Wye 與 Delta 類型的線圈配置

電子速度控制器

　　電子速度控制器（電調，ESC，Electronic Speed Controller，ESC）的主要作用是讓提供至馬達的電力根據其控制輸入等比例的進行，而控制輸入通常是伺服式的信號。ESC 是使用三項電流供電給馬達，我在先前馬達的部分便有提過。雖然我用容易讓人聯想到交流電（AC，Alternating current）的「三相電流（Three-phase）」來稱呼它，但嚴格來說，電力是以直流電供應的。ESC 所提供的供電電壓只會在 0 與電池最高電壓之間變化，而不會像交流電的一樣電壓值有可能為負值。電流相位與送至馬達並使之轉動的電流脈衝序列非常有關。（之後會有一些圖片幫助您了解電流相位的概念。）

　　當您讀到 ESC 是如何運作時，請參考圖 5-9 的 ESC 方塊圖。

　　現在用於四旋翼 ESC 核心的是 Atmel ATmega8L 微型控制器套組（MCU，Microcontroller Unit），搭載快閃記憶體、8 位元微處理器與周邊控制組件。表 5-1 是 Atmel ATmega8L 一些重點的規格清單。

　　由規格便能看出這是一個能力超群的控制器，能輕鬆掌握像等效變換伺服器訊號至三相電流這種要求即時性的任務。記住，為了產生三相電流的控制信號，控制器電路內有三個脈寬調變（PWM，Pulse-width modulation）的通道，它們是非常重要的組件。

　　ESC 的本體其實相當簡單：它截取電池的供電，將這些電力送至馬達的線圈，讓定子內的電磁場運轉。MCU 依照方塊圖中所標示的 A、B、C 的途徑傳送閘極的控制信號至 MOSFET 開關，然後這個三相控制信號會被送去控制一連串 MOSFETs 的閘極迴路。接著只要開啟電池，電力便會經由 A、B、C 導線傳送至馬達。您可以把 MOSFETs 想像成是一連串高速的固態電力開關，為了處理四旋翼的大量電流而以並聯的方式連結。如果您對典型 ESC 的實際線路有興趣的話，我整理了一張詳細的 ESC 圖解在這本書的網站上： www.mhprofessional.com/quadcopter 。網站中圖的線路屬於 Tower Pro 系列的 ESC，最高負載電流 25-A。

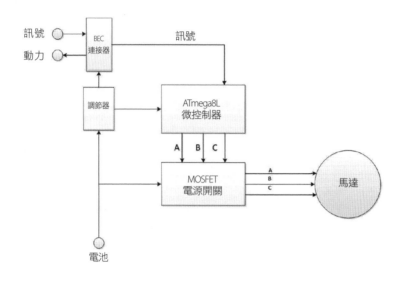

圖 5-9 電調方塊圖

表 5-1 ATmega8L 主要規格

規格	描述
快取記憶體（Flash memory）	系統程式中有 8 kB 能使用
隨機存取記憶體 RAM	512 B
靜態隨機存取記憶體 SRAM	2 kB（存取組態資料）
最大時脈	8 MHz （內建阻容振盪器）
類比轉數位通道（Analog- to-digital conversion）	8 通道，且有 10 bit 的準確度
操作電壓與電流（Operating voltage／current）	2.7 到 5.5V ／ 1mA（閒置電流）到 3.6mA（運作電流）
中斷（Interrupts）	2 條外部中斷
定時器與計數器（Counters／Timers）	兩條 8-bit，一條 16-bit
PWM	3 條 PWM 通道
序列介面（Serial interfaces）	1 USART, 1SPI, 1 I2C
實時計數器（Real-time counter）	一個系統計數器與獨立震盪器

圖 5-10 是 25-A HobbyKing ESC，在圖中可以見到中馬達的三條導線在左方，而 BEC（電池分離迴路，Battery eliminator circuit）和電池導線在組件的右方。

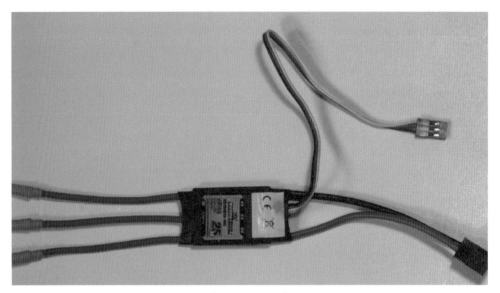

圖 5-10 25-A 電調

　大部分的 ESC，尤其是中國製造的，通常有包覆熱縮絕緣套管，避免不小心短路，同時保護 PCB 零件。這種套子價錢低廉，無法快速散熱，也讓我們不方便使用機載零件。我拆掉了 25-A Turnigy ESC 的熱縮套管讓您看看藏在底下的裝置。圖 5-11 的左圖是拆開 ESC 的正面圖，右圖是從 R/C 網站收集來的 ESC 圖片。

　比較過後發現雖然來源不同，這兩張電路板卻幾乎是一樣的。我認為在中國製造 ESC 的工廠只有幾家而已，只是它們以許多不同牌子的名義出售。這個市場商品琳瑯滿目，但選定一個特定的安培數值後卻非常有可能剛好都買到同一種 ESC，完全跟商標無關。另外，這種市場交易還有更黑暗的一面，您該也對此有點概念。有些不道德的公司會跟信譽好的批發商買下劣質的 ESC，重新包裝，然後再當正常商品賣出。強烈建議您只向信譽好的商家與批發商購買，避免到二手市場交易，在那裡的商品或許有著極低的價格，卻也同時代表著極低的品質。記住 ESC 是供電給馬達的，而馬達讓您昂貴的四旋翼在天空遨遊。

圖 5-11 兩種拆開的電調電路板

圖 5-12 25-A Turnigy 的 MOSFET 列

　　在圖 5-12 的 25-A Turnigy 面板上，可以清楚的看到金屬氧半導體場效應電晶體（MOSFET，Metal-Oxide-Semiconductor Field-Effect Transistor）堆成的列。每一列都幫助 A、B、C 其中一個導線提供動力，且每個列都擁有五個並聯的 MOSFET，因而最大皆能負載 5 安培的電流。用於此面板上的 MOSFET 是一般的 p-channel 型，模組編號 4407。「一般」指的是只要符合表 5-2 列出的規格，各家廠商都能支援這款晶片。

表 5-2 4407 電源 MOSFET 規格

規格	描述
最大電壓	-30V
最大電流	15A
封裝	SOP-8

注意額定電流是 15A，意味著在這情況下要謹慎評估，電流的最大值不能超過 5A。而由於實際的電池電量將可能低於 13V，對於最大伏特值也應謹慎對待。這份明細沒有標註任何重點規格的原因是 30-A Elev-8 應該要能處理任何正常的飛行指令而不會超過負荷或過熱。

接下來，為了幫助您了解 ESC 是如何運作的，我們將討論 ESC 活動時的波形。在本章關於 BEC 的討論將延後一些，好讓您能在良好的基礎上理解 BEC 電路。

ESC 的波形

圖 5-13 是一段被示波器紀錄下，由 MCU 傳送至 MOSFETs 的典型信號波形。

在正電壓的情況下，閘極控制的信號會使 MOSFETs 列開啟。由圖所示，A 閘在 1ms（毫秒）時開啟，接著關閉，然後馬上換 B 閘開啟。B 閘開啟 1ms，關閉，換 C 閘開啟 1ms。整個過程每 3ms 或是約 333Hz 重複一次。這就是我在本章前面提過的三相操作。記住，正閘極電壓會開啟 MOSFETs 與其他與 MOSFET 連結的裝置。然後 MOSFETs 接著會開始作用，讓電流通過其他與之連接的馬達線圈，從而生成使馬達旋轉的電磁場。這是一個頗為簡單卻又有些講究的結構，創造了一個根據外部伺服器訊號，就能以 ESC 中的 MCU 嚴密控制其速度與轉矩的偽三相馬達。

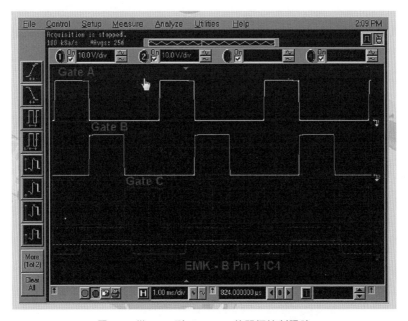

圖 5-13 從 MCU 到 MOSFETs 的閘極控制訊號

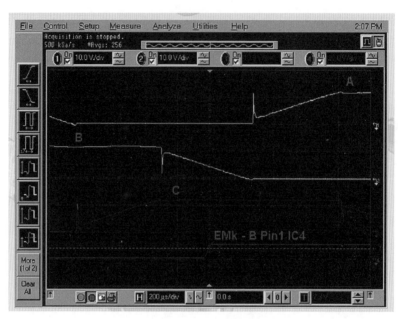

圖 5-14 脈衝 A、B 和 C 所形成的電壓波形

　　圖 5-14 是一張電壓波形截圖，屬於連結馬達的 A、B、C 導線。注意電壓從零斜向上升至電池供應電壓後又下降回零。這斜向上的區域取決於設定，您能在 ESC 中自行配置。同時注意在波形圖中有幾處因瞬間變流而造成的尖峰。這些尖峰通常無關緊要，因為他們出現的時間極短，且馬達電路的感應性質也易於撫平這些瞬變。

　　現在我已經完成 ESC 的理論討論（除了 BEC 的部分延後），我將做一個有趣的實驗來展示螺旋槳、馬達與 ESC 之間一些很有意思的互動。

螺旋槳、馬達與 ESC 實驗

　　警告：此實驗有潛在的危險，將會使用高速旋轉、銳利且堅硬的塑膠螺旋槳。在高速旋轉時，螺旋槳幾乎無法用肉眼辨識，如不慎接觸到旋轉中的螺旋槳，使用者將可能受到非常嚴重的傷害。此實驗在無人監督下不該由小孩或未能注意潛在危險的人操作。我有一些能降低危險的方法，但如果您感到不安，我強烈建議您使用我實驗的結果即可，避免再次操作。

　　實驗中將 Elev-8 馬達擺在小型「蹺蹺板」的一端，另一端則是測力計（Force scale）。圖 5-15 即是實驗擺放方式的草圖。

此實驗基本上是靠力量的相互協調，左邊馬達與螺旋槳結合體的向上力或推力由右邊的測力計來平衡。圖 5-16 是我造的小型蹺蹺板，由置於軸心的 1/4 吋（0.635 公分）厚壓克力棒與木頭底座組成。

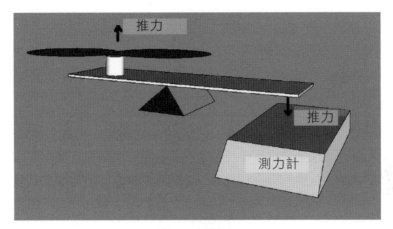

圖 5-15 實驗草圖

底座是槭木製的，堅硬卻容易塑型。而為了做軸心，我也在壓克力棒上鑽了個釘子。雖然事實上因為推力過強而使壓克力棒有些變形，但我不認為這會影響到力度的判讀。

由 25-A Turnigy ESC 所驅動的 A2212/13T 馬達是由 BOE 所跑的 ESC_Motor_Control_Demo 程式來控制。我在之後會對這個程式進行深度的探討，現在只會敘述它在此實驗中是如何運作的。

圖 5-17 即是本次的測試電路圖，使用一顆 5000mAh 電量，放電容量 40-80C 的 LiPo 3S 電池作為 ESC 的電力來源。不用說，此電池對這個馬達 / 螺旋槳組合體來說相當充足。圖中唯一缺少的是使用者用來控制馬達的速度所連接 BOE 的筆電。

圖 5-16 小型翹翹板

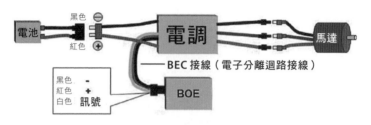

圖 5-17 測試實驗電路示意圖

　　圖 5-18 是組裝完成的實體測試電路。ESC 上的 BEC 線路與 BOE 無銲麵包板上的 Pin 14 以及 Ground 相連即可，不用另外連接任何線路。

　　包括用來控制馬達速度的筆電在內，完全組裝完成的測試電路請見圖 5-19。注意蹺蹺板的底部是用 C 型鉗固定桌面上。震盪是相當嚴重的，尤其又在如此高速之下，如果不將底部固定好，蹺蹺板可能真的會飛起來，而這並不是我們在本實驗想看到的結果。

圖 5-18 實際測試電路

圖 5-19 完整測試設置

　　光學轉速器是最後一項實驗必需品。圖 5-20 是我用的光學轉速器。它是一個靈敏的小裝置，只要簡單的指向距離螺旋槳 4~6 吋處，它就能直接測量到螺旋槳的轉速。在儀器的頂端有個敏感的光電阻，能檢測到螺旋槳上的光線反射。注意圖中的儀表上顯示 3600 r/min，這是攝影測試時的閃光造成的。壓前端的按鈕第二次後，轉速器就會從測量雙槳的模式切換到三槳，非常便於使用。

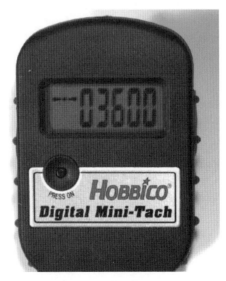

圖 5-20 光學轉速器

進行實驗

在進行實驗之前，必須要將前面提及的 demo 程式裝載至 BOE 的 EEPROM 上。測試電路也必須如圖 5-17 的方式連上，BOE 的 pin 14 必須連接至 BEC 的信號線（通常是白或橘色），且接地線也需接上。為了測量 BOE 的波型，我在信號線上多裝了一條示波器的線。在下面的部份我提供了一些關鍵時間的測量結果。

注意現在只剩 BEC 的電源線（通常是紅色）未接上。我不會將 BEC 直接與 BOE 的 P14 伺服接點連接，若是這樣做，會使 BEC 的電源被 BOE 的束縛，而這並非理想的配置方式。

透過 USB 纜線將 BOE 與執行 PSerT（Parallax Serial Terminal）程式的筆電連接。輸入使用在 PSerT 上的數值以控制馬達速度，您只需輸入任一從 0 到 8 的數字，即能使馬達運行 0% 到 100% 的的動力。八階段意味著每增加一級即增加 12.5% 的動力。在此實驗中，我能達到的最大值是 5，即最大的動力值為 62.5%。只要超過 5，在此實驗體中便很容易產生過多的震盪與能量，讓我覺得繼續操作不太安全。但是，我測試了在無螺旋槳的狀況下開至第八階段的馬達，這僅是要檢查程式能如預期般運作，並測量特定時間時一些波型的參數。

警告：我強烈建議在螺旋槳四周加裝堅固的屏障，防止有人不慎接觸旋轉中的槳葉。記住旋轉中的螺旋槳幾乎是肉眼無法辨識的，如不慎接觸到旋轉中的螺旋槳，使用者毋庸置疑將可能受到非常嚴重的傷害！也許可以用大塊的發泡板固定在椅子上，做一個簡易的屏障。對於螺旋槳，不論是此處使用的小型螺旋槳，或是使用在輕型飛機上的大型螺旋槳，我都是非常謹慎的。接近任何一種轉動中的螺旋槳，都可能成為您在世上做的最後一件事。

圖 5-21 的截圖是 PSerT 與正執行 demo 程式的 BOE 連接。如圖所示，在輸入數字前，您需要先按壓空白鍵。在此圖中，我從 0 開始，接著依序輸入 1、2、3 與 0。這個 demo 程式被設計成供電會從 0% 開始，如此一來，按下空白鍵時才不會措手不及。這些都是實驗中必須的一環，在下一段將會展示與探討實驗的結果。

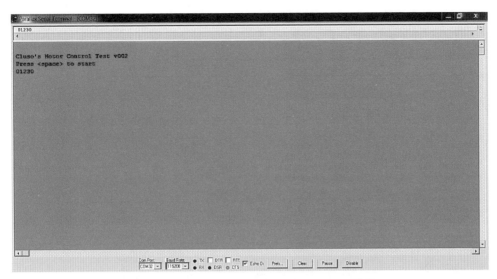

圖 5-21 PSerT 與 BOE 連結時運行 demo 程式的截圖

實驗結果

計時測量的結果反映在圖 5-22 的波形曲線圖上。T1 是每次脈衝的寬度,而 T2 則是兩次脈衝的間距。

表 5-3 是馬達的實驗結果,也一併列出了馬達運轉且未加螺旋槳時的數據。很明顯的,無加裝螺旋槳的馬達即無法測量出推力,但時間的紀錄還是可行的。有些測量結果,像是關於電力方面的數據,則是從其他表格計算而出的。

圖 5-3 中的 x 代表的是因為有過晃的現象、超出儀器可測量範圍,或同時發生這兩種狀況而無法得出測量結果。但我仍然有辦法操作它從低速到中速進行運作,將合理的結果進行記錄並進行圖表的呈現。圖 5-23 即是一張推力對電力比率的曲線圖,根據我的數據合理的呈現出一條弧線。

圖 5-24 則是轉速(r/min)對推力的曲線圖,此種方法廣泛的用於估算螺旋槳的性能,而我們也將在之後的部分繼續討論。根據實際的數據走向,我還另外加了一個預估的數值上去。即是當螺旋槳以 7000r/min 的速度運轉時,推力值會是 860g。

最後一張圖是圖 5-25,供電量對螺旋槳轉速的曲線圖。根據實際的數據走向,我另外附上了預估的數據,即是 150W 的電力能讓螺旋槳以 7000r/min 的速度轉動。而 150W 在 12.2-V 的電池供應電量下,需要約 12.3A 的電流。由此我推斷 7000r/min 會是這個 Elev-8 螺旋槳的最大轉速。在使用 100% 電量的狀況下,底下的算式能讓您知道如何判斷最大飛行時間:

1 顆馬達 / 螺旋槳 x 轉速 7000r/min=12.2A

4 顆馬達 / 螺旋槳 x 轉速 7000r/min=12.2x4=48.8

使用第三章提及的 3S LiPo 電池 =4200Ah=4.2Ah

最大轉速 7000r/min=4.2/48.8x60min=5.16min

哇!在假設使用最大動力的情況下,四旋翼的操作時間竟只有約 5 分鐘。使用電量較高的電池雖可以延長操作時間,但也會同時降低有效負載量,因為電池較大也就意味著電池較重。要拉長操作時間,另一種更好的方法是在較低的轉速下操作。我設計了表 5-4,可以參考關於上述電池的預估操作時間與推力對轉速數據。

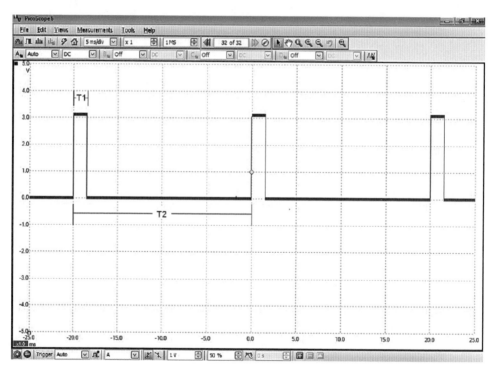

圖 5-22 測量的波形圖

表 5-3 實驗結果

動力設定	T1 (ms)	T2 (ms)	r/min	推力（克）	安培數（w/prop）	直流電壓（伏特）	電力（瓦特）
0	1.000	21.02	0	0	0.020	12.56	.25
1	1.125	21.12	1140	50*	0.23	12.56	3.01
2	1.250	21.22	3450	168	1.76	12.53	20.05
3	1.375	21.38	4710	343	4.08	12.44	50.76
4	1.500	21.48	6030	631	8.35	12.35	103.12
5	1.625	21.58	7020	x	x	x	x
6	1.750	21.74	x	x	x	x	x
7	1.875	21.84	x	x	x	x	x
8	2.000	22.00	x	x	x	x	x

* 這數據是基於馬達和螺旋槳的比值與重量所結合進行預估的結果，因為馬達與螺旋槳的比值並未提供足夠的推力使儀器產生數值。

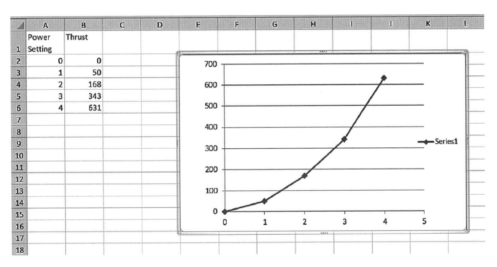

圖 5-23 推力與能耗的圖表

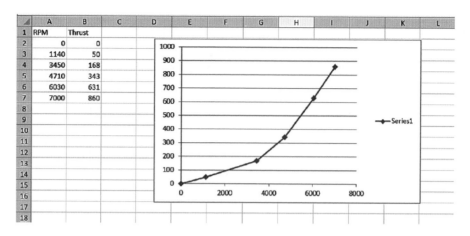

圖 5-24 推力與螺旋槳轉速的圖表

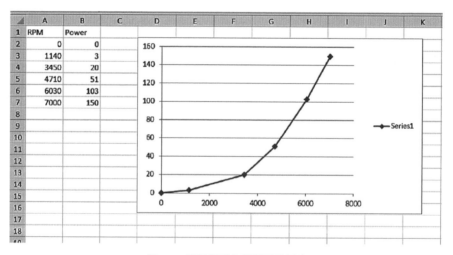

圖 5-25 能耗與螺旋槳轉速的圖表

表 5-4 推力與時間及轉速的比較表

r/min	電力 （瓦特）	直流電壓 （伏特）	安培	時間 （分鐘）	推力 （克）	總推力 （克）
0	0	12.56	0.02	n/a	n/a	n/a
1140	3	12.56	0.24	263.8	50	200
3450	20	12.53	1.60	39.5	168	672
4710	51	12.44	4.10	15.4	343	1372
6030	103	12.35	8.34	7.6	631	2524
7000	150	12.20	12.3	5.1	860	3440

根據表 5-4 能觀察到螺旋槳轉速如何影響時間及推力的產生。很明顯的，在操作四旋翼時，您需要時常考慮怎麼在兩者間取捨。基本上 Elev-8 大約重 1400g（含電池），螺旋槳轉速至少需為 4800r/min，否則四旋翼不會起飛。也就是說操作時間約 15 分鐘左右，剛剛好符合我實驗實際所需時間。如果負載量再往上加個幾百公克，如不以最大電量操作的前提下，飛行時間不太可能超過 10~12 分鐘。

現在要討論的是 ESC 的時間值（timing values），請見圖 5-3。T1 列的數據是在不同的供電等級下分別產生的控制脈衝寬度。脈衝的範圍為 1.0 ms 表示無供電，到 2.0 ms 則表示 100% 的供電。其運作具有線性且成比例的特性，也就是說 1.5ms 的脈衝寬度即代表 50% 的供電。知道這層關係將很有幫助，特別是當您想自己製造飛控面板的時候。T2 行的脈衝期從 21.02 上升至 22.00ms 的原因是受到 demo 程式編列脈波列的方式所影響。意即頻率的範圍是從 45Hz（22ms）到大約 47.6Hz（21.02ms）。雖然說這對此 demo 程式來說毫無影響，但如果此程式碼混入四旋翼飛控程式，它就有可能會影響到飛控回應。關於 ESC 脈衝列頻率有一些爭議存在，因為為數不少的四旋翼設計師堅持比起標準的 50Hz，ESC 的操作頻率應有 400Hz。幾乎所有在 R/C 領域的人都同意 50Hz 對於典型固定翼的飛行器已頗為足夠，然而有些人卻堅持這遠遠不夠滿足他們理想的四旋翼飛行反應特性。對於這種論調，我仍持保留態度，雖然我實驗使用的高速 ESC 都配置了所謂 SimonK 韌體。SimonK 韌體是依 Simon Kirby 命名的，他創造了一種高速軟體，能迅速安裝到大部分 ATmega8L 控制的 ESC 中。ESC 中的快閃記憶體已經重新編程了，使用了六個 ISP pin，請見前面有關電子速度器段落，頁底左邊的圖 5-11。我並不建議您嘗試為 ESC 重新編程，除非您以前曾成功如此做過。否則，您很可能會鎖住他們，也就是說，不重置的話將無法操作。更多關於高速 ESC 的資訊請見此網站：wiki.openpilot.org/display/Doc/RapidESCs.

電池分離迴路

電池分離迴路（或電池消除迴路，BEC，Battery eliminator circuit）指的是從 ESC 延伸出的三條導線的組合。通常來說各電線所對應的顏色如下所示：

1. 白 = 信號
2. 紅 = 電力
3. 黑 = 接地

其他顏色如棕、紅或橘等也會使用，如棕代表接地，紅代表電力，而橘代表信號。我先前把 BEC 線路歸類成伺服連接器，這只有部分正確。在普通的伺服器中，白色仍是代表信號，黑色仍是代表接地，但紅卻是消耗電力的一方，而非像 BEC 線路一樣是供應電力的一方。這就是為何稱之為電池消除，BEC 通常連接 R/C 接收器並向接受器提供電力。這消除了接收器另外接收電力供應的需求，因而得名 BEC。我摘錄了一部分詳細的 BEC 圖解，發布在網路上：www.mhprofesstional.com/quadcopter，如圖 5-26。

您應該能找到兩個輸出端並聯的 7805 調節晶片。這個聯合的輸出端即連接著 BEC 的紅色電線。所謂 7805 調節晶片是一種許多公司多年來生產製造的線性調整器。每個線型調整器所能輸出的電流為 1A，在 5V 的狀態下。由於此處的兩個調整器並聯，所以這個 BEC 擁有的最大電流量可到 2A。2 安培被認為已相當足夠使一個對多個伺服連接的 R/C 接收器運作。通常，只連接一個 BEC 至 R/C 接收器是沒有太大問題的，大多數的 R/C 飛行器皆是如此。會有問題的是，當一個飛控面板同時接上了四個 BEC，接下來這個飛控面板使用 BEC 提供的電力讓與其連接的 R/C 接收器及其他附屬的伺服器運作，也許會在四旋翼裡造成混亂。當四旋翼裡有四個 BEC 並聯時，等同於有八個 7805 調節晶片並聯。有些四旋翼設計師認為多個 BEC 支援一個普通的供電點會引發問題。這個問題很明顯的出在電源供應的不穩定，只要一個 BEC 迴路產生過量的電流，就能讓整個裝置超載並造成過熱。假設所有 ESC 都是相同的型號，且所有 7805 調節晶片都作為調節器運作，我相信不會有任何潛在的問題。畢竟，兩個 7805 調節晶片在內部並聯，增加電流承受能力，讓我相信當每組調節器提供成比例增長的載量時，它們將能輕鬆承受外部並聯的 BEC 電路。而若要排除這種潛在問題，我建議的方法是剪掉其他所有紅色 BEC 電線，只留下一條連接飛控面板。

注意：別剪掉所有紅色 BEC 線，否則便無電力輸送至飛控面板。不管是只用一個 BEC 還是用全部四個來驅動飛控面板，我都試過，而且都沒有遇到問題。唯一會有問題的是使用不同型號的 ESC，因為有可能調節器的電路會和原先使用 7805 調節晶片的電路群不一樣。在這樣的情況下，我建議只使用單一一條導線。

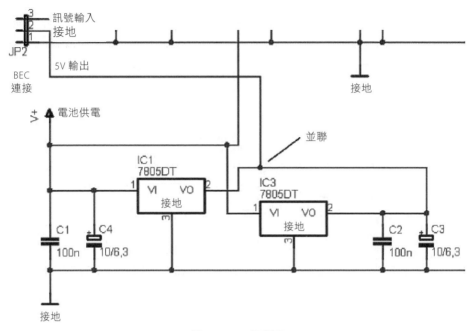

圖 5-26 BES 示意圖

螺旋槳

　　螺旋槳，看似簡單，實際上卻是頗為複雜的裝置。所謂螺旋槳即是靠螺旋槳葉扭動，進而在氣團中轉動產生推力。從華特兄弟的時代以來，螺旋槳幾乎沒有多大變化。現代的螺旋槳有效率約為 80%，幾乎跟華特兄弟使用的並無差異。推螺旋槳的效能定義如下：

$$H = \frac{螺旋槳輸出功率}{軸心輸入功率} = \frac{推力 + 軸向速度}{力矩阻力 + 角速度}$$

　　基本上，效能是產能的效率與輸入量的比值。輸入，在此指的是轉動的外轉子馬達（Outrunner motor），而輸出則是因其而產生的推力。要有效操作螺旋槳，取決於螺旋槳攻角（AOA，Angle of attack）的選擇是否適切，它主要的作用是決定螺旋槳轉動的速度與力產出的量。在複雜的飛行器中，螺旋槳的 AOA 是可調整的，但在我們的情況，螺旋槳的螺距（pitch），或說 AOA，則是固定的。在預期的操作範圍內，為了最佳的效能，AOA 已經被製造商折衷設定好了一個固定值。因此沒有任何辦法讓螺旋槳的效能增加，只能試試其他與您的需求相當接近的模組。我認為 Elev-8 的螺旋槳對現在的我們所需求的來說，已經相當足夠了。相較之下，Elev-8 的螺旋槳也不貴。這是重要的考量因素之一，因為在飛行事故後可能會需要替換螺旋槳。

選擇尺寸適合的螺旋槳是一件重要的事，這個話題總有不同的說法，每個人都有其獨到見解，所以我只提供一些普遍的選擇方針：

- 螺旋槳表面的推力是成比例的。因此，較大的螺旋槳意謂著較多的推力。和小直徑的螺旋槳比較，大的需要消耗更多的電力才能使大螺旋槳達到與小螺旋槳相同的角速度。
- 相反地，小直徑的螺旋槳需要轉得更快才能有和大直徑螺旋槳相同的推力。
- 比起直線飛行，四旋翼更適合盤旋飛行。比起特技飛行，較小的螺距（pitch）或是 AOA 的螺旋槳會更適用於盤旋飛行。
- 為減低震盪，螺旋槳應經常保持平衡。投資一個有品質的螺旋槳平衡器會是一個好主意。
- 碳纖螺旋槳比塑膠螺旋槳堅固，也較少震盪。可惜的是，比起塑膠製的，它的價格高很多。在您的飛行技術進步與螺旋槳的損壞量減少之前，還是晚點再進行這項投資吧！

為幫助您選擇螺旋槳，表 5-5 列出的了一些使用於四旋翼螺旋槳的標準尺寸。在選擇馬達與螺旋槳組件前，先決定您想要您的螺旋槳要執行什麼功能是非常重要的事。決定要做錄影平臺會讓您選擇一個高螺距且 / 或大直徑的螺旋幾，如此才能在慢速下轉動，為攝影機產生足夠的舉力，同時讓震盪縮到最小。若您正在找一個能用來做特技飛行的螺旋槳，可以考慮看看將較小直徑的螺旋槳配合中等螺距。

表 5-5 四旋翼螺旋槳標準尺寸

型號	直徑（吋）	螺距（吋）	描述
APC 1047	10	4.7	中型四旋翼使用的熱門款式。Elev-8 中所使用款式。
RPP 1045 10	10	4.5	另一款中型四旋翼使用的熱門款式。
EPP 1245 12	12	4.5	配合大型四旋翼的大型螺旋槳。
EPP 0938 9	9	3.8	小型四旋翼所使用的小型螺旋槳。
EPP 0845 8	8	4.5	較常用在小型四旋翼的小型螺旋槳。

四旋翼綜合分析

我發現了一個網站，能根據您提供的資料，互動式的做出您四旋翼的性能特性：http://www.ecalc.ch/xcoptercalc.htm?ecalc&lang=en. 您要做的只是輸入這些參數：

· 四旋翼總重
· 電池類型
· 從資料清單選擇馬達
· 從資料清單選擇螺旋槳

接下來點擊計算（Calculate 的按鈕），即會看到像圖 5-27 及圖 5-28 所呈現的結果。

這程式提供的計算結果非常豐富，表現出許多先前在本章中呈現過的實驗結果。但是，建議您謹慎的使用這個網站，因為它尚未經過獨立檢測。雖然，目前看來都是合理且有用的數據。

檢閱圖 5-28 的馬達特性時，我注意到當使用 3A 或以上的電流操作時，馬達達到約 80% 的效能。另外也發現，即使電流超出製造廠所建議的操作值，馬達溫度也沒有如預期般明顯上升。但即使如此，我也不相信在極端值下操作能讓馬達溫度不上升。

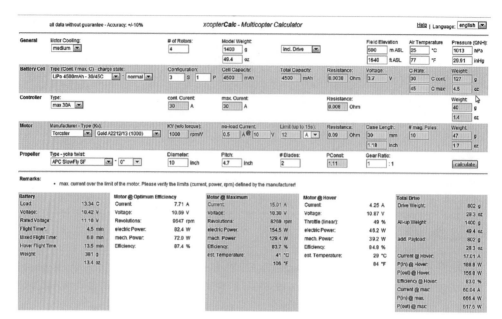

圖 5.27 從 xcopterCalc 網站中取得的計算結果

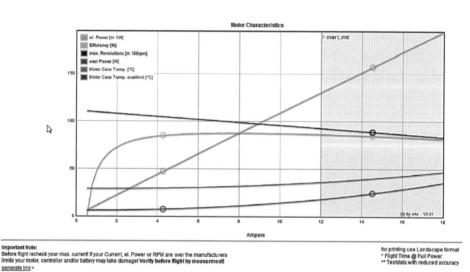

圖 5.28 從 xcopterCalc 網站中取得的馬達特性圖

最後這一部分是我對四旋翼推進裝置的總結。接下來則會詳細分析實驗中所使用的 ESC_Motor_Control_Demo 程式。這是為了那些對此分析感興趣的讀者們，還有也許會想用這個程式當樣板進行更進一步實驗或者是飛控程式的人。因為其中一個程式有被使用在 demo 程式裡的緣故，底下也會討論 PASM（Propeller Assembly Language）。最後，在我解釋為何一個簡單的 Propeller C 語言程序能取代有些愚鈍的 PASM 程序時，我也會對 C 語言進行簡短的探討。對這些細節沒有興趣的讀者們可以跳過底下的段落，不必擔心無法銜接。

ESC_Motor_Control_Demo 分析

本段落會從程式碼清單開始。此程式被 Parallax's Propeller 開放於討論區，這是非常珍貴的行家知識資源。討論區的會員能回答您關於推進器積體電路的任何問題，有必要的話甚至連 Elev-8 也能得到解答。

```
"  Single_Servo_Assembly
"  作者：Gavin Garner
"  2008 年 11 月 17 日
"  到最後附件看原先的回覆
'------------------------------------------------
'由 Cluso99 修改
'修改後以驅動 ESC/BEC 馬達控制器的無刷馬達
'注意 BEC 型 ESC 向主伺服 pin 提供 5V 的電壓（不同的伺服 pin 有不同的情況）
'只要連接兩條線路：接地線與伺服 pin 線
"我使用的是 TV 輸出線，對防護與接地輸出來說，它的電阻器堅固。我用 RCA 接頭將一臺舊 PC 與 3pin 接地電阻（stake  block）與伺服端的接線互接。另外，如果您需要也可以多在 RCA 接頭內置入一些電阻器作防護。

'這裡是連接圖
       NOTE：此複本的連接方式示圖已被刪除，需要的話請見原版。
'_____
' 用 PropPlug 與 PSerialT 以透過電腦鍵盤設置馬達速度。
' 0=OFF, 1=12.5%, 2=25%, 3=37.5%. 4=50%, 5=62.5%, 6=75%,
7=87.5%, 8=ON
'_____
"RR201100426       _rr001   use 20ms and 1ms…2ms (motor 1ms=off,
1.5=50%, 2=100%）
"Uses fdx and PSeriaIF: 0=OFF, 1=12.5%, 2=25%, 3=37.5%. 4=50%,
```

5=62.5%, 6=75%, 7=87.5%, 8=ON

```
CON
  _xinfreq = 5_000_000
  _clkmode = xtall+pll16x          '系統時鐘設為 80MHz（最理想的 res 為 rec'd）
  Servo_Pin = 14                   '使用 TV pin（個人筆記：servo pin 14）
  rxPin = 31                       '串列
  txPin = 30
  baud = 115200
  tvPin = 14                       'TV pin（1-pin 版本）
  kdPin = 26                       'Kbd pin（1-pin 版本）


OBJ
  fdx : "FullDuplexSerial"         '串列程式


VAR
  long position                    '程式組件會由主 Hub RAM 讀取此變量，決定伺服信號的高脈衝期。


PUB Demo | ch
  waitcnt(clkfreq*5+cnt)                     '延遲（5 秒）驅動終端程式
  fdx.start(rxPin,txPin,0, baud)             '向 PC 開啟串列驅動程式
  fdx.str(string(13, "Cluso's Motor Control Test v002", 13))
  fdx.start(string("Press <space> to start"))
  repeat
  ch : = fdx.rx
  until ch := " "
  fdx.tx(13)
  position : = 80_000                        '1ms（motor off）


  cognew(@Singleservo, @position)   '開始一個新 Cog，由 "SingleServo" cell
0 開始此組合代碼，傳遞 "position" 變量的位址至 Cog 的 "par" reg。


  repeat
  ch : = fdx.rx
  case ch
  "0" : position : = 80_000                  '1ms       OFF
  "1" : position : = 90_000                  '1.125ms   12.5%
  "2" : position : = 100_000                 '1.250ms   25%
```

```
"3"  : position : = 110_000                    '1.375ms  37.5%
"4"  : position : = 120_000                    '1.5ms    50%
"5"  : position : = 130_000                    '1.625ms  62.5%
"6"  : position : = 140_000                    '1.75ms   75%
"7"  : position : = 150_000                    '1.875ms  87.5%
"8"  : position : = 160_000                    '2ms      ON
```

DAT

'下方的組件程式在平行 Cog 上進行，並在主 Hub RAM（其他 Cog 可能在任何時候改變）裡檢查 "position" 變量的值。

'接著它向 "position" 系統時鐘變動數輸出伺服高脈衝與一個 20ms 的低脈衝。

'它會持續輸出此信號，而其他 Cog 才能改變像是 "position" 變數等高脈衝的寬度。

```
Org                          '向新 Cog 的 RAM 的第一個 cell（cell 0）下一步的指令。
SingleServo  mov    dira,ServoPin    '將 "SservoPin" 設成輸出端（其他則為輸入端）

Loop     rdlong     HighTime,par    '從主 RAM 讀取 "position" 變量（於 "par" 之中），並將之存為 "HignTime"

         mov       counter, cnt      '將目前系統時鐘的計算量儲存在 "counter" cell 的位址

         mov       outa,AllOn        '以此 Cog 將所有 Pin 值設為高。（因為其他皆為輸入端，因此只要動 ServoPin 值）

         add       counter, HighTime  '將 "HighTime" 值加進 "counter" 值

         waitcnt      counter, LowTime   '等 "cnt" 與 "counter" 同值後將 "counter" 值延遲 20ms。

         mov       outa, #0          '以此 Cog 將所有 pin 值設為低（因為其他皆為輸入端，因此只要動 ServoPin 值）

         waitcnt      counter, 0        '待 cnt 與 counter 同值（之後往 counter 加入 0）

         jmp        #Loop            '跳回標為 "Loop" 的 cell
         '常數與變量：
ServoPin      long       | <Servo_Pin    '這設定的是輸出伺服信號的 pin（通常在伺服機中是白線）

AllOn         long       $FFFFFFFF      '這會將所有 pin 值拉高

Lowtime       long       1_600_000       '這是為 80MHz 系統時鐘設置的 20ms 暫停時間。
```

```
Counter          res                    '為此處的 "conter" 變數保留一段長的 Cog RAM。
HighTime         res                    '為此處的 "HighTime" 變數保留一段長的 Cog RAM。
Fit                          '確保在 Cog 的 RAM 內，進行中的程式碼在 cells 0-495 之間。
{{Copyright (C) 2008 Gavin Garner, University of Virginia
Single_Servo_Assembly
```

筆記

這份程式設計示範了如何用一個簡單的程式組件控制 Cog 與輸入端單一的信號脈衝，進而控制一個 R/C 伺服機。每當此程式組件載入一個新的 Cog，它便會不斷確認主 RAM 中 "position" 的變量數值（可以用任何其他 Cog 更動的數值），並維持信號脈衝的穩定流量，高峰期與 "position" 變量的時鐘週期（1/80MHz）長度相等，低峰長度則為 10ms。（根據於使用馬達品牌的不同，此處的低峰期也許會是 20ms，但以 Parallax/Futaba Standard Servo 來說 10ms 似乎運作得不錯，比起 20ms 反應更快。）當使用 80-MHz 系統時鐘，伺服信號的脈衝解析在 12.5-50ns 之間；然而，大部分類比伺服機內部的控制電路系統都可能無法區分如此小的信號變化。

要將上述程式碼使用在您的 Spin 碼中，先將 "position" 變數當成 Long，接著組合代碼以 "cognew（@Singleservo, @position）此行起頭，複製並把我寫的 DAT 區塊貼入您程式碼中的 DAT 區塊。注意，您必須更改在組合代碼裡 ServoPin 中的數字 7，選一個 Pin7 以外的 Pin 當作伺服信號的輸出端。

如果您用的是 Parallax/Futaba Standard Servo，伺服脈衝的典型寬度在 0.5 到 2.25ms 之間，呼應在 40_000（完全順時針）與 180_000（完全逆時針）之間的 "position" 變數。理論上，這提供您 140_000 在 "position" 中的數值，以完全能涵蓋此馬達可運作的範圍。實驗或許需要稍微增加 "position" 變數，您即能將您的 R/C 伺服機完整的運作。然而，您要注意別讓伺服器嘗試越過它的機械停止點。如果發現推進器晶片或伺服機無明顯理由卻停止運作，這可能是因為馬達正在將感應脈衝送回電源處，或是只是得到過多電流而在重置推進器晶片。在伺服機的電源線上覆蓋一個大的電容器（e.g.,1000uF），或是在推進器晶片的 3.3-V 調節器與伺服機的電源部份使用分散電流的方法，都可能可以解決這個問題。

此程式 Spin 的部分使用了 FullDuplexSerial 元件，使用者能用鍵盤輸入數據資料與查看 PC 螢幕上的數據。如同前述，PSerT 程式必須先用 PC 驅動，然後 FullDuplexSerial 元件才能接任處理程式與 PC 之間所有溝通的工作。FullDuplexSerial 在此處有個代號為 fdx，即是其全名的縮寫。fdx 元件已經預先設為 115,200 鮑，使用一般指定的 Prop 晶片 pin 31 接收，32 傳輸。這些指定的 pin 腳皆出現於所有 Parallx Propeller 研發的面板且與 Prop 晶片的基礎機能連接。

現在我要讓 Spin 語法中的「神奇數字」出場，開始 fdx 元件：

```
fdx.start(rxPin, txPin, 0, baud)        '向 PC 開啟串列驅動程式
```

在這個網站，我發現了這神奇數字的意思；http://propeller.wikispaces.com/Full+Duplex+Serial「零」在討論串中代表全雙工（Full-Duplex）串列元件的操作模式，下方是維基百科中關於此模式的說明：

```
.start(rxPin, txPin, mode, baudrate)

Start serial driver—starts a cog        /* 開啟串列驅動程式—從 cog 開始
Mode bit 0 = invert rx                  /*Mode 為 0 bit = 反轉 rx
Mode bit 1 = invert tx                  /*Mode 為 1 bit = 反轉 tx
Mode bit 2 = open-drain/source tx       /*Mode 為 2 bit= 漏極開路輸出或集 tx
Mode bit 3 = ignore tx echo on rx       /*Mode 為 3 bit = 忽略 tx 在 rx 的命令
```

我認為這恰好是我所想說的內容，但我會消去所有神奇數字，並修改這組程式碼如下面所呈現的方式，讓它包含一恆定的定義：

在 CON 區塊加入

```
mode = 0
```

然後修改 PUB 區域

```
fdx.start(rxPin, txPin, baud)          向 PC 開啟串列驅動程式
```

您看它變得多清楚，雖然必須要回到說明才能知道整個模式是如何運作的。可以翻回之前我們討論的章節看關於神奇數字的說明，現在我們繼續分析這段程式。

接下來是對ＰＣ裡字元不斷校對的「重複─到某物為止」迴圈。這個程式碼的片段如下；

```
repeat
ch := fdx.rx
until ch := ""
```

您要做的事只有按下空白鍵，以便讓您輸入您想要的供電等級。馬達總是從停止中的 0 開始。Spin 程式會在初始的位值（此為 80,000）儲存後，接著發布一個新的 Cog。接下來的程式碼片段即是此新 Cog：

```
cognew(@SingleServo, @position)
```

此句語法創造的 cog 讓 cog 從象徵性的位址 "SingleServo" 開始，這也是組合語言程式的起點。此句語法也讓 cog 在啟動時間時能將儲存在 hub RAM 裡稱作 "position" 的數據載至它的 "par" 特殊目的暫存器（Special Purpose Register，SPR）。我曾在第四章末介紹 SPR，但我沒有作詳細的說明。所謂 PAR SPR 是開機暫存器，意思是當 Cog 產生時數據會被存入其中，以及／或是當它在製造組合代碼時會被重新啟動。您要記住，製造一個被指定執行組合語言的 cog，和創造一個像是第四章的例子一般驅動其他 Spin 元件的 Cog，這兩者是相當不同的事。"@SingleServo" 讓 Spin 能知道要在 Cog 的 RAM 裡找到一塊特別的記憶區，來負載與執行指令。根據預設值，Cog 記憶區通常設定為 0，接下來在關於組合語言的討論內會再解釋。

無限迴路接下來會執行並確認在 fdx 緩衝區的新字元。之後將時鐘週期數與 "position" 變數要求的脈衝寬等量儲存。記住從前面的實驗的得知 1ms 是 0，或是馬達無運轉，2ms 則是 100%，或說是馬達最大運轉值。1ms 等同於 80,000 時鐘週期，而 2mz 則是等同於 160,000 時鐘週期，皆遵從 80-MHz 系統時鐘。如同前面所述，此特定的時鐘數值被存在 hub RAM 裡一塊被稱作 "position"

的指定的記憶區。因此，使用 PAR SPR 時，建議的脈衝寬度能被新產生的 Cog 使用。同時，Cog 也不斷被 hub 更新，所以任何在共享 hub 記憶區的新數值幾乎都會馬上出現在相稱的 Cog SPR 中。

接下來是有關此 demo 程式組合語言之指令的一些討論。我會在下方的討論中複述，所以您不必一直翻找原始的程式碼。我也會將所有註解移除，使得文本看起來簡易些，以便您能在實際的指令與行列的數字編排上更集中。我們將討論表 5-6 的指令，因為它應該是較容易明白的一個，所以也較適合用來了解這頗為複雜的主題。

```
1  org
2  SingleServo      mov          dira, ServoPin
3  Loop             rdlong       HighTime, par
4                   mov          counter, cnt
5                   mov          outa, AllOn
6                   add          counter, HIghTime
7                   waitcnt      counter, LowTime
8                   mov          outa, #0
9                   waitcnt      counter, 0
10                  jmp          #Loop
11 ServoPin         long         | < Servo_Pin
12 AllOn            long         $FFFFFFFF
13 LowTime          long         1_600_000
14 counter          res
15 HighTime         res
16                  fit
```

剩下一個未包含在表 5-6 裡的是第 16 列 fit，它並不是由指引本身傳達的指令，而是如同第一列的 org 一般，是一個下指令的組合程式（assembler）。這個負責下指令的 fit 確保所有數據與指令能精確的排成四個位元的組合或語句，而這正是組合 Cog 記憶區的方式。

最後一個要進一步討論的是第 11 列：

```
ServoPin            long         | < Servo_Pin
```

Servo_Pin 的值在 Spin 程式 CON 區域被定義為十進位數 14。| < 這個指令的目的是讓數值必須按位元被譯解至一個指定的位元位置。前述的位元操作產生

了以下被存至 ServoPin 數據中的二進制位數形式：

%00000000 00000000 01000000 00000000

此位元形式會被複製至 Cog 的 dira 暫存器，讓 pin14 成為輸出端，而這正是我們想要的結果。

表 5.6 組合語言常式分析

行數	指令	描述
1	org	一個設置在 Cog 記憶體中開始的匯編指令，用以儲存後續的指令或是資料。一般來說在這個案例中為 0。
2	SingleServo mov dira, ServoPin	識別字 SingleServo 被分配其第一個記憶體位置為 0，mov 指令取得來源資料的數值，ServoPin，複製其讀取至 Cog 的 GPIO 資料位置的暫存到 dira。
3	Loop rdlong HighTime, par	識別字 Loop 為分配下一個可用的位置，同時也為開始一個迴圈。Rdlong 指令複製來自第 15 行式的 par 暫存長數值成為 HighTime 的變量。
4	mov counter, cnt	系統的計數數值 cnt，被複製程式到第 14 行中產所生的變數 counter 中。
5	mov outa, Allon	常數 Allon 設置於第 12 行式中，複製其為 Cog 的 GPIO 資料暫存於 outa。這個指令也同樣開啟 Pin 14。
6	add counter, HighTime	存在變數中的數值，HighTime 為加到兩個給變數 counter 中數值的補充方法。
7	waitcut counter, LowTime	等系統的計數 cnt 等於現在在 counter 中的數值，然後加入 LowTime 中的數值（在地 13 行中定義）到 counter 中。
8	mov outa, #0	移動即時的數值 0 到 cog 的 GPIO 資料暫存 outa 中。這會造成 Pin 14 以 0 或是低的方式進行輸出。
9	waitcut counter, 0	等待系統計數 cnt 等於現在在 counter 中的數值，然後加入 0 到 counter 的數值中。這樣可以造成 20ms 時間讓 LowTime 定義的 pin 腳以低電位的方式輸出。
10	jmp #Loop	無條件的跳回記憶中被定義在第 3 行的 Loop 位置。

簡單介紹 C 語言

在讀完以上關於組合語言的討論之後，您應該會感激有某個更簡單的方法能快速產生程式碼。事實上，您就是這麼好運，Parallax 最近開放了 Prop 晶片的 C 語言開發環境。C 語言已存在許久，起源於 1969 至 1973 之間，至今它發展並轉化成用於支援各種不同類形的電腦平臺，從高端伺服器至最小的嵌入式微型處理機都屬於其範疇。Prop C 開發軟體被命名為 SimpleIDE，而且在 Prallax 的 "learn" 網站可以免費取得：http://learn.parallax.com/.

這個下載、擷取與安裝的程序非常簡單。我唯一要提醒您注意的是您必須確定編譯程式、程式庫、工作區等已正確的完成辨識。確認的方法是，首先在 SimpleIDE 菜單裡點擊 Tools，接著點 Properties selection。即會出現一個如圖 5-29 的對話框。如果使用系統默認值安裝 IDE 的話，您看到的位址會與此圖相似。

我選擇加載了其中一個範例程式來測試我的 SimpleIDE 設定。我加載了名為 Standard Servo Position.c 的程式，在 Parallax 的 "learn" 網站可以下載範例程式庫（Examples library），而這個程式就在範例程式庫中。我電腦內給此程式的位址為：c:/Program Files (x86) /SimpleIDE/Workspace/Learn/Examples/Devices/Motor/Servo.

我加入上述的路徑只是為了指出要遺失所有程式、來源、程式庫包括檔案的位址是相當容易的事。當編譯時間開始發生錯誤時，遺失這些檔案的位址可能會是個相當大的挫折，您也許會找不到檔案。建議您遵循 Parallax 的 "learn" 網站裡所提供的可靠的指導方針進行操作：http://learn.prallax.com/regarding how to setup the SimpleIDE.

我想我有點好運，只嘗試兩次便成功將伺服控制（servo-control）程式樣本編譯與下載至 BOE。圖 5-30 是 SimpleIDE 的截圖，有來源程式碼和大部分的編譯器與載入程式的報告，在來源程式碼編輯器面板的下方。

範例程式所執行的內容非常簡單，它將標準 Hitec 伺服遷至數個位置，接著在每個位置暫停三秒。根據來源程式碼反映的區域，的此伺服被連接至 BOE P16 伺服埠。BOE 與伺服連接後如圖 5-31 所示。

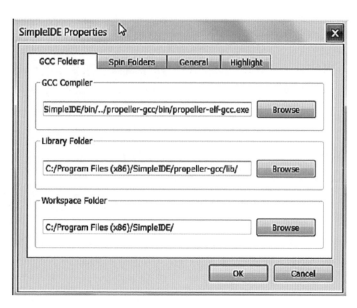

圖 5-29 SimpleIDE 的屬性視窗

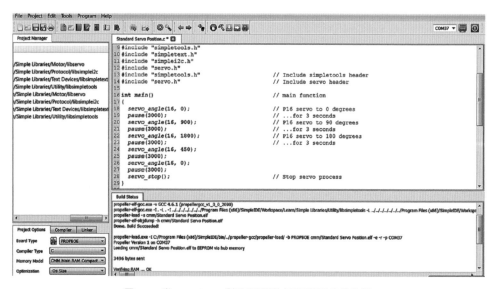

圖 5-30 當 SimpleIDE 讀取範例的伺服機程式的截圖

圖 5-31 BOS 與範例程式中伺服機標準的設置

您也應了解 SimpleIDE 代表的是一份努力開發的豐碩成果，來自於 Prallax 工程師們與其他致力於發展和維持開放 GCC 編譯器資源的人，且 SimpleIDE 用來編譯與裝載的來源程式碼即源於 GCC 編譯器。我已經使用 GCC 多年，但從未像使用 SimpleIDE 一樣如此簡單上手。Prallax 真是做得太棒了！

結論

首先，恭喜您跋涉過這有些複雜但（我希望）有趣的一章。我相信您獲得了關於 Elev-8 推進器零件的大量知識，當（不是一定）需要修改四旋翼的時機到來時，這應能幫助您了解與衡量新的選擇。

本章始於對馬達的詳細檢視，此高能量且稍微不同的馬達用來運作四旋翼。這種馬達被稱為外轉（outrunner）馬達，因為轉子在外而定子定置在內（跟普通的電子馬達比起來稍微不同）。這些馬達也是多相的，他們由一種稱為電子控制器（electronic speed controllers）或說 ESC 的專門控制器運作。馬達十分輕巧，但這樣小尺寸的物品卻能產生極大量的動力，而這就是四旋翼能飛上天空的原因。

在討論控制 ESC 的 ATmega8L 微型控制器之後，也以同等的份量探討了使馬達運作的 ESC。我也解釋了原始電池電能是如何由 MOSFETs 轉換，繼而向馬達提供三相電流。為了幫助了解三相電流的運作方式，也展示過 ESC 的波型。

接下來的一段冗長討論是關於我設計的一個實驗，說明 Elev-8 馬達與固定在其上的一個螺旋槳是如何運作的。我解釋了實驗的裝置與在 Prallax Propeller

BOE（Board of Education）的核心作為控制系統而運作的控制電路。稍後也在本章解釋了 BOE 裡運作的程式。

我們討論過所有實驗結果，使用了一連串的圖表配合解說某種結論產生的原因與理由。在耗能對剩餘飛行時間與其他需要一再考慮的操作取捨上，實驗結果也提供了一些有用的資料。

然後是一段關於 ESC 更新速率的簡短討論，以及 ESC 設計師們是如何關心更新緩慢這個問題。

我們討論了電池分離迴路（BEC），講述過它的設計與用途。我也指出在四旋翼的設計上，BEC 會有些潛在的問題。也為了欲採用我方法的讀者們提供了解決之道。

下一段則是關於設計與如何挑選螺旋槳。此處我整理了一張便利的清單，列出廣泛使用於四旋翼設計的標準螺旋槳。也附上一套挑選螺旋槳的指南幫助您在掌握有關資訊的情況下挑選。

對於螺旋槳的討論以一段網站的簡短介紹完結，此網站具綜合性與互動性，能對您的四旋翼作出詳細的分析。由於牽涉到相當大量的資料與數據分析，因此雖然這是一個極方便的工具，其呈現的數據卻需要謹慎使用。

本章剩下的部分為 BOE 控制程式的詳細分析與討論，而 BOE 控制程式是使實驗運行的要素之一。我將此程式分為兩大部分來討論，首先是 Spin 程式碼，接著是組合語言程式碼。這些有關 Propeller 語言的討論皆用來進一步增加您從第四章開始學習的背景知識。

我了解此段關於組合語言的討論，對於不是非常熟悉命令式程式編寫的讀者來說，會讓人感覺有些氣餒。但是我依然想介紹此主題，並盡可能溫和的帶您從頭到尾完成它。好消息是現在有另一個組合語言之外的選擇，就是 Propeller 專用的 C 語言。

本章以一段相當簡潔扼要的方式進行介紹，介紹 C 語言被改造成，或説「移植」在 Prop 晶片上執行。它在為人熟知的 SimpleIDE 環境裡執行，而且 SimpleIDE 非常容易上手。記住我最後這段話，過去我已經用 C 工具鏈（環境）三十年，至少在嵌入式元件這區，這個無庸置疑是最棒的。我示範使用了一個複雜的應用軟體，使用 BOE 控制了一個標準伺服器。將這個應用軟體起動並讓它執行 30 分鐘，大致上會與軟體發展時間相同。

下一章將從有趣的觀點來看現代無線電控制（R/C）系統是如何製作與運作的。當在滿是電磁波中的現代操作 R/C 系統時，您需要注意的重點很多。您可不想讓您的四旋翼失去控制，但很不巧的是，這件事比您想的還容易發生。所以就接著讀下去吧！

第 6 章
無線電控制系統與遙測

序言

從 1898 年的特斯拉（Nikola Tesla）實驗開始，用無線電波來遙控裝置就不斷進行中，大至戰艦小至昆蟲大小的飛行機器。我將不會重複這段歷史，但會請您參閱維基百科的條目 http://en.wikipedia.org/wiki/Radio_control。本章將著重在較新的 2.4-GHz 無線控制（radio-controlled，R/C）系統如何運作，與探索額外的功能，可以讓您的四旋翼飛行經驗更愉快且更具教育意義。

模型 R/C 系統的演進

用來控制模型飛行器的 R/C 系統首次出現於 1950 年代早期。實際原因是廉價電晶體的來臨，並且容易取得。在那段時期之前，無線電系統是用需要笨重元件與電池的真空管做的，無法輕易的放置在小型模型飛機上。電晶體迴路改變了一切，因為它需要很少的電池動力、運作穩定、且佔很小空間。隨著時間的推移，離散電晶體讓賢給積體電路，後者最後演變為幾乎所有現代 R/C 傳送器、接收器裡面都有的，強大的微控器。當然，作為被 R/C 接收器控制的機械傳動裝置 -- 伺服機，也從相對大型與笨重的單元轉為非常輕巧卻強大的單元。我會在下一章討論伺服機，因為它們的使用與功能會需要很多篇幅來討論。

了解現代 R/C 系統的最好方式是從支撐任何無線電系統的基礎開始討論。我不會讓它變成乏味的教學，而是試圖直搗黃龍，提供您合理的理由來了解 2.4-GHz 系統如何運作。

載波與調變

所有的無線電通信使用稱為載波的波。那是在發射器產生的基本電磁波，來承載訊息與資料到相容的接收器。載波通常沒有任何資訊，必須經由標準的方式調節或改變來傳輸資料。調變的主要方式有三種：

1. **調幅**（Amplitude modulation，AM）
2. **調頻**（Frequency modulation，FM）
3. **調相**（Phase modulation，PM）

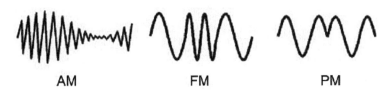

AM　　　　　　　FM　　　　　　　PM

圖 6-1 AM，FM 與 PM 調變波形

圖 6-1 顯示這三種調變方式的波形。

現今有更多的調變方式，但他們都只是 AM、FM、PM 組合出來的。當今 R/C 領域使用的大部分相關調變方式如表 6-1 所列。眼尖的讀者可能會好奇為何我沒在表 6-1 列出脈寬調變（pulse-width modulation，PWM）。畢竟，我在上章詳細討論過。答案是，PWM 是屬於脈位調變（Pulse-position modulation，PPM）的一部分。圖 6-2 將說明這是如何達成的。

表 6-1 一般 R/C 調變技巧

類別	縮寫	名稱	敘述
類比 Analog	AM	調幅 Amplitude Modulation	依照資料，按比例的改變載波波幅
類比 Analog	FM	調頻 Frequency Modulation	依照資料，按比例的輕微改變載波頻率
數位 Digital	PPM	脈位調變 Pulse-Position Modulation	依照資料，按比例的改變脈波在訊框中的位置
數位 Digital	PCM	脈碼調變 Pulse-Coded Modulation	傳送描述資料的數位資料
展頻 Spread Spectrum	DSSS	直接序列展頻 Direct-Sequence Spread Spectrum	在某頻譜範圍間送出 PCM 資料，並有錯誤更正功能
展頻 Spread Spectrum	FHSS	跳頻展開頻譜 Frequency-Hopping Spread Spectrum	利用會以偽隨機序列跳頻的同步載波頻率傳送 PCM 資料

在 R/C 伺服控制信號中使用典型的脈波脈寬長約 1 到 2ms，每 20ms 重複。
如圖 6-2 左側所示。如果一個脈波以 20ms 週期（或 PPM 術語的訊框（frame））
送出，這代表大約 18ms 的時間被浪費掉了。PPM 克服了這個限制，它將所有
的伺服頻道脈波一個接著一個傳送，中間沒有浪費空間，如圖 6-2 右側所示。
PPM 有效率地使用無線電頻譜，在 20ms 的訊框切成 10 個頻道，每個頻道佔
2ms 空間。我很確定甚至整個訊框週期都被調整以塞入最多的頻道，因為同樣
的緣故，沒有理由只用五個頻道讓每個訊框浪費 10ms。

接收到 PPM 串流之後，R/C 接收器儲存每個伺服頻道並確保每個頻道在每個
20ms 週期只有一個脈波。現代的 R/C 接收器通常使用微處理器來控制這個過
程。

PCM 和 PPM 不太一樣，因為每個頻道的資料以代表控制功能數值的資料位元
傳送。實際數值相依於用來將發射器控制器位置編碼的位元數目。讓我們考慮
一個油門桿控制，一般需要 10 位元來將油門的相對位置編碼。10 位元可以代
表總共 1024 個正整數，相當於 2¹⁰。因此，0 代表 0% 的油門位置，1023 代表
100% 的油門位置。經由 PCM 送出這個數字到接收器，代表將油門桿位置以極
度精確的表示方式從發射器送出。PCM 是所有可靠的 R/C 系統都會使用的品質
保證方法。

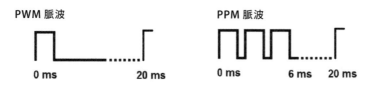

圖 6-2 PWM 與 PPM

並非所有發射器控制需要這樣的精確度。考慮一個只需要兩個值的傳動控
制，假設 0 代表向上，1 代表向下。在這種 1 位元就足夠的情境下使用 10 位元
會非常無厘頭。PCM 系統已經優化過以因應需要不同資料精準度的不同頻道，
也許有些頻道需要多一點資料位元來編碼，有些頻道只需要少一些。

雜訊

雜訊，或電子干擾，是 R/C 系統最重要的問題。在操作區域的雜訊會輕易的
讓您的飛行器失去控制。這可能讓您失去飛行器，或更糟的是，造成附近的觀
眾受傷或公物損壞。即使害您失去控制的干擾並非您的錯，但您必須為受傷與

損害負責。您會想要避免這些不幸的情境，這就是一些非常穩固且安全的調變方法發展出來的原因。在我討論這些方法前，我想告訴您雜訊如何影響一些基本的調變技巧。

對所有種類的調變很常見的一項影響就是失去訊號。您實在很難將其歸責於干擾；反之，根本的原因只單純是在接收器天線的訊號強度太弱了。太弱的訊號強度可能有幾種因素，包含離發射器太遠操作飛行器。失去訊號強度的原因是球面擴散，換句話說，您離發射器越遠，信號就會越弱。記得球面擴散的經驗法則（有時稱作平方法則）：離發射器距離變為兩倍時，接收器的訊號強度變為四分之一的原來強度。舉例而言，如果您在發射器 1 公尺處有一單位的信號強度，您在 128 公尺遠時信號強度會只剩下 1/16,384 單位。這是個可觀的衰減。發射器強度（或功率）是以 dBm 作為單位，定義如下：

$$power\ dBm\ =\ 10log\ (power\ in\ milliwatts)$$

因此，1 毫瓦（milliwatt），或 1 mW，相當於 0 dBm。嚴格來說，在測量 dBm 使用的阻抗應該是 300 Ω，但如果不是，量測值仍然大多有效。

在我的 Elev-8 系統中用的 Spektrum DX-8 發射器的最大接觸輸出（幾乎碰到天線）為 -10 dBm。這不是很大的絕對功率，但足夠來完成任務了。在一公尺處，DX-8 的實際測量功率是 -25 dBm。根據球面擴散的經驗法則，每將距離放大兩倍，代表 10 dBm 的線性遞減，這是為什麼 dBm 這個單位如此方便。如果您使用上面的例子，128 公尺的距離代表發射器功率在接收器天線處會是 10 + （70），或絕對 -80 dBm。這是非常小的功率，但以 Spektrum AR8000 接收器的能力來說這功率仍算不錯。

另一個使訊號衰減的罪魁禍首是視線限制。2.4-GHz 的訊號運作在以直線或視線（line of sight）前進的 RF 頻率區域中。如果您看不到您的飛行器，您可以非常確定它將不能收到您的訊號。一個簡單的動作，例如將飛行器駛往您家旁邊，可能就會因為失去視線而失去訊號。然而，雖然確實訊號會經由鄰近物體反射，例如鄰居的房子，我不會用我的四旋翼來賭那會發生。很明顯地，將四旋翼飛得很遠以至於您看不見它從很多方面來說會是個壞主意，如前面討論過。您也可能因為飛得太高而觸犯一些民事法規。

AM 與 FM 調變與雜訊

AM 可能是最容易受到雜訊影響的一個調變類別，因為幾乎任何鄰近的電子來源都能產生足以干擾的無線電波。您對於車子裡雜噪的 AM 音響可能再熟悉不過了。它常會從自己車子或鄰近車子的引擎接收到雜訊。一樣的狀況會發生如果您在您家外面操作模型。例如，鄰近的燃氣割草機可以產生各種雜訊，橫跨頻譜很寬，特別是火星塞拔掉時。AM 接收器並沒有方法去偵測和抵消讓他們控制的裝置失控的雜訊。AM 通常用在極低成本的 R/C 玩具，因為它們通常很小且突然失控時不會傷害到人們或物品。然而，以 AM 為基礎的系統在 Elev-8 系統或其他四旋翼應用中必須避免。使用 AM 系統將導致災難性的後果。

FM 對雜訊的抵抗較強，如果您再用汽車音響的例子去想可能會發現。和 AM 電臺比較，FM 電臺總是比較清楚且幾乎無雜音。這樣的清晰度一部分和 FM 電臺有分配到更寬頻寬，及調變過程的本質有關。FM R/C 系統使用所謂的窄頻（narrow band, NB）頻道，載波頻率會隨資料幅度輕微調整。頻率的改變更窄，FM 頻道就會更容易受到干擾。您應該了解干擾是因為接收器因雜訊，而非訊號的突起，而失去與載波的相位關係。干擾大多數來自建築與地表多重反射的訊號。

其他常見 FM 干擾來源是其他在相同頻率運作的窄頻 FM 發射器。這一般稱為交互頻道干擾（Cross-channel interference）。一個 R/C 發射器沒有辦法判別該聽命於哪個訊號，所以會在可能情況下聽命於所有訊號。您可以想像，接下來會因為沒發出的指令造成混亂，或是接收器乾脆都不反應。除了消除所有干擾發射器或是換到只有您是唯一發射器的安靜地點，並沒有簡單的方式來抵消交互頻道干擾。

PM 干擾的本質和 FM 干擾幾乎相同，且對干擾的反應也非常類似。

直接序列展頻

直接序列展頻（Direct-Sequence Spread Spectrum，DSSS）是我 Elev-8 專案中 Spektrum DX-8 發射器所用的調變技巧。在我開始討論前，我想指出 Spektrum 稱他們的調變技巧為 DSM2，這只是 DSSS 標準的一個行銷名詞。就我所知，DSM2 和 DSSS 並無不同；然而，Spektrum 在 DSSS 標準協定上增加的東西都不太可能實現。因此，我假設他們就是同樣的東西。

其他 DSM2 就是 DSSS 的證明可以從 DX-8 使用的發射器模組發現，如圖 6-3 的上面中間部份。銀閃閃的盒子內含有 Cypress Semiconductoer CYRF6936 無線

USB 收發機晶片。Cypress 晶片完全兼容 DSSS 標準，代表 Spektrum DSM2 也必須完全兼容。

圖 6-3 Spektrum DX-8 發射器內部

表 6-2 一些關鍵 R/C DSSS 規格

規格	描述
頻率	2400 到 2483.5 MHz，分成 80 個 1MHz 頻道，多餘的頻寬分配做為保護頻寬
最大功率	1000 mW 美規， 100 mW 歐規，10 mW/MHz 日規
最小功率	1 mW
Rx 敏感度	-80 dB

　　DSSS 也是 IEEE 802.11 標準所使用的調變技巧，俗稱 Wi-Fi。一些關鍵 R/C DSSS 規格如表 6-2 所示。

　　由於 DSSS 頗複雜，我會試圖描述並討論 R/C 領域會用到的最基礎功能。DSSS 本質上代表原始資料符號和同時送出的另一組符號。圖 6-4 是這個過程的草圖。

最明顯的問題是為何有人會想把一個符號轉換成很多個，像圖 6-4 所示。答案是為了逃避傳輸原始符號所衍生的問題。傳送原始資料會受到雜訊和干擾，而且並沒有方法在傳送過程中偵錯和糾錯。DSSS 刻意增加複雜性來達成偵錯與糾錯，以減低雜訊破壞原始資料的可能性。傳送額外的符號也會比只傳送原始符號佔據更多頻寬，如圖 6-5 所示。

從圖 6-5 可以清楚看見原始資料頻譜高度集中在某些頻率，而 DSSS 則是均勻的展開在可用的頻帶，故得名「展頻（Spread spectrum）」。緊密聚集的原始資料頻譜會比展頻更容易受到雜訊干擾。

DSSS 使用五道程序來極小化干擾並確保資料只有在配對的發射器和接收器間傳送和接收。這些過程是：

1. 自動選擇雙向傳送頻道
2. 每次資料框傳送後就改變頻道
3. 傳送起始封包（Sstart of packet，SOP）和資料偽亂數雜訊（Ppseudorandom noise，PN）封包
4. 傳送兩組循環冗餘核對（Ccyclic redundancy checks，CRC）
5. 傳送全域唯一識別（Gglobally unique identifier，GUID）

我會簡單介紹每道步驟並告訴您 DSSS 如何運作。

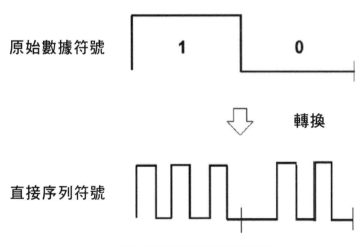

原始數據符號   **1**   **0**

轉換

直接序列符號

圖 6-4 原始資料符號轉成直接序列符號

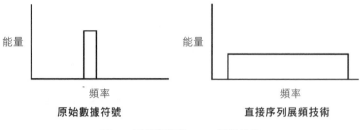

圖 6-5 原始資料和 DSSS 頻譜分佈

自動選擇雙向傳送頻道

當 DX-8（或任何其他 DSSS 相容發射器）第一次發射時，它會從 80 組頻道中選一組。理論上，這可以讓 40 臺 DX-8 在一個小區域內同時運作而不會造成干擾。

每次資料框傳送後就改變頻道

每當資料框傳送之後，DX-8 會把兩個頻道交換。

傳送 SOP 和 PN 封包

DX-8 系統使用一組五個 72-byte 的 PN 代碼。一個加在資料框最前面的 PN 代碼稱為 SOP PN。加在「真正」的資料封包前面的 PN 代碼稱作 DATA 封包。所謂偽亂數是因資料產生的方式而得名的。真正的隨機資料是完全隨機，下一個字元完全無法由前面的字元預測。而偽亂數資料，則是看似隨機但其實是由演算法以確定性的方式精準產生。

接收器使用 PN 代碼來決定是否接受一個特定的傳訊。當 PN 代碼對不起來時，代表那個資料封包不是要給這個接收器的。SOP 是 8 byte，而 DATA 是 16 byte。SOP 和 DATA 封包都是萃取自五個 72 byte 的 PN 序列之一。獨特的 SOP/DATA 組合也會均勻的分配在所有 80 個頻道來減少任何與 DX-8 發射器之間可能的干擾。

傳送兩組循環冗餘核對

一組循環冗餘核對（Cyclic redundancy checks，CRC）是基於整個資料框裡包含的數值和發射器晶片韌體（下面 GUID 區段會解釋）裡包含的特殊原廠代號，兩者計算出來的數字。CRC 使用糾錯的演算法從資料框和原廠代號產生 2 位元組的數字。這個數字會加在資料框後面並傳送。接收器使用收到的 CRC 數值，和根據收到資料框的資料重新計算過的 CRC 數值，兩者互相比較。由於接收器已經經由配對過程（另外區段會提），知道特殊原廠代號。所以如果 CRC 數字彼此不符合，代表傳訊有錯誤，這個資料框將被拒絕。

另外有第二個 CRC 是用包含第一組 CRC 的資料框與 16 進位數字 0xFFFF，兩者 XOR 產生。這只是增加 DSSS 額外的偵錯能力。

傳送 GUID

全域唯一識別（Globally unique identifier，GUID）是從發射器晶片韌體中包含原廠代號所產生的 2 位元組數字（給 DSSS 用）。DX-8 的 GUID 是基於在 Cypress CYRF6936 晶片出產時，產生非常獨特的原廠代號。這很像網路介面卡產生的媒體存取控制（Media access codes，MAC），作為電腦在連接的網路中唯一的識別。MAC 數值本質上就是連網電腦的 GUID。

發射器 GUID 在配對程序時載入 R/C 接收器，這是為何 DSSS 收發器沒配對過就不會作用。此外，至少對 DX-8 而言，所有發射器控制器在配對時的位置和設定也會存到接收器的記憶體。這些是接收器和發射器失去連線時，會自動選擇的故障安全位置。

這五個 DSSS 程序會實質保證干擾被消除，且唯一配對的發射器只會與其接收器作用。這讓 R/C 愛好者非常有信心推廣 DSSS 標準。所有可得的 2.4-GHz 系統極端可靠因為他們使用 DSSS 或 FHSS。後者將在下面討論。

跳頻展頻

跳頻展頻（Frequency-Hopping spread spectrum，FHSS）和二次大戰時發明並申請專利的展頻（Spread spectrum，SS）技術原始概念最為接近。演員兼發明家 Hedy Lamarr，如圖 6-6 所示，提出了這個概念來幫助盟軍。

她的專利衍生了透過載波在 88 個頻帶間跳動進行遙控的魚雷，88 這個數字正好是標準鍵盤上的琴鍵數目。她認為敵人應該無法輕易攔截或干擾在頻譜任意跳躍的無線電控制訊號。她的推理是完全正確的。但結果美國政府對她的發明不感興趣，且從沒使用在戰爭中。幾年後，當研究者發現 SS 非常穩固且能降低攔截和干擾帶來的通信失常，這個發明才被廣泛運用。

一個使用 FHSS 發射器接收器系統，也需要像 DSSS 系統一樣配對過。大多的讀者可能熟悉設計作為近距離個人區域網路（Personal Area Network，PAN）的藍牙（Bluetooth，BT）。BT 使用 FHSS 調變機制來降低干擾，因為很多藍牙裝置常常在很近的距離間使用。當然，FHSS 作為 R/C 用途時，功率會比用藍牙配對您的手機與遙控麥克風／耳機時來的高。

圖 6-6 Hedy Lamarr 第一個展頻技術專利發明者

連結與配對

DSSS 連結（Binding）指的是發射器的 GUID 和故障安全的資料載入接收器韌體的過程。GUID 是一個獨特的參數來提供接收器識別發射器，而且要求連結的過程必須在任何的 R/C 操作之前。

Futaba 是另一個使用 FHSS 的 2.4GHz R/C 系統主要廠商。他們將 FHSS 稱為 Futaba 先進展頻科技（Futaba Advanced Spread Spectrum Technology，FASST）。他們的連結與配對過程包含從發射器傳送 GUID 和跳頻模式給接收器。大多的讀者應該應該知道使用非 R/C 的藍牙裝置之前要先配對。這個 BT 配對操作通常需要接收裝置進入搜尋模式來認出任何鄰近的 BT 發射器。在辨識並選擇發射器之後，使用者接著輸入預先設定的代碼。BT 接收器接著會載入發射器的 GUID 和跳頻模式到接收器的 EEPROM，所以下次與該發射器一起使用時就不需要配對。實際的 Futaba 配對過程非常簡單：

- 開啟發射器。檢查發射器背面的 LED 並確定顯示為綠燈。如果是的話，進到下一步。如果不是綠燈，則將發射器關閉再重開。
- 開啟接收器
- 接收器開啟時壓住 ID 設定 Set 按鈕不放（在兩個天線出口中間）一秒鐘以上。當連結過程完成時，接收器的 LED 當會變成綠色。

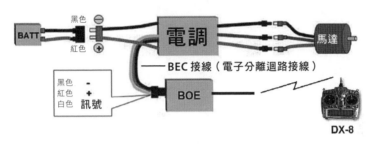

圖 6-7 測試實驗 R/C 系統示意圖

連結 DX-8 和 Spektrum AR8000 接收器和 BT 配對略有不同。我會使用圖 6-7 的實驗裝置來說明流程。完整的實驗會在本章接下來部分進行討論。配對流程如下所示：

- 確保電池沒有連結到 ESC。DX-8 也應該先關掉。
- 將連結接頭插入 AR8000 的 BIND/DAT 端子。圖 6-8 上的接頭已經插入，且 ESC 的 BEC 插入油門端子。
- 將電源插入接收器（實驗裝置上我只連接電池）。AR8000 的 LED 應該開始閃爍。
- 實驗開始時，將 DX-8 的油門移動到最低位置。
- 當壓下 TRAINER/BIND 按鈕時開啟 DX-8 電源。如圖 6-9 上的按鈕。
- AR8000 將開始連結 DX-8。幾秒鐘後，AR8000 的 LED 燈將停止閃爍並維持恆亮。
- 移除連接在 AR8000 接頭。不要把接頭搞丟。您下次要連結接收器和 DX-8 發射器時會用到。

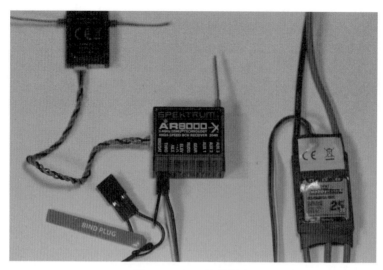

圖 6-8 AR8000 連接插座

圖 6-9 DX-8 的 TRAINER/BIND 按鈕

註：我強烈建議在完成最後飛行設定時，重新連結您的 Elev-8。這樣，您才能確保所有的故障安全設定已經成功儲存在 AR8000 的記憶體裡。

帶您全面檢視過現代 DSSS 系統背後的理論之後。接著，我會示範 DX-8 系統如何運作。

實驗 R/C 系統實驗演示

　　我會使用上個小節介紹的實驗設計來探討 DX-8 發射器和 AR8000 接收器的實際運作。我在最大範圍測試中移除了螺旋槳因為我想測試 100% 油門設定，因此連上螺旋槳不太安全。

　　完整的實驗設置如圖 6-10 所示。圖中我已經連結了 DX-8 和 AR8000 讓他能以我們所希望的方式進行測試。

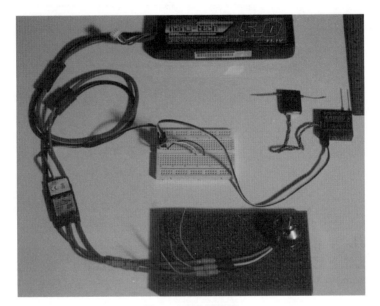

圖 6-10 實驗設置圖

　　我也增加一些測試點連線到兩個連接到馬達的 ESC 引線，因此我會有一些地方可以監測馬達功率波形和連接轉速（r/min）的遙測感測器。圖 6-11 是這些測試點延長線之一的照片。注意我全面使用 EC3 聯接器，以標準化所有的連接點。

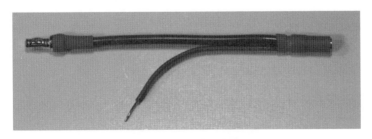

圖 6-11 測試點延長線

初始測試僅簡單產生油門為 0 時的接收器波形。圖 6-12 顯示 DX-8 油門在最低的狀態，AR8000 到 ESC 的波形。自動量測數據顯示底部的波形在 22ms 週期中有 1.11-ms 的高電壓脈衝，即是表示它傳送了一個轉速 0 r/min 指令給馬達。如圖 6-13 所示，這點可以透過沒有馬達轉動的觀察來證實且 ESC 到馬達的功率脈衝為 0。

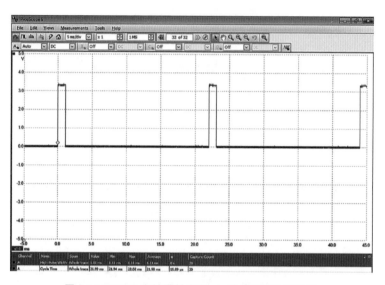

圖 6-12 AR8000 在油門輸出為 0% 時的訊號輸出波形

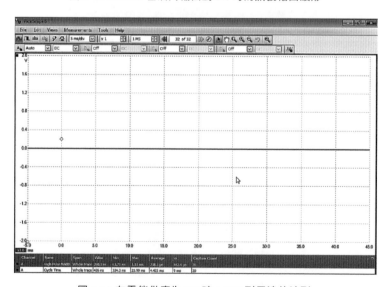

圖 6-13 在電能供應為 0% 時，ESC 到馬達的波形

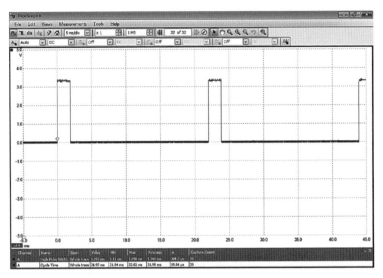

圖 6-14 AR8000 在油門輸出為 100% 時的訊號輸出波形

下個測試產生 100% 油門位置的波形。圖 6-14 顯示 AR8000 在油門 100% 時輸出的波形。這個波形現在顯示 22ms 週期中有 1.88ms 的脈衝寬度，這就是 100% 油門的設定。可以看到馬達高速旋轉，從 ESC 到馬達的功率脈衝如圖 6-15 所示非常明顯。

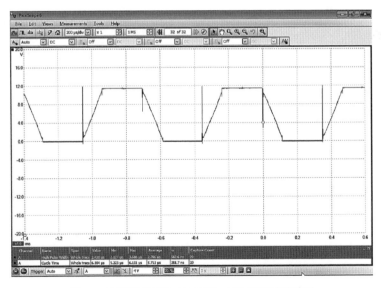

圖 6-15 在電能供應為 100% 時，ESC 到馬達的波形

在 100% 功率脈衝的波形裡面可以看到幾個明顯的極短暫突起。您可以輕易在這些突起旁看到幾個上下斜坡。我在上個章節討論 ESC 的區段有提過斜坡是如何設置的,但沒講為什麼需要設置。斜坡用來提供充分的時間產生和衰退與定子磁極作用的電磁(electromagnetic,EM)場。沒有足夠變換時間的話,將無法建立與維持同步旋轉的電磁場,這是需要斜坡的原因。

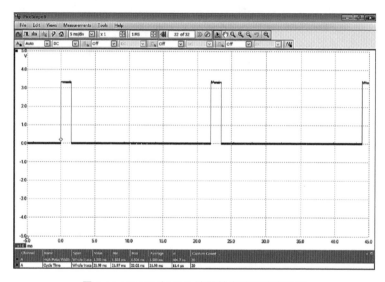

圖 6-16 AR8000 在 50% 油門輸出時的波形輸出

我同時擷取了 50% 油門的波形,是設定在油門控制器的中點記號。圖 6-16 顯示 22ms 週期中會產生有 1.5ms 的脈衝寬度波寬。

50% 油門相應的功率波形脈衝如圖 6-17 所示。注意這裡的雜訊比 100% 功率時波形多大得多。我不確定為什麼會這樣,但部份可能是因為 50% 的油門輸出時產生 800 微秒(μsec)的較有較長的週期時間 800 微秒(100% 輸出時則是 700 微秒)。

我認為同時擷取三個馬達線路上的功率脈衝波形會很有用。圖 6-18 顯示馬達在 100% 輸出下產生的波形。

我小心的讓三個馬達的功率脈衝都以每 750 微秒重複,或近似 1.333kHz。我有點好奇我可不可以將這個頻率聯想到從馬達發出可聽得的噪音。我下載了一個時間頻譜分析的免費 app 到我的智慧型手機。圖 6-19 顯示手機螢幕上馬達在 100% 功率輸出時發出噪音的頻譜圖。

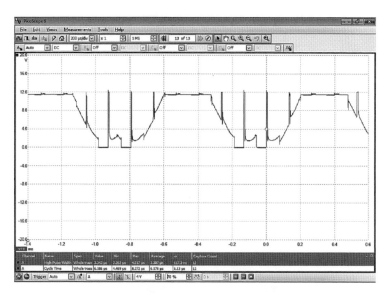

圖 6-17 在電能供應為 50% 時，ESC 到馬達的波形

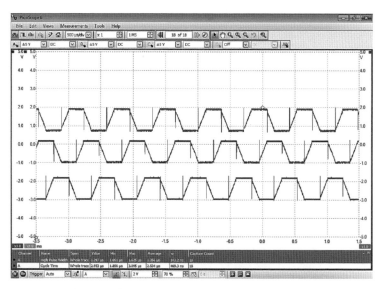

圖 6-18 三個馬達同時以 100% 的動力輸出時的波形

　　圖中有很多頻譜線，包含 1.4kHz 的。最強的一個是 2.8kHz，正好是 1.4kHz 的第二諧波。從我聲學工程師的經歷來看，在聲音頻譜中第二諧波為最大聲的成份並非不尋常。當然，當推進器裝上馬達時，聲音雜訊會變得更大聲，各個成份也會改變。

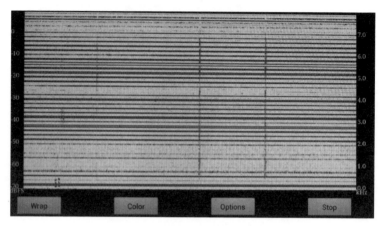

圖 6-19 手機讀出的聲音頻譜

表 6-3 透過 AR8000 所讀出的測試結果

頻道名稱	狀態	脈衝寬度（ms）	附註
副翼（Aileron）	全向左 全向右 置中	1.897 1.117 1.499	22ms 的週期
方向舵（Rudder）	全向左 全向右 置中	1.891 1.105 1.499	22ms 的週期
傳動裝置（Gear）	0 1	1.580 1.462	22ms 的週期
Aux 1（在 DX-8 上 標示為 FLAP）	0 1 2	1.855 1.462 1.113	22ms 的週期
Aux 2	0 1 2	1.899 1.505 1.112	22ms 的週期
Aux 3	完全順時針 置中 完全逆時針	1.899 1.500 1.112	22ms 的週期 DX-8 擾頻發生於把把手順著 中央旋轉時

　　我做了另一個脈寬測試在升降 R/C 頻道。DX-8 升降控制桿在右端，而且它內部裝載彈簧以保持控制桿在中間的位置。桿子在中間時，我量測到 1.5ms 的脈

衝寬度。接著我往上推動油門到底，寬度改變為 1.9ms。往下推動油門到底會則產生了 1.1ms 的脈衝寬度。這些脈衝也以 22ms 的週期重複，和油門控制器一樣。

下個部份的實驗是決定在不同脈衝產生時，AR8000 剩下的主要接收器頻道將如何運作。我用 USB 示波器測試剩下的頻道，並紀錄在表 6-3。

使用 BOE 測量 R/C 頻道脈衝寬度和頻率

我發現大多的讀者沒有像我所使用的精密 USB 示波器，甚至沒有一般的示波器。我強烈建議您去取得一臺，如果您想修改您的四旋翼或只是單純想做實驗。大多高性能雙通道示波器市價低於 400 美元。缺少示波器的讀者可以使用下列撰寫並執行在 BOE 的程式來測量脈寬和頻率。驚人的是，這兩個程式在 USB 示波器上的測試結果的非常吻合。

BOE 僅單純使用一般伺服機連接線來插在選定的 R/C 接收器頻道，如圖 6-20 所示。

圖 6-20 BOE 連接上 AR8000 油門頻道

BOE 脈衝寬度測量

第一個我要討論的是測量脈衝寬度的程式，稱為 PWM2C_SIGDemo。這個程式執行時有四個必要的分離 Spin 組件。我只會示範其中兩個，因為另外兩個雖然必要，但在實際測量過程中不會產生作用。他們支援文字字串而且可以連接用來顯示結果的 Propeller Serial Terminal（PSerT）程式。

最基本的 PWM2C_SIGDemo 程式是：

```
CON
_clkmode = xtal1 + pll16x
_xinfreq = 5_000_000
_baudRateSpeed = 250_000
_newLineCharacter = 13
_homeCursorCharacter = 1
_clearToEndOfLineCharacter = 11
_receiverPin = 31
_transmitterPin = 30
_leftServoPin = 14                          /* 原始 BOE 數值為 0，改成 14
_rightServoPin = 15                         /* 原始數值為 1
OBJ
sig:  "PWM2C_SIGEngine.spin"
com:  "RS232_COMEngine.spin"                /* 在此不進行討論，用於序列通訊
str:  "ASCII0_STREngine.spin"              /* 在此不進行討論，用於文字處理
PUB demo
ifnot( com.COMEngineStart(_receiverPin, _transmitterPin,_
baudRateSpeed) and { } sig.SIGEngineStart(_leftServoPin,_
rightServoPin, 100))
reboot
repeat
com.transmitString(string( "Left:  "))
com.transmitString(1 + str.integerToDecimal(sig.
leftPulseLength, 10))
com.transmitString(string(_clearToEndOfLineCharacter,
_newLineCharacter, "Right:  "))
com.transmitString(1 + str.integerToDecimal(sig.
rightPulseLength, 10))
com.transmitString(string(_clearToEndOfLineCharacter,
_homeCursorCharacter, "Servo Pulse Length's" ,
```

```
_newLineCharacter))
```

下面這個程式是作為驅動的程式，使用 engine 物件來處理脈寬測量，並報告結果給 PSerT 應用程式以顯示給使用者。這個程式的核心是用永遠重複的迴圈傳送一系列字串給 PSerT。脈衝寬度的數值是呼叫兩個物件方法 sig.leftPulseLength 和 sig.rightPulseLength 所得到的。sig 物件是參考到稱作 PWM2C_SIGEngine 的程式，以縮寫列在下方。我已經在關鍵的程式碼上增加了一些註解來幫助解釋程式裡發生了什麼事情。

```
VAR
      long leftLength, rightLength, stack[7]
      byte  cogNumber,  leftPinNumber,  rightPinNumber,
timeoutPeriod
          PUB leftPulseLength    " 3 Stack Longs          /* 以微秒為單位回
傳伺服機頻道的脈衝寬度
      return leftLength
          PUB rightPulseLength   " 3 Stack Longs          /* 以微秒為單位回
傳伺服機頻道的脈衝寬度
  return rightLength
  PUB SIGEngineStart(leftServoPin, rightServoPin, timeout)   " 9
Stack Longs
    /* 啟動在 cog 上執行的 SIG 驅動程式。成功回傳 true，失敗則回傳 false。
    /*LeftServoPin - 左頻道伺服脈衝寬度輸入的腳位。在 0~31 之間。
    /*RightServoPin - 右頻道伺服脈衝寬度輸入的腳位。在 0~31 之間。
    /*Timeout -  在將頻道脈寬歸零前的等待時間，單位為百分之一秒。在 0~100 之（試試 10
吧）。
        SIGEngineStop
            if(chipver == 1)        /* 檢查 Prop 晶片版本號。當前版本應該是 1
        leftPinNumber := ((leftServoPin <# 31) #> 0)        /* 確保 pin
# 在 0~31 之間
        rightPinNumber := ((rightServoPin <# 31) #> 0)      /* 同上
        timeoutPeriod := ((timeout <# 100) #> 0)            /* 在 0~100
之間的等待時間
        cogNumber := cognew(SIGDriver, @stack)    /* 用測量模式啟動新 cog
        result or= ++cogNumber                    /*result 是一個預定的變
數，在這個例子裡是用來儲存 cog 的號碼
  PUB SIGEngineStop  " 3 Stack Longs   /* 關閉在 cog 上執行的 SIG 驅動程式
```

```
        if(cogNumber)
            cogstop(-1 + cogNumber~)
  PRI SIGDriver : leftTimeout | rightTimeout          /*7 個堆疊的長度
        ctra := constant(%0_1000 << 26) + leftPinNumber /* 設  定
cog 的 A 計數器在 leftPinNumber 腳位偵測到正相脈衝時開始計數
    ctrb := constant(%0_1000 << 26) + rightPinNumber /* 設定 cog 的 B 計
數器在 leftPinNumber 腳位偵測到正相脈衝時開始計數
    frqa := frqb := 1
    leftTimeout := rightTimeout := cnt
    repeat
    if(phsa < 0) /*phsa 是一個鎖相迴路寄存器。這是用來儲存和高脈衝寬度成比例的計數。
        leftLength := 0
        phsa := 0
    ifnot(ina[leftPinNumber] or not(phsa))
        leftLength := ((||(phsa~)) / (clkfreq / 1_000_000))
        leftTimeout := cnt
    if((cnt - leftTimeout) > ((clkfreq / 100) * timeoutPeriod))
        leftLength := 0
    if(phsb < 0)
        rightLength := 0
        phsb := 0
    ifnot(ina[rightPinNumber] or not(phsb))
        rightLength := ((||(phsb~)) / (clkfreq / 1_000_000))
        rightTimeout := cnt
    if((cnt - rightTimeout) > ((clkfreq / 100) * timeoutPeriod))
        rightLength := 0
```

　　我會提醒大家這個 Spin 程式中不需要用到組合語言，因為所有的定時都由內建的 cog 計數器和寄存器完成了。搭配使用 80MHz 系統時鐘和 cog 計數器來把定時精準到 12.5 奈秒（ns）的區間是可行的。這是非常可觀的測量準確度。

　　圖 6-21 是 PSerT 顯示器的截圖，油門頻道連接到伺服機腳位 14，Aux3 頻道連接到伺服腳位 15。

　　在這個測試中，DX-8 油門位置設在 100%，且 Aux3 把手設在 50% 的位置。我也連接 USB 示波器到接收器油門桿頻道，並確認測量到和 PSerT 螢幕上一樣的數字。

　　下個程式我會討論是測量脈波頻率。

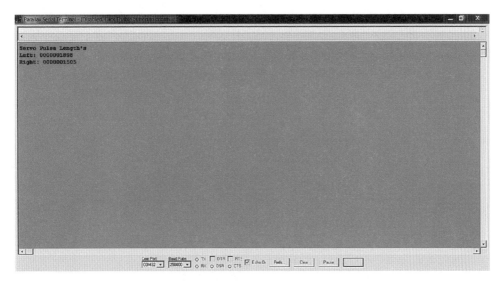

```
Servo Pulse Length's
Left: 0000001898
Right: 0000001505
```

圖 6-21 透過兩個伺服通道呈現的 PSerT 顯示器

BOE 脈波頻率測量

第二個我要討論的程式稱作 jm_freqin_demo，它會測量脈波頻率。脈波頻率沒有像脈衝寬度這個參數這麼重要；然而，您應該測量它來確保脈波以夠快的頻率、持續的更新飛控版和伺服機。太慢的脈波頻率可能導致失去控制，原理就和失去信號造成飛機失控一樣。簡略的 jm_freqin_demo 程式碼如下：

```
CON
    _clkmode = xtal1 + pll16x
    _xinfreq = 5_000_000
CON
    #0, CLS, HOME, #8, BKSP, TAB, LF, CLREOL, CLRDN, CR /*PST
格式控制
OBJ
    fc : "jm_freqin"
    term : "jm_txserial"
PUB main | f
    fc.init(0)                    /* 在 p0 的頻率控制
    term.init(30, 115_200)        /* 開啟終端機
    waitcnt(clkfreq/10 + cnt)
    term.tx(CLS)
```

```
/* 設定 cog 1 頻率產生
/*-- 注意：您可能在高頻率的地方看到抖動
/* 這是因為 ctrx pwm 的行為造成
/*frqx 設定 =frequency × 3^32 + 80_000_000
ctra := %00100 << 26           /*nco/pwm 注意：在我的版本沒使用
ctra[5..0] := 0                /* 使用 p0
'frqa := 134_218               /*2500 Hz
frqa := 3_222                  /*60 Hz
'frqa := 672                   /*~12.5 Hz
dira[0] := 1                   /* 設定 p0 為輸出
repeat
    term.str(string(HOME, "Freq: "))
    f := fc.freq               /* 取得頻率
    if f > 0                   /* 看看頻率是否合理？
    term.dec(f/10)             /* 輸出整個部分
    term.tx( "." )
    term.dec(f//10)            /* 輸出部分內容
    term.str(string( " Hz" , CLREOL))
else
    term.str(string( "???" , CLREOL))
waitcnt(clkfreq + cnt)
```

　　這個程式使我們可以使用另一個 Spin 下稱為 jm_freqin 的程式來實際測量
並顯示在 Propeller Serial Terminal 下的脈波頻率。這個程式由 Jon "JonnyMac"
McPhalen（又稱 Jon Williams），一位在 Parallax 論壇提供許多貢獻的人。Jon
也提供自動產生的脈波來測試這個程式。這些脈波從 pin 0 發出。然而，我使
用 pin 14 來做輸入，因為這是 BOE 伺服機端子之一。jm_freqin 如下所列，我
包含了 Jon 的註解因為我相信他們有助於了解這個程式如何運作。

　　{{
　　這個物件使用自己 cog 裡的 ctra 與 ctrb 來測量輸入波形的週期。週期是以時脈為單位測量，
這個值可以除以 Propeller 時鐘頻率來決定輸入波形的頻率。在應用上，這個週期會除以 10 倍的
時鐘頻率來增加解析度到 0.1Hz，這在低頻率的時候極度有幫助。估計的範圍是 0.5Hz 到 40MHz
（用 80MHz clkfreq）。

　　計數器中的設定為 ctra 測量高相位、ctrb 測量低相位。獨立測量這些相位讓輸入波形可以是非
對稱的。為了避免失去信號造成 freq（）方法產生錯誤值，fcCycles 值在合理的頻率計算出來後

會清空。這代表您不應該在輸入頻率比預期快的時候呼叫這個方法。

```
    }}

    VAR
        long cog
        long fcPin      /* 頻率計數器腳位
        long fcCycles        /* 頻率計數器週期
    PUB init(p) : okay
    "   在 pin p 開始頻率計數器
    "   - 有效的輸入 pin 為 0~27
        if p < 28          /*protect rx, tx, i2c
            fcPin := p
            fcCycles := 0
            okay := cog := cognew(@frcntr, @fcPin) + 1
        else
            okay := false
    PUB cleanup
    "   如果 cog 執行時停止該 cog 的頻率計數器
        if cog
            cogstop(cog~ - 1)
    PUB period
    "   回傳輸入波形的週期
        return fcCycles
    PUB freq | p, f
    "   把輸入週期轉成頻率
    "   -- 以 0.1Hz 單位回傳頻率（1Hz = 10 單位）
    "   -- 在頻率比預期最低輸入頻率快時，不應該呼叫此方法
        p := period
        if p
            f := clkfreq * 10 / p      /* 計算頻率
            fcCycles := 0                 /* 失去輸入時清空
        else
            f := 0
        return f
    DAT
            org    0
        frcntr        mov    tmp1, par    /* structure 的開始
```

```
          rdlong         tmp2, tmp1  /* 取得 pin 的數字
          mov     ctra, POS_DETECT  /* ctra 測量高相位
          add     ctra, tmp2
          mov     frqa, #1
          mov     ctrb, NEG_DETECT  /* ctrb 測量低相位
          add     ctrb, tmp2
          mov     frqb, #1
          mov     mask, #1          /* 產生 pin 遮罩
          shl     mask, tmp2
          andn    dira, mask        /* 輸入到這個 cog
          add     tmp1, #4
          mov     cyclepntr, tmp1         /* 儲存 hub 記憶體的位置
restart           waitpne mask, mask /* 等待 0 相位
          mov     phsa, #0                  /* 清除高相位計數器
highphase waitpeq mask, mask  /* 等待 pin == 1
          mov     phsb, #0                  /* 清除低相位
lowphase  waitpne mask, mask  /* 等待 pin == 0
          mov     cycles, phsa            /* 擷取高相位週期
endcycle          waitpeq mask, mask /* 讓低相位結束
          add     cycles, phsb            /* 加入低相位週期
          wrlong         cycles, cyclepntr   /* 更新 hub
          jmp     #restart
POS_DETECT        long    %01000 << 26
NEG_DETECT        long    %01100 << 26
tmp1              res     1
tmp2              res     1
mask              res     1            /* 開啟頻率輸入 pin 的遮罩
cyclepntr  res    1          /* 循環計數器的 hub 地址
cycles            res     1          /* 輸入週期的循環
          fit     492
DAT
```

如 Jon 的註解，這個程式用到了 cog 計數器 A 和 B。正如我前面講解程式時
所説的，我不會帶過所有有關組合語言部份。然而，我會提到只有使用組合語
言或 C 語言才能處理的超高速測量，如本程式用到的這些。我還沒親自做過，
但 Jon 估計這個程式可以測量高達 40MHz 的頻率，對 80MHz 的 Prop 時鐘速率
來說非常了不起。

另一個用來測量頻率的 Spin 程式稱作 jm_txserial，是 Jon 從一個很標準的 Spin 程式 Full_Duplex 修改後得到的。現在很常見也高度建議大家的作法是使用現有的開源程式碼，並像 Jon 在這個程式中這樣的方式，根據自己的需求進行修改。我不會針對 jm_txserial 進行討論，我只會說它是個高效能溝通程式，透過 PSerT 程式來顯示主要程式結果。

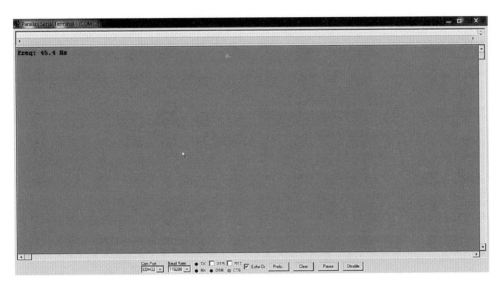

圖 6-22 測量油門頻道的脈衝頻率

我把 AR8000 油門頻道接到 pin14 的伺服接點，如圖 6-20 所示。接著執行 jm_freqin_demo 程式並啟動 PSerT 應用程式來顯示結果。如圖 6-22 所示。

顯示出的頻率為 45.4Hz，將頻率取倒數即可得到相當於 22ms 的週期。而 22ms 週期的數值剛好符合我用 USB 示波器測量到的脈波頻率。我對結果感到特別滿意，因為程式通常會承諾某種結果，但常常沒有執行出來。只是在這裡沒有發生那種狀況，頻率測量結果與程式預期彼此非常接近。但是請確保您保持最高輸入電壓低於等於 3.3V，那是 Prop 晶片的最高允許輸入。

本章最後一個段落將處理遙測的內容，您會發現這對操作四旋翼非常有幫助。

遙測

DX-8/AR8000 R/C 系統提供遙測的額外功能。遙測（Telemetry）是指從飛行器上自動傳輸資料回發射器，在這裡，我們指的是從接收器傳回發射器。Spektrum 系統提供四種可以經由遙測裝置傳送的資料類別：

1. 電池電壓
2. 溫度
3. r/min （每分鐘轉數）
4. 高度

要傳送哪種資料類別決定於產生初始資料的感測器。Spektrum 使用 TM1000 遙測模組。這是他們 DSM 遙測系統的核心，如圖 6-23 所示。

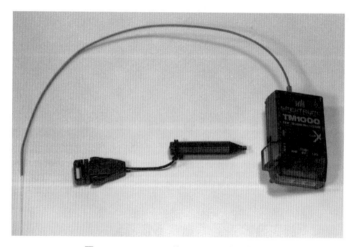

圖 6-23 Spektrum 的 TM1000 遙測模組

在 TM1000 模組的左邊是一個塑膠連結桿，讓您可以在模組的左邊壓下一個微小的按鈕。連結過程需要靈巧一點，在開啟接收器遙測模組電源的同時要一併壓下連結按鈕。

模組的底端可以看到有三個接孔：

1. RPM（每分鐘轉數）
2. TEMP/VOLT
3. DATA

TM1000 模組的 DATA 埠連接到 AR8000 接收器的 BIND/DAT 埠。RPM 感測器插入 RPM 埠，另有內附的 Y 型連接線插入 TEMP/VOLT 埠。您會在 TM1000 套件裡面看到溫度感測器和電壓感測器。但 RPM 感測器則是根據您使用的馬達類別所另外購買的項目。燃料驅動的引擎和無刷直流馬達所使用的感測器不同。因此我買無刷直流馬達的感測器。電壓感測器和溫度感測器都要插到上述 Y 型連接線。圖 6-24 所示的是 AR8000、TM1000 以及三種上面所討論到的感測器。

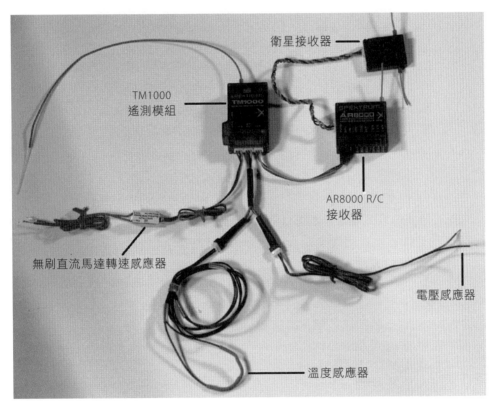

圖 6-24 遙測系統與感測器

我連接感測器到實驗系統，並使用 50% 的油門設定來操作這套實驗系統。在圖 6-25 中呈現的是 DX-8 LCD 螢幕所顯示的電池電壓、每分鐘轉數、和溫度。

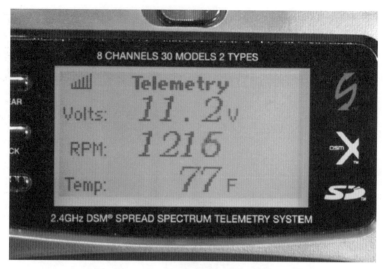

圖 6-25 DX-8 LCD 所顯示的即時遙測數據

　　每分鐘轉數的數字很低，因為我並沒有在遙測設定目錄先設定好磁極數目或預設比例。應該是大約每分鐘 4100 轉而非螢幕上鎖顯示的 1216 轉。溫度讀數則是代表裝置附近的環境溫度，電壓數字來自供應電源的鋰聚合物電池。

　　在圖 6-23 的 BIND 開關旁邊可以看到一個標有 X-BUS 的四針插槽。圖 6-26 是插槽的近照並可以看到四支針。這個插槽是 Spektrum 設計的並讓額外的感測器可以接上 TM1000：

- G-Force 三軸加速度計（低範圍 – 最多到 8g 力）
- G-Force 三軸加速度計（高範圍 – 最多到 40g 力）
- 高電流 High Current 感測器
- 空速感測器（Airspeed）
- PowerBox
- JetCat

　　以上每種的感測器都有可以插入 X-BUS 插槽的延長線。每種感測器也有兩個插槽，以便要同時使用多個感測器可以做菊鍊式接法。圖 6-27 顯示附有兩個 X-BUS 插槽的高電流感測器。另外，注意這個感測器已經備有 EC-3 聯接器，使用這種聯接器連接鋰聚電池非常方便。

圖 6-26 X-BUS 插槽

圖 6-27 X-BUS 高電流感測器

Spektrum 並沒有發表任何關於 X-BUS 的資訊，然而，根據一位 RC 狂熱愛好者的高超逆向工程指出 X-BUS 應該是 I2C 匯流排。這個匯流排將所有傳輸線簡化成三條線，而 Spektrum 為了額外功能另外又增加一條。四條連線如下：

1.SDA-- 序列資料
2.SCL-- 時鐘線
3.UBatt--Spektrum 自身的功能
4.GND-- 接地線

內部整合電路（Inter-Integrated Circuit）介面或 I2C（發音為 eye-two-cee 或 eye-squared-cee）也是個同步序列資料鍊接。圖 6-28 是 I2C 界面的方塊圖，顯示一個 master 和 slave。這種配置一般稱為多點網路或匯流排網路。

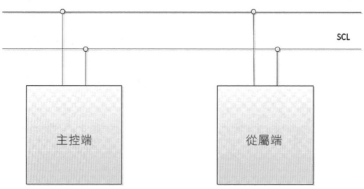

SDA

SCL

主控端

從屬端

圖 6-28 I2C 方塊圖

圖 6-29 X-BUS 擴充接線

I2C 支援一個以上的主控端（master）和多個從屬端（slave）。這個協定由飛利浦公司在 1982 年推出，時至今日已經是非常成熟的技術，這代表這技術極度可靠。它只有用到兩條線：SCLK 用來傳送序列時鐘訊號，SDA 傳送序列資料。要存取 X-BUS 您會需要購買如圖 6-29 的延長線。

唯一我必須警告的是，如果您考慮使用 I2C 匯流排來傳輸資料，記得這是一個低速匯流排。I2C 匯流能運作高達 400kHz，但測定 X-BUS 只能到 100kHz。那看似很快，但實際上如果考慮到某些感測器產生資料的量級的話，說真的其實有點慢呢。

本章最後一段以遙測做結尾。下個章節將檢視 R/C 飛行器常用的 R/C 伺服機。雖然基本的 Elev-8 本身不需要伺服機，但學習伺服機和了解如何將其整合進 R/C 系統對您大有益處。

總結

我在本章以 R/C 發展簡史與電晶體發明後的快速進步起頭。

接著，我討論各種 R/C 系統的調變機制，著重在 PPM 和 PWM 模式。我也討論消除雜訊的重要性，因為它是失控狀況的罪魁禍首。我比較了各種調變類別對付雜訊的方式，並顯示 AM 是最差的，FM 好一點，更重要的是，DSSS 是最棒的。

接著我們深入的討論了 DSSS，因為是高等的調變技巧，而且是我 Elev-8 R/C 系統使用的類別。FHSS 機制也被提到，因為這是 2.4GHz 系統中主要競爭的 R/C 調變機制之一。

接著我討論 Spektrum DX-8 和 AR8000 接收器的連結過程。在使用 DSSS 之前必須將他們進行連結，因為一些發射器資訊必須儲存到接收器的 EEPROM。我在 DSSS 文中解釋了原因。

下個區段討論一個示範在 PWM 機制下 R/C 發射器和接收器運作的實驗。我使用一個類似第五章實驗，但稍微修改過設定。在油門設定 0%、50%、100% 時，USB 示波器的螢幕截圖顯示各自的波形。我討論所有 AR8000 剩下的頻道，顯示他們的操作方式和油門桿頻道雷同。

我也示範 Propeller BOE 如何用來測量脈波寬，並列出大部分的程式碼。BOE 設定的數值和 USB 示波器所呈現的實際結果相同。

另外一個 BOE 程式則教您如何測量脈波頻率。您可以用頻率的倒數來決定脈波週期。脈波頻率或週期的測量數據非常重要，因為它確保您的 R/C 系統以夠快的速率更新。太慢的更新速率會導致失控。

本章以對 Spektrum 額外的遙測系統詳盡討論做結。我示範所有的標準感測器並討論一些更進階的感測器。我也討論 Spektrum 的 X-BUS，實際上也是標準 I2C 序列匯流排。我提到這個匯流排讓您可以加上自己的感測器、甚至是微控器到遙測匯流排上。

第 7 章

伺服機與擴充伺服機控制系統

序言

本章將介紹標準 R/C 伺服機的組成，及如何控制伺服機。我已經在前三章針對如何透過脈波訊號控制伺服機提供大量的資訊。現在該是時候來揭露伺服機內部的運作機制，您將會了解如何及為何這樣操作，並了解使用時候可能的限制。在這裡我們將會專注在「揭露」特定的脈波寬度如何轉換為特定伺服機運動。

我會討論一個標準的伺服機如何轉變成成連續旋轉的（Continuous Rotation，CR）伺服機。CR 馬達運作方式和一般的伺服馬達有點不一樣。CR 馬達讓脈波直接控制連續角速度或旋轉，而非像標準伺服機只提供有限的角度動作。CR 伺服機通常是用來代替傳統馬達，後者常用在只需要低扭力的小型 R/C 車或船。我常把 CR 伺服機用在機器人專案上，而它們似乎看起來運作得十分良好。

下一段將介紹我如何建立一個系統來測量高達三個脈衝寬度的 R/C 頻道。我也會告訴您如何將結果顯示在 4×20 的 LCD 顯示器。這個系統使用 Parallax 教育板（Parallax Board of Education，BOE），而且只要使用一般的 9V 電池供電就變成一臺可攜式裝置。我對軟體的討論相較於提供資訊，將著重於指標（pointer）和間接參照（indirection），通常這兩個會是程式初學者搞混的內容。同時在軟體部份，我也會告訴您 Spin 程式如何以本書先前沒提過的方式測量脈波寬度。

本章最後將討論兩種擴充標準伺服機控制系統的方法，以加強 Elev-8 平臺的功能。第一種控制裝在 Elev-8 桿子底部的機載 LED 照明帶。第二種控制遙控第一人稱攝影機（first-person viewer，FPV）上的傾斜機構，攝影機可以裝在 Elev-8 的底部。實際 FPV 會在後面的章節討論。現在我將專注在這個系統伺服機控制的部份。

探索標準 R/C 類比伺服機

圖 7-1 是標準 R/C 伺服機內部運作的部份透視圖。我會指出五個圖中的主要部份：

圖 7-1 R/C 伺服機內部構造

1. 電刷馬達（Brushed electric motor）：左側
2. 齒輪組（Gear set）：頂蓋下方
3. 伺服機擺臂（Servo horn）：附著在突出頂蓋的軸上
4. 回饋電位器（Feedback potentiometer）：在連接擺臂同一個軸上的底部
5. 控制電路板（Control PCB）：在馬達右邊的蓋子底下

　　一般電力驅動的馬達只是常見、便宜，在沒負載下轉速最高可到大約 12,000 r/min 的馬達。一般他的運作範圍在電壓為 2.5 到 5V 的直流電，且電流須低於 200 mA，即使在完全負載時也是。伺服機的力矩優勢來自於馬達上加裝了齒輪組，所以轉速大幅降低，產生比起沒裝齒輪的馬達大上許多的力矩。典型的伺服機中的馬達直接輸出時可能有 0.1 oz-in（盎司 - 英吋）的扭力，但透過伺服機的機構後，輸出扭力可以達到 42 oz-in，足足將扭力放大了 420 倍。當然，轉速將等比例的從每分鐘 12000 轉降低為每分鐘 30 轉。這個速度雖然緩慢，但是對於一般 R/C 上所需要操作的伺服機擺臂來說，這個速度已經夠快了。

　　在輸出軸底部連接的回饋電位器是讓轉軸位置可依照伺服電控板的脈波來變動的關鍵元素。您可以在圖 7-2 的伺服機分解圖中清楚看到回饋電位器。

圖 7-2 伺服機拆解後可以看到回饋電位器

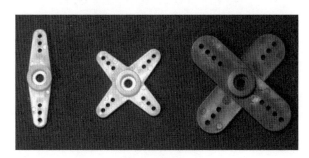

圖 7-3 伺服機擺臂

　　我會在控制板的討論中告訴您更多電位器的功能。但就現在而言，我只簡單說電位器是如第二章介紹的閉路控制系統的元件之一。如果您跳過那個章節了，現在正是時機去回顧一下，因為這裡會用到。

　　伺服機擺臂是一個簡單的塑膠元件，中間有凹槽可以滑入輸出軸末端，並用來作為機械傳動機構的一部份。它用一根非常小的螺絲釘來固定。軸的凹槽確保擺臂在負載範圍之內不會滑脫。圖 7-3 為一般伺服擺臂的特寫。

　　電路板是伺服機的心臟，用來控制伺服機的運作。我會介紹它的類比控制方法，因為那是目前低成本伺服機中最熱門的控制方法。我會在本區段最後提到數位控制的方法，並和類比控制的方式進行比較。圖 7-4 是我在後續的示範時將使用的 HS-311 型裡的 Hitec 控制板。

　　在這塊控制板上，主要晶片上標示了 HT7002，就我所知這個代碼是 Hitec 內部的版本代碼。但是這塊晶片和市面上 Mitsubishi 的 M51660L 型的功能相同。我會在後續的討論中使用 M51660L，因為很多家廠商的伺服機都使用這個型號，而且在這種使用情境的各種晶片中具有代表性。這個 Mitsubishi 晶片稱為「無線電控制專用的伺服機控制器」，其腳位配置如圖 7-5 所示。

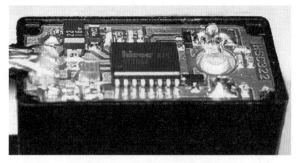

圖 7-4 Hitec HS-311 型控制板。

腳位配置（上視圖）

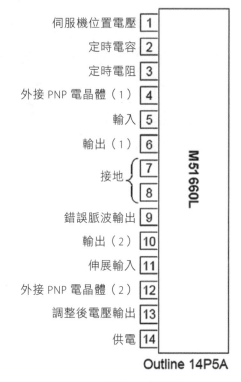

伺服機位置電壓	1
定時電容	2
定時電阻	3
外接 PNP 電晶體（1）	4
輸入	5
輸出（1）	6
接地	7
	8
錯誤脈波輸出	9
輸出（2）	10
伸展輸入	11
外接 PNP 電晶體（2）	12
調整後電壓輸出	13
供電	14

M51660L

Outline 14P5A

圖 7-5 Mitsubishi M51660L 型的 pin 腳配置

別被圖 7-4 的 HT7002 和圖 7-5 的晶片配置，兩者實體配置不同而感到困擾。
經常因為各種原因，同樣的晶片被以不同的方式進行封裝。圖 7-6 裡 M51660L
的方塊圖說明了晶片裡關鍵的功能迴路。

現在我會分析並逐步說明圖 7-7 的示範迴路，這個示範迴路是廠商的產品說
明單提供的（圖 7-4 和 7-5 也是）。

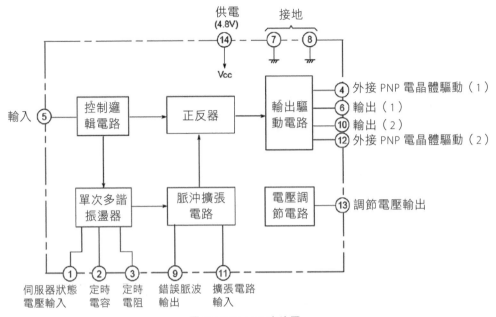

圖 7-6 M51660L 方塊圖

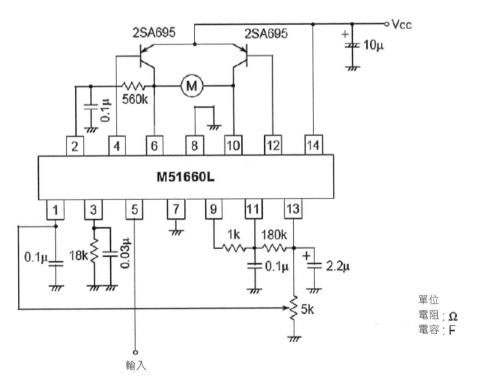

圖 7-7 M51660L 示範迴路簡圖

下列的分析應該能幫您了解類比伺服機如何運作，與為何它的設計會包含一些限制。

1. 出現在輸入線（pin 5）的正脈波開啟 set/reset（RS）正反器，同時讓單穩態多諧振盪器（one-shot multivibrator）開始運作。

2. RS 正反器會和單穩一起連接以產生一個線性的單觸發（one-shot）或單穩（monostable），而多諧振盪器迴路的「開啟時間（on-time）」會和回饋電位器上的分接器與 pin2 上的定時電容放電電壓成比例。

3. 控制邏輯開始比較輸入脈波和單擊產生的脈波。

4. 上述比較的結果會產生一個新的脈波，稱為誤差脈波（Error pulse），這個脈波接著會進入脈衝擴展器（Pulse-stretcher）、死區（Dead band）與觸發電路。

5. 脈衝擴展器的輸出最後會驅動馬達控制迴路，馬達控制迴路會和來自 RS 正反器的方向控制輸入一起運作。觸發電路使 PNP 電晶體閘門開啟，而開啟時間直接和誤差脈波成正比。

6. PNP 電晶體閘門輸出為 pin 4 與 pin 12，分別控制兩個外接 PNP 功率電晶體，且各自能提供 200mA 以上的動力到馬達。沒有外接電晶體，M51660L 晶片只能提供上至 20mA 的電源。這個電流太薄弱以至於無法驅動伺服機中的馬達。外接電晶體相應的電流槽（sinks）（返回路徑）為 pin 6 與 pin 10。

7. 馬達引線之一與 pin 6 連接線，與 pin 2 中間的 560-Kω（千歐姆）的電阻（Rf），會把馬達的逆電動勢（electromotice force，EMF）電壓傳回單擊。逆電動勢在馬達惰轉或沒有功率脈波施加馬達時，會由馬達定子的繞組產生。這個額外的電壓輸入會導致伺服機產生阻尼效應（damping effect），代表它會調節或減少伺服機衝過頭或原地振動。我會在討論 CR 伺服機運作時再次深入討論 Rf 電阻。

上述分析雖然有些冗長與細節，只是讓您了解在伺服機內部一直發生的事情有多麼複雜。這些知識應該能在伺服機運作開始不穩定時，幫助您分析可能的問題。

在分析的第四步提到死區（deadband）這個字，值得進一步探討。死區在文中指的是控制輸入裡輕微的電壓變化不會引發輸出的狀況。這是特別設計的功能，針對您希望伺服機不會對過於輕微的輸入變化做反應的使用情境。使用死區可以提昇伺服機壽命，並讓伺服機在正常運作時比較不會抖動。死區由示範迴路中 pin 9 與 pin 11 之間的 1kΩ 電阻固定住。這個電阻在脈衝擴展器的輸入和輸出間產生另外一個回饋。

　　我想介紹的最後一個伺服機的參數是脈衝擴展器增益，它大大控制了誤差脈波長度。在示範迴路中，這個增益由 pin 11 到接地電容的值與連接 pin 11 與 pin 13 的電阻決定。這個增益在閉路控制理論中稱為比例增益（Kp）。把增益設定得不高不低恰恰好非常重要。增益太大會讓伺服機過於敏感，導致不穩定的震盪。增益太低會讓伺服機變得鈍鈍的，反應非常差。有的時候，實驗者會調整電阻與電容值，試圖從中再擠出更好的伺服機表現。然而，我相信廠商已經調整過各組件的參數，在效能與穩定性上已經取得良好平衡。

數位伺服機

　　類比與數位伺服機在機械組件上幾乎沒有差異。一般在機構上的差異來說，數位式的伺服機通常使用金屬齒輪和軸承，因此比類比式的伺服機來的貴了些。然而，更主要的差異還是在電控板上。在前一段的內容中解釋過類比控制了：因為類比控制迴路在連接上會和數位邏輯與比較器電路一起使用。所以類比伺服機中沒有進行做數位計算或是類比數位轉換（Analog-to-digital conversion，ADC）；因此，類比伺服機並不需要像數位伺服機一樣使用微控器晶片。

　　圖 7-8 是從三個方向所呈現、價格合理的 Dynamixel AS-12 數位伺服機。可以清楚從最右邊的圖片看到伺服機中的 ATmega8L 晶片和外露並裝在伺服機底部的控制板。我已經在第五章討論過 ATmega8L 晶片，因為它是眾多 ESC 中常用的控制板。在這個應用中，這塊晶片透過類比數位轉換與即時數字運算來產生合適的功率控制脈波，方式和 ESC 對 PWM 訊號的反應類似。

圖 7-8 Dynamixel AS-12 數位伺服機內部照

表 7-1 類比與數位伺服機特色比較

特色	類比	數位
調整脈波參數	無法調整，已經由電路元件值固定了	可以動態調整來達到最佳表現
頻率更新	由輸入頻率固定，一般為 50Hz	接收 50Hz 但到達馬達時更新為 300Hz
死區	由組件值固定住	可調整來符合動態運作條件
扭力	低至適中，到達尖峰值緩慢	適中到高，到達尖峰值很快
電源消耗	低至適中	適中至高
成本	低至適中	適中至高

比起類比伺服機，數位伺服機有數項顯著優勢與一大劣勢，各種比較詳列於表 7-1。

除了電量消耗，數位伺服機在其它各領域贏過類比伺服機，如果您的飛行器使用太多伺服機可能會因此造成問題。但由於現在高能量、高容量的鋰聚合物（LiPo）電池容易取得，電量消耗應該不會是太大困擾。

我在圖 7-9 裡引用 Fubata 產品說明書的一段，圖中清楚顯示 R/C 控制脈波輸入到類比與數位伺服機的關係。

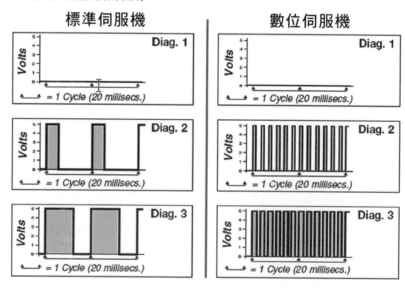

圖 7-9 透過 R/C 指令傳送脈波到數位與類比伺服機

在圖 7-9 中將類比伺服機稱為「標準伺服機」。同時，圖 1、2、3 分別代表無功率、低功率、高功率操作狀態。類比伺服機固定使用 50Hz 頻率的脈波，數位伺服機則是在同樣 20ms 的時間裡產生比類比伺服機高六倍的脈波。這代表更多平均功率施加到伺服機內部的馬達，產生更多扭力與更快反應。當然，更多平均功率代表更多電能消耗，也就是數位伺服機的缺點。

另外一個引用自 Futaba 產品說明的是圖 7-10 中的特性圖，圖中顯示死區特性的比較，例如扭力比例與反應時間。在這張特性圖中您應該看到近乎垂直的線，代表伺服機在很短時間內快速把扭力提升到 100%。您可以從圖 7-10 看到數位的反應比類比的好。這是因為控制器持續優化表現，並且能以更快速度進行更新。

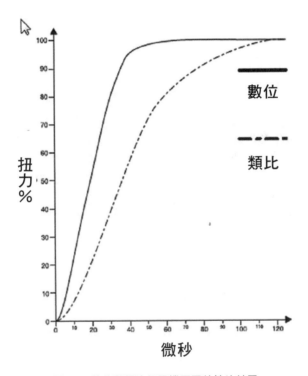

圖 7-10 數位與類比伺服機死區特性比較圖

連續旋轉型（CR）伺服機

有的時候您會需要一個像一般馬達一樣連續旋轉並且具有能夠精密控制速度和旋轉方向優勢的伺服機。我已經使用連續旋轉的伺服機在機器人教學或是個人使用有很長一段時間了。您可以選擇購買 CR 伺服機，或是用很簡單的方式把標準伺服機轉換成 CR 伺服機。CR 伺服機的價錢和一般的伺服機幾乎相同。我會解釋兩者的差別，然後您可以自行決定要購買或是自行改裝 CR 伺服機。

　　標準伺服機在主要輸出軸的齒輪上有個機械停止點。這個點會把輸出軸的動作固定在一個範圍內，一般是 180 度。圖 7-11 顯示標準伺服機齒輪系上的機械停止點。

　　我會建議用尖銳的斜口鉗拔掉停止點，而不要用銼刀磨掉。請先拆下齒輪組再來做這件事，因為您不會想要讓塑膠碎屑或銼屑跑進齒輪組裡。圖 7-12 顯示一個移除得相當漂亮的停止點和銼平的平面。

圖 7-11 機械停止點

　　轉換過程的下一個步驟是移除電位器，作法是把它從電路板上解焊掉。電位器有內建的停止點，沒有移除的話它會限制輸出軸的動作。電位器必須以電阻分壓電路替換上去，以提供中點電壓給單擊複振器。圖 7-13 顯示變更過的示範架構，電位器的部份以兩個 2.2-kΩ 電阻取代。

圖 7-12 移除停止點後的齒輪

　　現在控制晶片相信自己始終位於中心點，當您提供輸入脈波波寬超過1.5ms，控制器就會驅動馬達順時針旋轉。反之，如果輸入脈波波寬小於1.5ms，控制器會驅動馬達逆時針旋轉。更甚者，如果您減少或增加脈波寬，馬達就會在相應的方向旋轉得更快。這代表2.0ms波寬會產生最高順時針方向速率，1ms脈波寬會產生最高逆時針方向速率。

　　唯一的缺點是如果您的電阻分壓電路沒有產生精準的中點電壓，馬達會會蠕動。到底要多精準很難預測，因為要達到操作需求的扭力在實際移動物體時也扮演一部分的角色。大型機器人會更可能因為微小蠕變訊號而無法移動。我會使用相應或是精準的電阻來確保電壓分得愈精確愈好。

　　另外一個處理這個問題的方法是改變死區的電阻值（原來的1kΩ）來消除不希望的動作。正確的電阻值必須藉由不斷嘗試來得到。

　　最後還有一個您應該注意的事情。在提供如同前面所述1.5ms脈波波寬正負0.5ms的數值時，不會產生最高旋轉速率非常可能發生。這完全是因為回饋電阻值Rf過大而導致。在示範電路中這個電阻值是560kΩ。這個值可能要降到120kΩ，這樣在脈波波寬為1ms與2ms時才能如前方所述的達到最高速率。

　　注意：這個標準伺服機轉換成CR伺服機的過程僅能用在類比伺服機。我不知道有任何方法可以改裝數位伺服機。改裝是有可能的，但肯定會牽扯到更動內建韌體，而這件事不太可能達成。

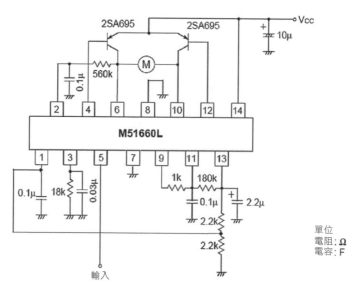

圖 7-13 實驗中使用 M51660L 改裝成連續旋轉伺服機說明圖

R/C 訊號顯示系統

當我們倚賴脈波訊號進行控制系統的設計時，確認訊號的品質和數值非常重要。下面將提到的系統透過 BOE 和 LCD 來即時顯示三個 R/C 頻道的脈波寬。我使用一般的 9V 電池作為供應電源，以顯示這個系統的最低電源需求。圖 7-14為主要元件的圖片，顯示它們如何用三線伺服連接線互相連接。

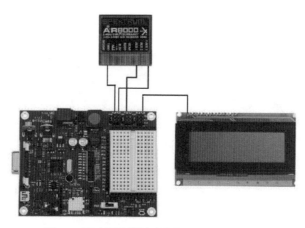

圖 7-14 實時伺服機脈波螢幕測試系統示意圖

在圖 7-15 中，實際測試設定的 LCD 上顯示了三個 R/C 頻道。我會很快速的討論顯示的資料內容。

LCD 顯示器是有趣的外部設備。它使用標準的 4×20 字元顯示器，有背光控制以便在不同環境光源下讓字體更清楚的顯示。一般而言，LCD 顯示器是平行裝置，代表它們需要透過微處理器輸出 8 到 16 個控制線路來顯示資料，而線路數量則根據它們是四位元（nibble，要 4 條線）還是八位元（byte，要 8 條線）模式。這個設定中我用的 LCD 有一個 Parallax 開發的串列對並列的「背包」輔助板，附在主要 LCD 板的背面如圖 7-16 所示。

這張輔助板透過一條 TTL 序列線來接收資料並顯示在 LCD 上。我使用標準伺服控制連接線來將它連上 BOE。簡化這個操作的祕密在於驅動程式，我們將會在下面進行討論。

圖 7-15 運作中且正呈現實時資料的測試系統

我們在這邊執行在 BOE 上並修改過的 Spin 程式稱為 RX_demo。這個程式被創造且張貼在 Parallax 網站上一個叫做 OBEX 的 Spin 程式交換區。這個網站有非常珍貴的資源，您可以找到完全符合您需求的程式或是一些需要稍微修改就能使用的程式。我稍微的修改了原始的頂層物件以善用 BOE 配置裡內建的伺服機埠。我也把 R/C 頻道的數量從六個減到三個，以符合我的需求。

這個專案軟體最終會使用八個 Spin 檔案，其中四個我會稱之為實用工具。這些實用工具檔案處理 LCD 顯示器，序列界面和數值轉換。圖 7-17 是 RX_demo 程式初始的 PSerT 螢幕截圖。

請注意圖左上角 Spin 程式的階層。您可以清楚看見各種物件間的關係。本質上，Debug_Lcd 程式處理所有 RX_demo 程式需要的顯示功能。RX 程式使用脈波波寬偵測，並將結果回報至 RX_demo。最後 Servo32v6 程式在要傳送伺服機運作的脈波到指定的輸出 pin 前，先針對需要的內容進行修正。

圖 7-16 LCD 顯示螢幕的串列對並列轉換板

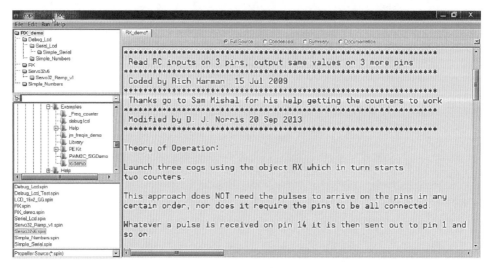

圖 7-17 在 PSerT 中剛開始運作的 RX_demo 程式

底下是 RX_demo 程式，我列出了原始註解和我的註解來幫助了解程式的功能。

```
{{
  ***************************
  * RX Demo 1.4 版
  * 作者：Rich  Harman
  * 版權（c）  2009  Rich  Harman
  * 使用條款請參閱檔案末端
  ***************************
  在 3 個 pin 讀取 RC 輸入，並輸出同樣的值在另外 3 個 pin
  ***************************
  程式由 Rich  Harman 於 2009 年 7 月 15 日編寫
  ***************************
  感謝 Sam  Mishal 的幫忙，讓計數器能作用
  ***************************
  D.J.  Norris 修改於 2013 年 9 月 20
  ***************************
  作用原理：

  啟動三個使用在物件 RX 的 Cog，以啟動兩個計數器。這個方式不需要脈波以特定順序到達
pin，也不需要所有的 pin 都有連接。不管什麼脈波在 pin  14 被讀取，都會被送到 pin  1，以此
類推。
}}


CON
  _clkmode = xtal1 + pll16x
  _xinfreq = 5_000_000
  LCD_PIN = 19                   ` 方便起見我選擇這個伺服埠
  LCD_BAUD = 19_200              ` 確保 LCD 背後輔助板的鮑率有符合
  LCD_LINES = 4
VAR
  long  pulsewidth[4]
DAT
  pins  LONG 14, 15, 16
OBJ
  lcd        :  "debug_lcd"
  RX         :  "RX"
  servo      :  "Servo32v6"
```

```
    num             :  "Simple_Numbers"


  PUB Init
     if lcd.init(LCD_PIN, LCD_BAUD, LCD_LINES)     ` init 有執行的話會回傳
True

     lcd.cursor(0)                                      ` cursor 設成 off
     lcd.backLight(True)            ` 開啟 LCD 背光，讓字元容易顯示
     lcd.cls                                      ` 清除 LCD 畫面
     lcd.str(string( "RX Demo v0.1" ))            ` 歡迎字樣
     waitcnt(clkfreq + cnt)                        ` 等待一秒鐘
 servo.start                               ` 啟動伺服機物件
   Rxinput
 PUB RXinput  | i, pulse[4]
    lcd.cls
    RX.start(@pins,@pulseWidth)      ` 使用 pin 陣列裡的值啟動三個 RX 物件。
                                RX 把資料寫入 pulseWidth 陣列。
waitcnt(clkfreq/2 + cnt)                        ` 等待 0.5 秒
repeat
  repeat i from 0 to 2
     pulse[i] := pulsewidth[i]        ` 從 pin 14 和 pin 16 取得脈波值

     waitcnt(clkfreq / 2 + cnt)

updateLCD(pulse[0],pulse[1],pulse[2])        ` 顯示脈波值在 LCD 上
   out(i, pulse[i])                     ` 傳送伺服脈波到 pin 0 與 pin 2
 PRI updateLCD(value1, value2, value3) | numstr
   numstr := num.dec(value1)
   lcd.str(numstr)
   lcd.str(string( "    "))
   numstr := num.dec(value2)
   lcd.str(numstr)
   lcd.str(string( "    "))
   numstr := num.dec(value3)
   lcd.str(numstr)
   lcd.str(string(13))
```

```
PUB out(_pin, _pulse)

    servo.set(_pin, _pulse)
```

DAT

當程式執行時，歡迎字樣會輕微閃爍，接著三個頻道的脈寬資料會接連顯示在 LCD 螢幕上。這些值的單位是微秒，如果螢幕上顯示 1504，就代表 1.504 ms。

在這裡的測試設定中，三個 R/C 接收器頻道連接方式如下：

1. 油門桿接到伺服機 14

2. Aux 3 接到伺服機 15

3. Aux 1（Flaps）接到伺服機 16

我接著刻意把每個對應的 DX-8 發射器控制器都設定在中間位置，這是為什麼您可以在圖 7-15 的 LCD 螢幕上看到 1500 左右的數字。

測量輸入脈波寬度的 RX 程式值得討論，因為它使用不同於之前本書提到的方式來決定脈波寬。程式碼與註解顯示如下：

```
    {{
    作用原理：
    啟動三個使用在物件 RX 的 Cog，以啟動兩個計數器。這個方式不需要脈波以特定順序到達 pin，
    也不需要所有的 pin 都有連接。不管什麼脈波在 pin 14 被讀取，都會被送到 pin 0，以此類推。
    }}

VAR
  byte cog[3]
  long stack[60]
  long uS
PUB start(pins_array_address, pulsewidth_array_address) | i
  uS := clkfreq/1_000_000
  stop                        ` 呼叫停止方法來停止可能已經被啟動的 Cog
  repeat i from 0 to 2
    cog[i] := cognew(readPins(@long[pins_array_address][i*2],
  @long[pulsewidth_array_address][i*2]), @stack[i*20]) + 1

PUB stop | i
    repeat i from 0 to 2
      if cog[i]
```

```
          cogstop(cog[i]~ -1)
  PUB readPins (pins_address, pulsewidth_address) | i, p1, p2,
  synCnt, active1, active2
    repeat i from 0 to 1
        spr[8+i]  := %01000 << 26 + long[pins_address][i]        ` 設
定 ctra/b 的模式和 pin
      spr[10+i] := 1                                ` 設定 frqa/b
  p1 := long[pins_address][0]
  p2 := long[pins_address][1]
  dira[p1]~
  dira[p2]~
  long[pulsewidth_address][0]~                      ` 這幾行確保 count = 0

  long[pulsewidth_address][1]~
  active1 := false
  active2 := false
  synCnt := clkfreq/4 + cnt
  repeat until synCnt =< cnt         ` 等待 1/4 秒來檢查 pin 是否仍是啟動的
    if ina[p1] == 1
      active1 := true
    if ina[p2] == 1
      active2 := true
  repeat
      if active1 == true
        waitPEQ(0, |< p1, 0)           ` 等待低狀態，高狀態時不要開始計數
        phsa~                          ` 計數器設定為 0
        waitPEQ( |< p1 , |< p1, 0)       ` 等待高狀態
        waitPEQ(0, |< p1, 0)               ` 等待低狀態，也就是脈波結束
      long[pulsewidth_address][0] := phsa/uS

      if active2 == true
        waitPEQ(0, |< p2, 0)
        phsb~
        waitPEQ( |< p2, |< p2, 0)
        waitPEQ(0, |< p2, 0)
          long[pulsewidth_address][1] := phsb/uS

  DAT
```

RX_demo 和 RX 程式使用常見的技巧「間接法」來交換資料，變數代表資料的實體記憶體位址。在 C 與 C++ 裡，這些間接變數稱作指標（pointer）。這是個強大又有效的資料交換方式，但必須注意潛藏的危險，因為您很容易就會誤用指標而讓程式甚至是整個電腦損毀。RX_demo 產生兩個參照，如下所示：

```
VAR
  long pulsewidth[4]

DAT
  pins LONG 14, 15, 16
```

pulsewidth 陣列有四個「long」字組元素，以索引標記為 pulsewidth[0] 到 pulsewidth[3]。資料可以從這些變數位置寫入，且 / 或，讀取。同時注意它被定義在 VAR 區塊中。記憶體位置的變數參照就單純是 pulsewidth 前面再加上一個「@」符號。因此，使用 @pulsewidth 告訴程式從那個位置的起始點開始存取資料。很重要的是，您只要使用邏輯參照名稱或指標就好，千萬不要使用實際實體記憶體位址。

下一個參照，稱作 pins，也有四個 LONG 的字組元素。注意這個 LONG 在這個宣告中是大寫的。這是純粹是非硬性的選擇，只是用來標明 pins 陣列是個常數，且不能被覆寫。pins 陣列宣告在 DAT 區塊中，代表這是資料。這是個唯讀的資料陣列。您絕對不會想動態改變輸入頻道的 pin。然而，pins 陣列能夠以 pins 參照，就像 pulsewidth 陣列也可以用 pulsewidth 參照。

下一個 RX_demo 呼叫的方法回告訴 RX 物件裡的啟動方法要去哪裡找到輸入 pin 的資料，以及到哪個相應的 pin 來儲存脈寬資料。注意參數中使用的間接法。

```
RX.start（@pins,@pulsewidth）
```

Spin 編譯器非常優美與先進，因為它會根據上下文自動產生合適的參照類別。啟動方法的函數簽名如下所示：

```
PUB start（pins_array_address, pulsewidth_array_address）
```

RX_demo 裡呼叫的 RX.start 方法使用 @pins 和 @pulsewidth 來傳入啟動陣列

位址。它們會分別複製到 pins_address 和 pulsewidth_address 參數，讓它們變成指標，因為它們包含位址而非實際資料。在 C 和 C++，這些參數會分開定義成指標；然而，在 Spin 裡的話已經幫您做好了。這是很棒的特色。

在我結束和資料間接法和指標的議題之前，還有一點要提醒的。指標可以當成一般資料處理，例如，指派到其它指標變數或進行簡單的算術運算。要記得的關鍵是，如果您加了 1 到指標上，您並「不是」把實體位置增加 1，而是指示編譯器去使用記憶體儲存區的下一個邏輯元素。使用啟動方法為例：

```
pins_array_address = pins 陣列的開始
                   = pins[0] 的位址
                   = 實際值為 14
```

現在我在 pins_array_address 加 1，我們會得到：

```
pins_array_address + 1 = pins[1] 的位址
                       = 實際值為 15
```

根據我的教學經驗，我發現指標和間接法經常是初學者最難了解的觀念。這是為什麼我對這個複雜的主題詳加討論。您應該熟悉這些材料，這樣不管在開發 Spin、C/C++、或其它使用這些概念的語言，才能善用它們。

啟動方法也包含非常複雜的語句：

```
cog[i]  := cognew (readPins (@long[pins_array_address][i*2],
@long[pulsewidth_array_address][i*2]), @stack[i*20]) + 1
```

這個指令創造數個 cog 來測量脈波寬。這個指令是在一個迴圈中，從 i 為 0 迭代到 2。在第一次迭代，把 i 用 0 帶入會變成如下形式：

```
cog[0]  := cognew (readPins (@long[pins_array_address][0],
@long[pulsewidth_array_address][0]), @stack[0]) + 1
```

這個很奇怪的表達式可以簡單翻譯如下：

開始執行 readPins 方法，使用指到「pins_array_address」指標的初始資料，並儲存結果到「pulsewidth_array_address」指標的第一個記憶體位置。並

且使用所有記憶體將 Cog 置於「stack」記憶區的起始處。

索引「i」會使數值增加 1。接著整個過程會在 1 號 Cog 重複，然後會使用下一個 pin 值，並儲存結果在 pulasewidth 陣列的下一個位址。因為表達式 @stack[i*20]，stack 位置會增加 20，確保新的 Cog 有足夠記憶體空間可以操作。

readPins 方法是 RX 物件的核心。我不會逐行討論它，只會指出這個方法中 waitPEQ 的巧妙使用。waitPEQ 暫停 Cog 的執行直到某個監控的 pin 達到特定狀態，通常是高或低。當然，系統的計數器會繼續執行，因此會和經過時間成比例累積計數。因此，使用這個指令，一個脈波的高和低將很容易決定。

程式最後一段和擴充的輸出伺服機有關，它由 Servo32v6 程式和子物件 Servo32_Ramp_v1 一起處理。如果您的需求有到控制 32 個伺服機這麼高檔的話也沒問題，這個程式是個巧妙的擴充程式，可以讓您控制高達 32 個伺服機。但是我不會討論這些程式，因為它們不會在後續我將討論到的的兩個伺服機應用中應用到。只要知道同時操作大量伺服機時表示將使用沈重的電流。即使標準的 Hitec HS-311 類比伺服機在沒負載的狀況下可以消耗 180mA。如果伺服機有負載扭力，尖峰電流消耗當然會更多。這代表如果您有機會嘗試同時操作 16 臺伺服機，則平均要消耗 3A 電流。這是非常大的電量消耗，一般電池很快就用光了。

Elev-8 LED 燈光控制器

這個專案其實是我為我自己的 Elev-8 所打造第二改良版的 LED 燈光控制器。這個控制器如圖 7-18 所示。它是一個建立在 Parallax Basic Stamp II BOE 上且運作良好的控制器。LED 電晶體驅動電路位於標有 Elev-8 電路板下方，可以在圖中左側看到。

圖 7-18 早期的 Elev-8 LED 燈光控制器

如我上面所説，這個控制器運作良好，但在程式寫死之後就沒辦法以動態的方式控制燈光模式的狀況讓我有點小失望。我讓所有的 LED 燈條以不同的模式重複閃爍，閃爍的模式會讓看過「第三類接觸（Close Encounters of the Third Kind）」的人不用聽到音樂就能想起這部電影。

我愈是去想這件事，我就更想要能夠傳送訊號到四旋翼上來動態改變燈光。一個想法是只閃爍前進方向軸裝設的 LED 燈光，這樣我可以清楚看見四旋翼飛行的方向，特別是在日光不足的地方。我也想要完全停止閃爍來節省電池能源。這些想法會導致下列需求：

前進方向軸的 LED 閃爍
所有 LED 閃爍
完全沒有 LED 閃爍

這些需求代表我需要一個未使用的三態控制開關。運氣很好的是，剛好在 DX-8 有一個做為 Aux-1 或襟翼的開關。因為 Elev-8 不需要使用襟翼，這個三態開關拿來做燈光控制非常剛好。

我測試了開關，如圖 7-19 所示，發現它在三個狀態下分別產生下列脈波寬，如表 7-2 所示。

表 7-2 Aux-1（襟翼）脈波寬度與開關位置比較

開關位置	脈波寬（ms）
0	1.898
1	1.505
2	1.111

圖 7-19 DX-8 Aux-1（襟翼）調整開關

　　LED 燈條沒辦法直接從 BOE 執行，因為電流消耗太高了。因此，我作了四個電晶體驅動電路來控制所有的燈條，它會根據來自 BOE 的閘門訊號反應，而最後會取用 QuickStart 板的閘門訊號。如同我在本書先前提過，BOE 是我用來發展程式的平臺。一旦確定所有功能正常之後，我最後會把所有控制程式移植到 QuickStart 上。圖 7-20 是用來作為機載燈光控制器的 QuickStart 板。

　　下面原本是我寫來監測 Aux-1 頻道接收到的脈波寬的 Spin 程式，現在根據需求來修改 LED 燈光架構。電晶體驅動電路包含在文件頭的註解；然而，這個拿來產生架構圖的特殊字元沒辦法用 Word 複製貼上。圖 7-21 顯示這個架構圖部份的螢幕截圖。

圖 7-20 Parallax QuickStart 控制板

```
Driver schematic

          ┌─▷│─ Elev-8 Battery Supply
          │              CAUTION: The LED strip contains a current limiting resistor
Control─ww─┤ 2N3904              Do not connect an ordinary LED without such a resistor
pin    270Ω
```

圖 7-21 電晶體驅動電路

{{

LED_Control

D.J. Norris（C）2013

這個程式設定四個 Elev-8 軸下 LED 燈條的燈光模式。模式的選擇方式會基於 Spektrum DX-8 R/C 發射器的襟翼開關位置。

總共有三種模式與相應的脈波寬：

位置	模式	脈波寬
0	只閃爍前進方向軸的 LED	1.899 ms
1	閃爍所有的 LED	1.505 ms
2	沒有 LED 亮起或閃爍	1.111 ms

驅動電路架構圖

請參見圖 7-21，因為已經提過，Word 的複製貼上沒辦法複製這些 Spin 文件中繪圖的特別字元。

```
    }}

CON
RIGHT_FRONT = 1
LEFT_FRONT = 2
RIGHT_REAR = 3
LEFT_REAR =4
WAIT_CNT = 40_000_000
RIGHT_FRONT_PIN = 5
LEFT_FRONT_PIN = 6
RIGHT_REAR_PIN = 7
LEFT_REAR_PIN = 8
VAR
  long  stack[20]

PUB init
  dira[RIGHT_FRONT_PIN] := 1
  dira[LEFT_FRONT_PIN]  := 1
  dira[RIGHT_REAR_PIN]  := 1
  dira[LEFT_REAR_PIN]   := 1

PUB start(num)                      `num 是傳入 RX_demo 來選擇模式的參數
case num 0:
      cognew(mode0,@stack)          ` 啟動一個新的 Cog 來閃爍 LED 燈條
mode0 1:
      cognew(mode1,@stack)
mode1 2:
    cognew(mode2,@stack)
    mode2

PUB mode0                  ` 只閃爍前進方向軸的 LED 帶

outa[RIGHT_FRONT_PIN]            := 1
  outa[LEFT_FRONT_PIN]          := 1
  outa[RIGHT_REAR_PIN]          := 0
  outa[LEFT_REAR_PIN]           := 0
  waitcnt(WAIT_CNT + cnt)
  outa[RIGHT_FRONT_PIN]~                    ` 切換 pin
```

```
  outa[LEFT_FRONT_PIN]~

PUB mode1                         ` 閃爍所有 LED 燈條
  outa[RIGHT_FRONT_PIN] := 1
  outa[LEFT_FRONT_PIN]          := 1
  outa[RIGHT_REAR_PIN]          := 1
  outa[LEFT_REAR_PIN]           := 1
  waitcnt(WAIT_CNT + cnt)
  outa[RIGHT_FRONT_PIN]~
  outa[LEFT_FRONT_PIN]~
  outa[RIGHT_REAR_PIN]~
  outa[LEFT_REAR_PIN]~

 PUB mode2                        ` 沒有任何 LED 燈條閃爍
  outa[RIGHT_FRONT_PIN] := 0
  outa[LEFT_FRONT_PIN]          := 0
  outa[RIGHT_REAR_PIN]          := 0
  outa[LEFT_REAR_PIN]           := 0
```

您應該發現上述的程式碼完全不會作用,除非有參照並使用頂層物件 RX_demo。我再次修改 RX_demo 來使用 LED 程式,我也增加一些邏輯來決定呼叫哪些合適的 LED 燈光模式。這些程式碼以簡略方式列出,忽略了標題與版權資訊。我也用斜體增加註解來突顯 LED_Control 程式修改的地方。

```
CON
  _clkmode = xtal1 + pll16x
  _xinfreq = 5_000_000
  LCD_PIN = 19
  LCD_BAUD = 19_200
  LCD_LINES = 4

VAR
  long   pulsewidth[4]
DAT
  pins  LONG 14, 15, 16, 17
OBJ
  lcd          : "debug_lcd"
  RX           : "RX"
```

```
  servo          : "Servo32v6"
  num            : "Simple_Numbers"
  led            : "LED_Control"              ` 新參照「LED」，參照到
LED_Control 程式

PUB Init

if lcd.init(LCD_PIN, LCD_BAUD, LCD_LINES)
    lcd.cursor(0)
    lcd.backLight(True)
    lcd.cls
    lcd.str(string( "RX Demo v0.1" ))
    led.init
    waitcnt(clkfreq + cnt)
  servo.start
Rxinput
PUB RXinput | i, pulse[4]
  lcd.cls
  RX.start(@pins,@pulseWidth)
waitcnt(clkfreq/2 + cnt)
repeat
  repeat i from 0 to 2
    pulse[i] := pulsewidth[i]    ` 從 pin 14 與 pin 16 擷取脈波值
  waitcnt(clkfreq / 2 + cnt)
 updateLCD(pulse[0],pulse[1],pulse[2])       ` 顯示脈波值在 LCD 上
 out(i, pulse[i])                ` 從 pin 0 傳送伺服機脈波到 pin 2
 if pulse[2] > 1600             ` 這是來決定 LED 閃爍模式邏輯的開始
   led.start(0)          ` 傳送 0 來告訴 LED_Control 來進入 mode0
if pulse[2] > 1200 AND pulse[2] < 1600
led.start(1)           ` 傳送 1 來告訴 LED_Control 來進入 mode1
if pulse[2] < 1200
led.start(2)           ` 傳送 2 來告訴 LED_Control 來進入 mode2
PRI updateLCD(value1, value2, value3) | numstr
  numstr := num.dec(value1)
  lcd.str(numstr)
  lcd.str(string( "   "))
  numstr := num.dec(value2)
  lcd.str(numstr)
```

```
    lcd.str(string("    "))
    numstr := num.dec(value3)
    lcd.str(numstr)
    lcd.str(string(13))
PUB out(_pin, _pulse)
    servo.set(_pin, _pulse)
DAT
```

圖 7-22 傳送在模式 1 時的 LED1 時設定

　　要執行這個程式，您需要做的只有載入新的 LED_Control 和修改過的 RX_
demo 到專案裡，重新編譯後執行（F11 鍵）。圖 7-22 顯示 LED 燈條控制專案
的 LED 開發測試設定。我讓 BOE 執行 mode1 並拍下所有 LED 都亮起來的狀態。
您可能會看到 DX-8 Aux-1（FLAP）開關在中間（或 1 的位置），它會讓所有
LED 閃爍。並且，注意 LED 顯示器在最右欄顯示 1505 的數字，代表 Aux-1 脈波
寬的微秒數。

　　控制四條 LED 燈條實際的電晶體切換電路板裝載在 Elev-8 上如圖 7-23 所示。

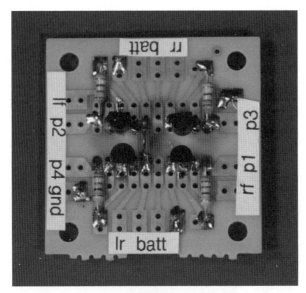

圖 7-23 LED 燈條電晶體切換電路板

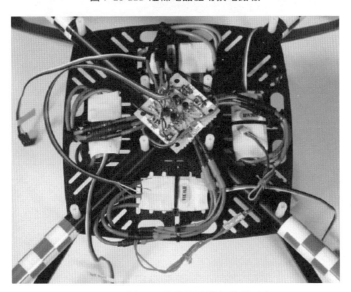

圖 7-24 安裝 LED 燈條電晶體切換電路板

　　完整的電晶體切換板可以安裝在 Elev-8 軸末端之間，如圖 7-24 所示。在圖中我也把所有 LED 燈條的電源線連接到電晶體切換電路板上。

　　圖 7-25 顯示電晶體切換電路板與 QuickStart 板完整的安裝。您可以看到我使用免焊麵包板來把電晶體切換電路板的所有線頭接到 QuickStart 板與 Aux-1 R/C 頻道。

我也暫時接上一塊 LCD 螢幕來驗證 Aux-1 頻道是否接收到正確的脈波訊號。我在執行測試時照了這張圖片，您可以看到脈波寬從 1504 到 1505 輕微波動。我也刻意使用免焊麵包板以便快速修改配置，我也知道這並不如固定的機械連接可靠。如果這些連線之一在飛行中失效了，並不會造成重大飛行控制問題，因為它們只控制 LED 燈光。

圖 7-25 安裝 LED 燈條電晶體轉換電路板與 QuickStart 板

最後我想說的是，有些遙測資料顯示在 DX-8 的 LCD 螢幕上面，如圖 7-25 所示。這個螢幕顯示鋰聚合電池電壓 12.0V，左後馬達以 1293 r/min 旋轉，環境溫度為 71 度。請注意 r/min 的讀數是錯誤的，原因我在第六章遙測術的段落有提過。它應該接近 4300 r/min。

第一人稱鏡頭的傾轉機構

第一件要告訴您的事是這個專案不會用到軟體，它只使用標準 R/C 伺服控制的功能。我利用這個專案來顯示製作一個標準伺服致動器來支援改良 Elev-8 會有多麼容易。這個伺服機會傾轉一個攝影機鏡頭，那是第一人稱影像（first-person video，FPV）系統的一部分，這個專有名詞不過是個花俏的說法來描述在四旋翼上安裝了一個攝影機，然後透過攝影機讓您知道它飛到了哪裡。在這裡我使用 GoPro Hero 3 鏡頭，它整合了錄影功能和使用 WiFi 連線傳送即時影像。圖 7-26 顯示 Hero 3 攝影機的圖片。在這裡我不會針對它提到太多的內容，因為後面我將用整個第八章來說明如何在四旋翼上使用攝影機。

這個攝影機會安裝在 Elev-8 的底部，鏡頭指向前方。這在執行一般飛行及避免障礙物（樹或高大建築）上都沒有問題。然而，我想要增加攝影機在運作上的彈性，讓它可以在四旋翼飛越抬升的地面時向下傾斜來看見四周的地貌與四旋翼下方的物體。此外我並不在意攝影機水平移動這件事，因為如果您想平移視角的話只要移動四旋翼即可。

經過一些思考和研究，我想到一個簡單的傾轉平臺設計，我很確定很多人以前做過類似的事。圖 7-27 是個在進行設計前我會使用的概念草圖。

圖 7-26 GoPro Hero 3 鏡頭

固定的外圍框架是設計來附著在 Elev-8 底部的底板，用一些尼龍分隔物和一些適當大小的小螺釘和螺帽。我使用聚碳酸酯樹脂（Lexan）來打造外框和可旋轉的平臺，因為它很堅固且容易使用。我使用木塊、一個檯鉗、和一支熱熔槍來把聚碳酸酯樹脂彎曲成 Tilting Platform Assembly 圖中的形狀，這張圖可以在本書的網站 www.mhprofessional.com/quadcopter 中找到。

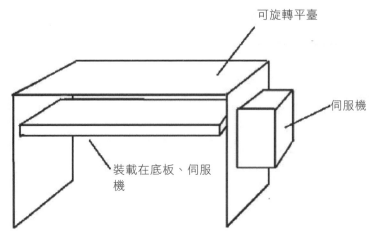

圖 7-27 傾轉平臺設計概略圖

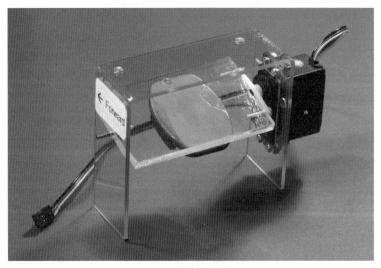

圖 7-28 鏡頭安裝平臺組裝圖

平臺的致動器用一顆標準 HS-311 伺服機來製作，因為它的扭力看起來足以來支撐和旋轉相機到想要的位置。圖 7-28 是還沒裝上相機的傾轉平臺，希望讓大家知道它的設計真的很簡單。

我唯一擔心的是把攝影機裝在離中心太遠會影響重心，因為整個組合連相機重達 281 公克。這樣的重量如果沒正確裝在重心上會讓四旋翼飛行不穩定。整個平臺組合加上攝影機與攝影機的防水盒如圖 7-29 所示。我把整個組合裝在木塊上，讓攝影機得以自由移動並保持清楚的視野。

圖 7-29 裝置在測試平臺上的完全組裝相機傾轉平臺

　　請將伺服機連接線接到 DX-8 Aux-3 R/C 頻道來測試傾轉平臺組合。我會使用這種控制方式是因為它產生從 1.0 到 2.0ms 連續可變的脈波寬，分別代表可旋轉平臺 0 度到 90 度的動作。圖 7-28 與 7.29 顯示攝影機設為 0 度，圖 7-30 顯示攝影機設為 90 度。這個動作的運作範圍對應到 Aux-3 旋鈕轉到完全逆時針到完全順時針。

　　如果您仔細看看圖 7-30，您可以在右上角看到 BOE 的一部分，我用它來提供伺服機的電源。BOE 以 9V 電池供電，是個可攜性相當高的作法。

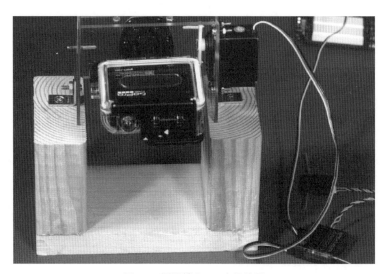

圖 7-30 攝影機在 90 度的位置

傾轉平臺的外框貼合在 Elev-8 的底板，我使用了 1 吋（2.54cm）的 4-40 螺絲，和四個外徑（OD）為 5/16 吋（1.11cm）的尼龍分隔物，還有墊圈與螺帽。我對齊了外框與平臺，並使用 Sharpie（TM）標記四個在框頂要鑽孔的位置。圖 7-31 是底板平面的上視圖，顯示四個裝配的螺絲頭。您可以在圖 7-32 馬上看見四個尼龍分隔物支撐傾轉平臺的外框。

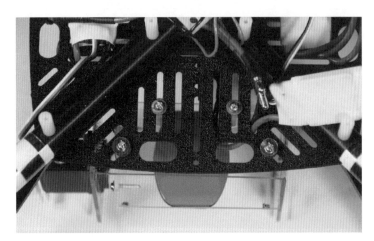

圖 7-31 用螺絲進行傾轉平臺的組裝

我唯一擔心的是要確保支撐攝影機的可移動平臺在移動範圍內不會被螺絲擋住。我稍微在平臺鑿出個凹口來讓藏入螺絲，這樣平臺就能完全旋轉到 90 度。

這個可傾斜攝影機平臺專案成果良好，而且比任何提供相似功能的商業產品便宜很多。除去攝影機，所有元件的成本總和低於美金 15 元。

圖 7-32 從機殼底部看到傾轉平臺組裝後的樣子

總結

本章我首先討論標準類比伺服馬達內部有什麼，並介紹了這些內裝物的運作方式。接著綜合分析伺服機電控板的迴路，電控板接收輸入脈波列並轉換成相應的致動器動作。

在數位伺服機的討論，我指出類比伺服機和數位伺服機的機械元件幾乎沒有不同。主要的差別在於電控板。數位版本顯然可提供更多的扭力，而且在反應輸入脈波串的改變上比類比版本更快。

接著介紹的是連續旋轉（CR）伺服機是如何運作的，以及如何將標準類比單元轉換成 CR 單元。CR 伺服機會因應標準伺服脈波串改變馬達速度與方向，如果您需要一個低扭力或低中速馬達的話，這非常方便。否則，您應該使用有速度控制單元的傳統馬達。

接著我討論可攜式伺服訊號分析系統，可以在 4×20 的 LCD 螢幕顯示高達三個 R/C 頻道的脈波寬。我們鉅細靡遺地分析了 BOE 上執行的軟體。我也深入討論間接法和指標，那是一個撲朔迷離的主題，尤其是對程式初學者而言。

接著是兩個專案，第一個是 LED 燈條控制器。這個控制器是設計來放在 Elev-8 上，並根據 DX-8 Aux-1（FLAP）頻道送出的脈波寬來控制 LED 燈條。總共有三種不同燈光模式，因為 Aux-1 有三個位置。這個燈光控制器強化了 Elev-8 但並不影響飛行效能。

第二個專案是加裝了 GoPro 攝影機的傾轉平臺。這個平臺裝在 Elev-8 的底板，而且能夠傾斜來使四旋翼在升高時攝影機仍然能夠看著地面。這個平臺用標準類比伺服機調整鏡頭傾斜，伺服機直接由 DX-8 的 Aux-3 頻道控制。因為 Aux-3 控制器是一個電位控制，因此攝影機平臺可以從 0 到 90 度連續傾轉。

下一章會告訴您如何設定並操作 HD 即時錄影系統，它使用傾轉平臺來增加攝影機視野。

第 8 章

GPS 與即時狀況顯示

序言

在本章節中，我會討論以 GPS 為基礎的定位系統，可以讓 Elev-8 或其他有類似容載力的四旋翼裝載升空。這套系統會傳送資料到地面站的一個小螢幕上，可以透過螢幕讀取四旋翼的位置、速度、航程、高度等資訊。座標也可以輸入到筆記型電腦中讓四旋翼的位置顯示在 Google Earth 應用程式中。這套系統和下章提到的第一人稱錄影系統可以拿來讓四旋翼準確定位和即時顯示週遭環境。

GPS 基礎知識

我們會由全球定位系統 (Gloabl Positioning System, GPS) 的簡史開始，接著詳細解釋 GPS 大致上怎麼運作。再來我會著重在四旋翼的 GPS 接收器和開發即時顯示。

GPS 簡史

GPS 是 1970 年代早期美國國防部 (Department of Defence, DoD) 開始佈署的一個衛星系統，以提供軍方使用者精確定位和同步時間的服務。民間使用者也可以使用系統，但對民間的服務 DoD 有刻意降級過，以避免系統被用來幫助國家敵人的風險。這個刻意的降級雷根總統在 1980 年代命令解除，使得民眾可以使用完整且準確的 GPS 服務。

現行的 GPS 系統有 32 顆衛星在地球的高軌道上。圖 8-1 是典型的衛星位置圖。衛星的軌道被精心設計過，讓地球表面上任何位置的 GPS 使用者，可以在視界上同時觀測到最少六顆衛星。您在 GPS 基礎知識的區段會學到，至少要觀察到四顆衛星才能鎖定位置。

也有一些其他的全球定位系統：

GLONASS——俄國 GPS

Galileo——歐洲 GPS

Compass——中國 GPS（北斗衛星導航系統）

IRNSS——印度區域導航衛星系統

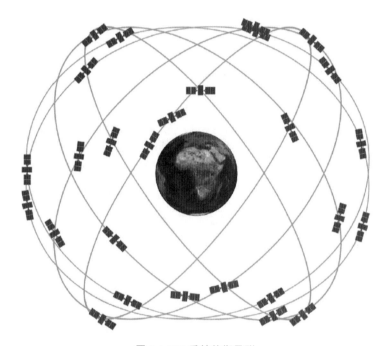

圖 8-1 GPS 系統的衛星群

我會使用美國 GPS 系統因為市面上已經有很多便宜的美國 GPS 接收器可以買。所以的接收器功能大多相仿，且符合下章討論的美國國家海洋電子學會 (National Marine Electronics Association, NMEA) 標準。

GPS 如何運作？

我捏造一個貼近現實、想像的定位系統來協助解釋 GPS 系統如何運作。第一，想像這個系統設在一個兩英哩乘兩英哩的土地。土地的地形包含一些微微起伏的山丘，每個不超過 30 英呎高。我們的實驗對象，使用一個特殊的 GPS 接收器，可能站在這個區域的任何地方。這個區域另外有六根 100 英呎高的塔，每個塔都有個信標。每個塔上的信標會略略閃爍光線並同時發出大聲聲響。每個信標也會每分鐘的特定時點發出光線和聲音脈衝。一號信標 (B1) 在每分鐘的開始發出信號、二號信標 (B2) 在每分鐘的第 10 秒發出信號、三號信標又在 10 秒之後……依此類推。

有一點很重要，每個信標都在 GPS 接收器的範圍中，且每個信標的位置都記錄在接受器的嵌入式資料庫中並隨時可得。信標 B1 到 B3 的位置以和原點距離的 x 和 y 座標記錄，原點是這塊土地的左上角，如圖 8-2 所示。

實際位置確定的方式如下：

- 在每分鐘的開始，B1 閃爍，接收器會啟動一個計時器，計時器收到聲音訊號後會停止。因為燈光閃爍幾乎是瞬間傳送，收到聲音的時間就和信標的距離會呈比例。因為聲音在空中名目上以 1100 英呎秒傳送，5 秒的延遲代表 5500 英呎的距離。接收器就定位在以 B1 為中心，半徑 5500 英呎球面的某處。圖 8-3 是用 Matlab 畫出表達剛剛說的這個概念。

- 接著讓 B2 閃爍。假設 GPS 接收器在 4 秒鐘後收到 B2 的聲音訊號。這個延遲代表以 B2 為中心，4400 英呎的球面。B1 與 B2 球面如圖 8-4 般相交。重虛線代表兩個球面的相交圓。接收器一定在這個圓上。如果以俯視圖（或垂直視圖）來看，這個圓投影下來會是一條直線。但仍然這樣還是不清楚接收器在圓上的什麼地方。因此，還需要一個信標來解決不確定性。

- 接著讓 B3 閃爍。假設 B3 的聲音訊號花了三秒傳到接收器。這個延遲代表以 B3 為中心，3300 英呎的球面。B1、B2 和 B3 球面相交如圖 8-5 所示。接收器位於圖中星號處。現實中這可能是在高點或低點，因為第三個球和其他兩個球會交於兩點。接收器的位置 x 和 y 座標現在被定出來，但沒有第三個 z 座標。猜猜怎麼辦？您現在需要第四個信標來決定接收器到底是在高點還是低點。我不會再帶大家走過整個程序，我想現在您已經自己想出來了。

- 圖 8-6 將三球與 GPS 接收器顯示於一個平面圖上。您可以想像它是圖 8-5 z = 0 的水平截面。

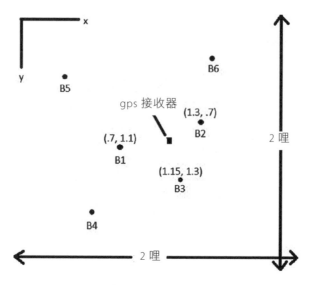

圖 8-2 信標測試範圍

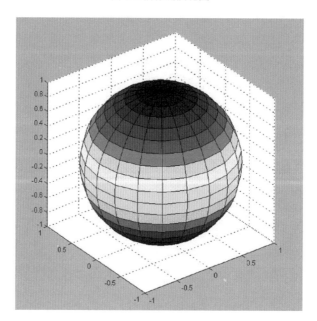

圖 8-3 單一球面

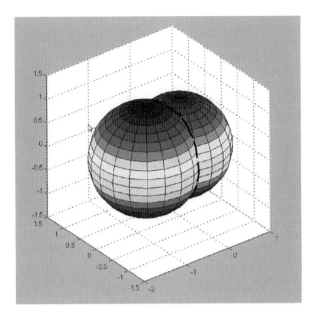

圖 8-4 兩交集求面

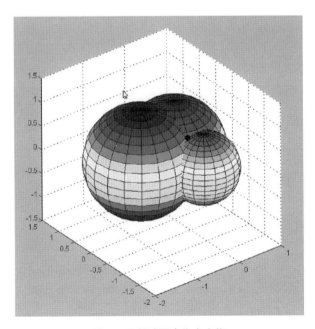

圖 8-5 三個球面產生之交集

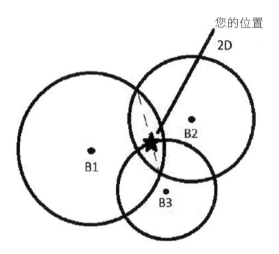

您的位置

2D

B1

B2

B3

圖 8-6 三個圓交集的上視圖

　　總結而言，最少三個信標才能決定 x 和 y 座標，而有第四個信標可以決定 z 座標。現在把信標改成衛星，x、y 和 z 座標改成緯度、經度、高度，您就有真實 GPS 系統的雛型了。

　　衛星發送數位微波射頻 (radio frequency, RF) 信號，裡面包含衛星定時與識別兩個 GPS 接收器在計算位置高度所需的要素。在我的例子中提到的嵌入式資料庫，所對應的部份是星曆表 (ephemeris 或 celestial almanac)，星曆表包含所有必要資料以便接收器計算某顆衛星的軌道位置。如我在前面針對 GPS 的簡史所提到的內容，所有的 GPS 衛星都在極高的地球軌道上而且一直改變位置。這些位置改變讓接收器必須使用動態的方式取得他們的位置定位，這些資料將由星曆表提供。這是實際 GPS 接收器建立定位時要花一段時間的一個原因，因為它必須計算大量的資料來確定視界中衛星的真實位置。

　　在我的例子中，訊號所產生的「位置球」半徑會由接收器接收衛星所傳送極度精準的定時信號來確認。每個衛星中都設置了原子鐘來產生定時信號。所有衛星時鐘會一直被地球上的地面站同步與更新。為了保持 GPS 的準確，這些經常的更新是必要的，因為它會因為兩個相對論的效應而失準。最好描述第一個效應的方式，就是再說一次太空旅行孿生子悖論的故事。

　　想像一對雙胞胎（男、女都不重要），其中一個預定搭上一臺高速太空船到我們最鄰近的恆星：南門二。以光速行駛，來回的旅程大概需要十年。另外一個雙胞胎會留在地球上等著他的兄弟 / 姊妹回來。在太空船的雙胞胎會加速到近乎光速，並很有耐心的等待十年（以太空船上的時鐘為準），直到來回旅行完成。根據愛因斯坦教授的說法，如果旅行中的雙胞胎可以看到地球上的時鐘，他會發現地球上的時間走得比太空船還要快。這個效應是空間相對論 (theory of special relativity) 的一部分，更具體地說，稱為時間膨脹 (time dilation)。如果地球上的雙胞胎可以看到太空船上的時鐘，他會發現太空船的時鐘轉得比地球上的時鐘慢。想像旅行中的雙胞胎回到地球發現他自己只老了 10 歲，但地球上的雙胞胎因為時間膨脹已經老了 50 歲。太空中旅行的雙胞胎藉由 10 年的太空旅行已經穿越到地球 40 年後的未來！

第二個效應比時間膨脹更複雜些。我會簡單說明它是什麼。根據愛因斯坦的廣義相對論 (theory of general relativity)，距離大質量物體（例如地球）很近的物體，比起距離很遠的物體，時鐘會動得比較慢。這個效應是來自時 - 空連續 (space-time continuum) 所形成的彎曲，且已經用廣義相對論預測並經由實驗驗證過了。

現在回到以每小時 14,000 公里（km/h）在軌道上繞行的 GPS 衛星來看，地球以平穩的 1,666 km/h 的速度自轉。兩者間得速度差距造成的相對論時間膨脹大約是每日 7μ 秒 (sec/day)，而重力造成的時 - 空彎曲產生的差距是 + 45μ sec/day，衛星時鐘總共快了 38μ sec/day。雖然這個誤差在短時間內幾乎是微乎其微，一天累積下來可能會變醒目。一天累積下來的總誤差會造成位置誤差 10 公里（或 6.2 英哩），讓 GPS 如同一無是處。這就是為什麼地面站必須經常更新和同步 GPS 衛星的原子鐘。

註： GPS 衛星上的原子鐘有被預先刻意調慢，以抵消先前提到的相對論效應。地面站仍然是需要的，以確保時鐘以奈秒級準確度同步。

四旋翼 GPS 接收器

我在這邊選擇了 Parallax PMB-688 GPS 接收器，它非常小、輕量、非常適合這個專案使用。圖 8-7 是接收器的圖。PMB-688 GPS 接收器會追蹤 20 個衛星頻道，可以從衛星快速得到並持續鎖定 NMEA 的資料。表 8-1 列出這個接收器的關鍵規格和關鍵特色。

圖 8-7 Parallax PMB-688 GPS 接收器

有些關鍵規格值得深入探討。-148 dBm 擷取敏感度 (Acquisition sensitivity) 代表接收器極度敏感到可以接收微弱的 GPS 訊號。-159 dBm 追蹤敏感度 (Tracking sensitivity) 代表只要訊號擷取到了，就算失去高達 90% 原來訊號的強度，訊號仍能被接收器鎖定。

表 8-1 PMB-688 的特色與規格

產品特色 / 規格	描述
敏感度（Sensitivity）	擷取（Acquisition）：-148dBm；追蹤（Tracking）：-159dBm（這是非常敏感的等級）
晶片組（Chipset）	SiRFstar III
頻道（Channels）	20，同時追蹤
數據協議（Data protocol）	NMEA 0183 v2.2 GGA，GSV，GSA，RMC（或 VTG,GLL）
電源（Power）	標準 65mA @12V (晶片使用 3.3V 至 5V)
天線（Antenna）	內部天線並留有外部連接
儲存（Storage）	可充電式電池儲存即時時鐘資料與接收器配置設定
連接（Connections）	有預留電源線與資料傳輸線
LED 功能（LED functions）	電源開關及導航
啟動時間（Start time）	30 秒

以 9600 波特 (baud) 運作的 NMEA 0183 輸出代表相對於被比較的接收器，本接收器以兩倍快的速率產生標準 GPS 訊息。而 30 秒啟動時間非常優異，原因一部分來自接收器的高敏感度。

GPS 接收器與 UART 通訊

通用非同步接收發送器 (Universal Asynchronous Receiver Transmitter,UART) 是 GPS 接收器和 Propeller Mini 處理器模組（下個區段會提到）所使用的序列資料協定。最少需要三個資料腳位才能建立接收器和處理器的通訊連結。這些腳位在 GPS 的識別名稱為 TTLTX(傳送)、TTLRX(接收)、GND(接地或通用)，如圖 8-8 所示。

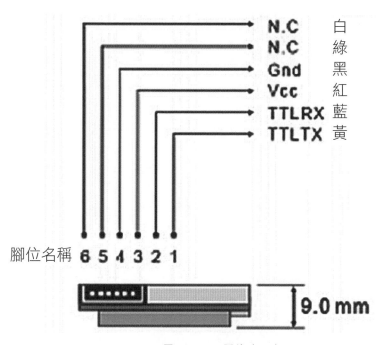

圖 8-8 UART 腳位（pin）

TTL 的腳位 (pin) 名稱代表邏輯位準，並透過 0V 與 5V 分別表示低位準與高位準。GPS 接收器也使用 9600 波特的速率和控制微處理器傳送與接收資料。由於 UART 協定設計會自動定時，不需要再有一組分離的時鐘訊號線路。

警語： 為確保 Prop Mini 模組的通訊，請連接 GPS TX 引線到 Mini 的 P8 腳位，同樣地，連接 GPS RX 引線到 Mini 的 P9 腳位。連錯這些腳位不太可能會造成任何損壞，但 GPS 接收器和 Propeller Mini 模組的資料傳輸會無法建立。

初始 GPS 接收器測試

在進到專案的下一步前,最好檢查一下 PMB-688 GPS 接收器是否如預期運作。先確認您的視線範圍內能夠看到無遮蔽的天空,以確保 GPS 收得到衛星訊號。我使用了外接的 GPS 天線因為我在室內測試而且收不到可靠的衛星訊號。Parallax 有外接的 GPS 天線(零件編號 28502),如圖 8-9 所示,它的成本適中值得購買。不穩定或不可靠的衛星訊號會讓這個專案很快失敗。

要連接 GPS 和控制用筆電會需要一條連接線與好用的 Prolific USB 至序列埠軟體驅動程式。將 UST 至 TTL 序列纜連接到 GPS 接收器,如圖 8-10 所示。這條零件編號 954 的纜線可以從 Adafruit Industries 網站上取得。

USB/TTL 纜線有四個腳位的接點,上頭有顏色標示,分別對到 GPS 接收器上對應顏色的接點,如表 8-2 所示。GPS 接收器纜線和 USB/TTL 纜線之間的實體的無焊麵包板連接方式如圖 8-11 所示。

我使用 Propeller Serial Terminal(PSerT)程式,速率設為 4800 鮑以符合 GPS 輸出。另外,COM port 44 是自動由筆電中的 Prolific 軟體驅動程式所指派。圖 8-12 是 GPS 資料串流的螢幕截圖,顯示出 GPS 接收器運作良好且收到很好的衛星訊號。

完成以上步驟就確定了 PMB-688 GPS 接收器運作良好,而這是進一步開發專案的先備條件。您已經幾乎可以開始使用 GPS 接收器,但我會先討論 NMEA 協定和 PMB-688 GPS 接收器產生出的訊息。

圖 8-9 外接的 GPS 天線(PMB-688)

圖 8-10 USB 至 TTL 序列連接纜

表 8-2 GPS 接收器至 USB/TTL 纜連接方式

GPS 接收器纜線顏色	USB/TTL 纜線顏色	功能
黑色	黑色	接地
藍色	白色	TXD(出筆電)
黃色	綠色	RXD(進筆電)
紅色	紅色	5V 直流電

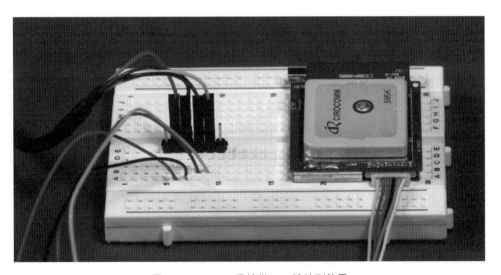

圖 8-11 USB/TTL 纜線從 GPS 連接到筆電

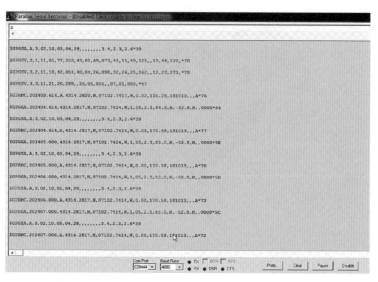

圖 8-12 Propeller Serial Terminal 上 GPS 資料串流的截圖

NMEA 協定

如 前 所 述，NMEA 是 美 國 國 家 海 洋 電 子 學 會 (National Marine Eletronics Association,NMEA) 的 縮 寫，但 現 在 沒 人 在 使 用 正 式 名 稱 了。NMEA 是 NMEA 0183 標準 的 始 祖 與 後 續 持 續 贊 助 者，NMEA 0183 標準 定 義 了 GPS 接 收 器 的 電 子、實 體、及 其 他 相 關 事 項 的 規 範。這 個 標 準 定 義 了 一 系 列 的 訊 息 類 別 讓 接 收 器 遵 守 相 關 規 範，這 些 規 則 稱 作 應 用 層 協 定 規 則（Application Layer Protocol Rules）：

- 每則訊息的起始字元是錢字號（$）
- 接下來的五個字元是發訊者的id（前兩個字元）與訊息類別（後三個字元）
- 所有的資料欄位使用逗號來分隔
- 無法取得的資料直接以分隔逗號指派
- 星號會直接接著最後一個資料欄位，除非有核對和（checksum）
- 核對和是兩位數的十六進位數字，係按位元以 XOR 演算法對起始「$」
  字元到結束「*」字元之間所有資料（包含起始與結束字元）計算。

NMEA 標準有極多樣訊息可以用，然而在 GPS 的環境下只有表 8-3 所列的訊息適用。所有的 GPS 訊息都以「GP」起頭。

表 8-3 NMEA GPS 訊息類別

訊息前綴詞	意義
AAM	航點抵達警示
ALM	星曆表資料
APA	自動導航 A 句型
APB	自動導航 B 句型
BOD	原點到終點航向
BWC	大圓航線航向
DTM	使用的基準點
GGA	定位資訊
GLL	經緯度資料
GRS	GPS 距離殘差
GSA	整體衛星資料
GST	GPS 偽距雜訊統計資訊
GSV	詳細衛星資料
MSK	信標接收器的發送控制
MSS	信標接收器的狀態資訊
RMA	建議 Loran 數據
RMB	向 GPS 建議航向資訊
RMC	向 GPS 建議最少傳輸資料
RTE	路徑訊息
TRF	TRANSIT 系統定位資料
STN	多重資料識別
VBW	雙重地面 / 水面速度
VTG	相對位移方向及相對位移速度
WCV	轉向點 止速度
WPL	轉向點位置資料
XTC	航跡偏誤
XTE	航跡偏誤測量值
ZTG	世界標準時間與到目的地時間
ZDA	日期與時間

經緯度格式

小數點左邊兩位數字是「分」的整數部份;小數點右邊是「分」的小數部份。在「分」整數部份的左邊是「度」的整數部份。

範例

4224.50 代表 42 度 24.50 分(或 42 度 24 分 30 秒)。.50 分正好是 30 秒。

7045.80 代表 70 度 45.80 分(或 70 度 45 分 48 秒)。.80 分正好是 48 秒。

剖析過的 GPS 訊息

下列是剖析過的 GPGLL 訊息範例,以示範如何分析實際的資料訊息。

```
$GPGLL,5133.80,N,14240.25,W*75
12    3      4   5        6 7
```

1	GP	GPS NMEA 指定符
2	GLL	經緯度訊息類別
3	5133.80	目前緯度 51 度 33 分 48 秒
4	N	N 代表北 (North),S 代表南 (South)
5	14240.25	目前經度 142 度 40 分 15 秒
6	W	W 代表西 (West),E 代表東 (East)
7	*75	核對

所有的 GPS 應用會使用一些剖析器來分析資料訊息並根據系統需求取得需要的訊息。

Propeller Mini

在這裡我想花點時間向您介紹 Propeller Mini 模組,我通常會用來作為機載 GPS 接收器的處理器。Propeller Mini(我在接下來的內容中會稱為 Mini)在 2013 才發表,是相對新的 Parallax 模組。這個模組價格非常合理,而且完全支援 Propeller Spin 語言與其他 Propeller 相容的語言。圖 8-13 是 Mini。

圖 8-13 Parallax Propeller Mini 模組

表 8-4 Parallax Propeller Mini 模組關鍵細節和規格

規格／特色	描述
電壓需求	一般從 VIN 腳位提供 6.5-12 V 直流電
溝通	Mini USB，編程需要 Propeller Plug（#32210，Mini 沒附）
大小	0.81 × 1.52 吋（20.5 × 38.6 mm）
電力輸出	3.3 V 直流電輸出最高 400（mA）毫安培； 5 V 直流電輸出最高 600（mA）毫安培
作業溫度範圍	華氏 -40 度至 +185 度（攝氏 -40 度至 +85 度）
GPIO 腳位	19 根，P0 至 P18

Mini 的關鍵細節和規格如表 8-4 所示。我把 Mini 裝在無焊麵包板上，可以輕易存取所有通用型之輸入輸出（general-purpose input/output, GPIO）腳位。這個麵包板讓我們很容易安裝與連接 GPS 接收器與下章會提到的 XBee 收發器。

無線電頻率收發器模組

GPS 資料必須從四旋翼無線傳輸到地面站並顯示給操作員使用。我選擇用 XBee 收發器來做這件事，因為它小、質輕、便宜、且相容其他這個專案用的模組。XBee 是 Digi International 出產的一系列數位無線電收發器的品牌名稱。圖 8-14 是我用的一個 XBee Series 1 收發器。

模組的兩側各有一排 10 根針腳。這些針腳各自間距 2mm，和標準間距 0.1 吋的無焊麵包板不相容。這代表 XBee 模組必須使用特殊的連接插槽。幸運的是，Parallax 已經預期到這個問題並提供一些解決方案。

圖 8-14 XBee Series 1 收發器

圖 8-15 Parallax XBee SIP 轉接器。

我使用兩種方式來安裝 XBee 模組。第一種方式是使用 Parallax XBee SIP 轉接器，XBee 裝上去的樣子如圖 8-15 所示。SIP 是單列直插式封裝（single inline package）的簡稱，這是個奇怪的名稱，因為您如果看轉接器的底部邊緣，其實有兩列針腳。兩列針腳只是提供機械穩定性，因為每列的兩針電路上是連通的。

另一種安裝方式是 Parallax Propeller Board of Education（BOE）開發板的一部分。Parallax BOE 的設計者們考量 XBee 會是這個板很熱門的週邊，所以他們設計了兩列 10 腳位插槽。BOE 如圖 8-16 所示，XBee 插槽可見於板子中間底端。在 XBee 插槽中間可見一 microSD 插槽。BOE 設計者們也納入八個插槽針腳讓關鍵的 XBee 針腳可以連接。那些針腳是位於 XBee 插槽右邊上方 10×2 插槽的一部分。

圖 8-16 BOE 板

我會接著檢視 XBee 的硬體來示範這個聰明的設計如何讓無線傳輸變得非常容易。

XBee 硬體

所有在 XBee 硬體內的電子零件，除了天線以外，都包含在模組底部的一個細長鐵盒子中，可見於圖 8-17。如果您仔細看圖，您會看到天線線路的底部，在近盒子左上角處。從 Digi International 沒有很大力推盒子內的電子零件內容，我很肯定早先版本的 Series 1 XBee 收發器是用 FreescaleTM 的 MC13192 RF 型收發器。這個晶片是混和型，代表它整合了類比與數位的功能。類比是用來進行 RF 傳輸與接收迴路，數位的部分是做為實作其他的晶片功能。這是個複雜的晶片，也是為什麼 XBee 模組可以如此多功能，且能自動施展數種驚人的網路功能。表 8-5 中是多種 MC13192 的規格與特色。

圖 8-17 XBee 的電子元件殼

表 8-5 FreescaleTM MC13192 特色與規格

特色 / 規格	描述
頻率 / 調變	5.0 MHz 頻道、全展頻編碼與解碼（修正直序展頻（modified DSSS））的 O-QPSK 資料。在 2.4GHz 的 ISM 頻段作業，有 16 可選擇頻道
最大頻寬	250 kbps（相容於 802.15.4 標準）
接收器敏感度	小於 -92 dBm（正常）1.0% 封包錯誤率
最大輸出功率	0 dBm，可由程式調整範圍 -27 dBm 至 4 dBm
電源供應	2.0 至 3.4 伏特
節能模式	< 1 微安培 關閉電流 1 微安培 一般休眠電流 35 微安培 瞌睡模式電流（無 CLKO）
計時器 / 比較器	四個內部計時器比較器可以補充 MCU 資源
時鐘輸出	頻率可編程的時鐘輸出（CLKO）供 MCU 使用
GPIO 腳位數目	7
內部振盪器	16MHz 與機載微調功能
作業溫度範圍	攝氏 -40 至 85 度
封裝大小	QFN-32 小封裝技術（small form factor, SFF）

XBee 模組支持完整的網路協定套件（接下來的軟體區段會討論），但從硬體的角度來看，這代表電子元件殼內有微處理器。從我的研究我沒法確定那是哪種微處理器，但依照我的專業猜測是 FreescaleTM 晶片，這是根據 MC13192 應該能和自家的微處理器高度相容的假設。另外一個支持我猜測的因素是 Digi International 最近發表名為 XBee Pro SB 的可編程 XBee 模組，使用 8 位元 FreescaleTMS08 微處理器。當然，能夠把您自己的程式放在 XBee 裡面就不需要 Mini 了，但這就不會那有趣且 Propeller 晶片的強大功能會受到限制。

詳細的 XBee 腳位邏輯排列在圖 8-18。但我們只要知道這個專案會用到的圖中四個星號標示的腳位即可。所有的腳位與功能詳述於表 8-6。

如果您需要的話，有很多功能可以用。然而，這個專案只需要最少的功能來做簡單可靠的資料傳輸。值得慶幸的是 XBee 會自動連接並建立穩定的傳輸。

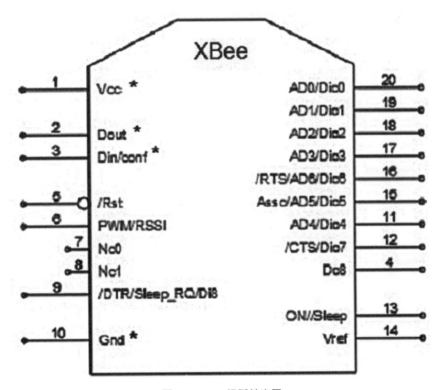

圖 8-18 XBee 插腳輸出圖

表 8-6 XBee 腳位描述與功能

腳位數字	名稱	描述
1	Vcc	電源供應 3.3 伏特
2	Dout	資料輸出 (TXD)
3	Din	資料輸入 (RXD)
4	DIO12	GPIO 腳位 12
5	Reset	XBee 模組重設，腳位低電平
6	PWM0/RSSI/DIO10	脈寬調變 (pulse-width modulation，PWM) 類比 0，接收信號強度 (Received Signal Strength Indicator, RSSI)，GPIO 腳位 10
7	DIO7	GPIO 腳位 7
8	Reserved	不要連接 (Do Not Connect, DNC)
9	DTR/SLEEP_RQ/DIO8	資料終端就緒 (data terminal ready，DTR)，GPIO 睡眠判斷 (腳位低電平)，GPIO 腳位 8
10	GND	接地或共用
11	DIO4	GPIO 腳位 4
12	CTS/DIO7	接受發送 (Clear To Send, CTS)，GPIO 腳位 7
13	ON/SLEEP	非睡眠時腳位為高電平
14	Vref	基準電壓電平 (類比轉數位時使用)
15	ASSOC/DIO5	連接到網路時的脈衝訊號，GPIO 腳位 5
16	RTS/DIO6	要求傳送 (Request To Send,RTS)，GPIO 腳位 6
17	AD3/DIO3	類比輸入 3，GPIO 腳位 3
18	AD2/DIO2	類比輸入 2，GPIO 腳位 2
19	AD1/DIO1	類比輸入 1，GPIO 腳位 1
20	AD0/DIO0/COMMIS	類比輸入 0，GPIO 腳位 0，調試按鈕

比硬體設計更有趣的是 XBee 實作的資料傳輸和接收協定，我會在下個小節討論。

XBee 資料協定

XBee 使用強大的網路協定 ZigBee，又稱作個人區域網路 (Personal Area Network, PAN)。我會努力降低在這裡使用技術術語，然而，讓您了解一些

ZigBee 網路如何運作的基礎知識還是非常重要，以免之後遇到有些無法如預期運作的事情。

ZigBee 在設計上遵從 ISO 網路模型的 7 層模型。因此，它固有的設計是基於經驗證過，穩固、效率、容易被系統設計師理解的電腦網路概念。圖 8-19 顯示 ZigBee 邏輯網路堆疊與相應的 ISO 層數。所有隨後設計給 ZigBee 的網路軟體都遵從這個模型。

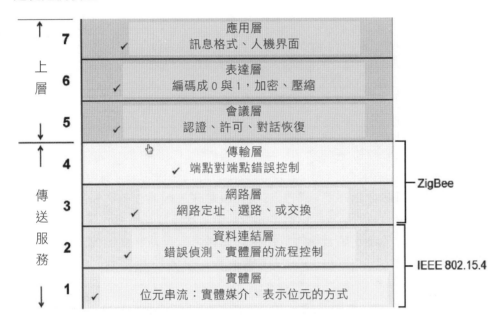

圖 8-19 ZigBee 和 ISO 網路層

在 ZigBee 網路傳送的資料以類似乙太網（Ethernet）格式的封包傳輸。圖 8-20 顯示這些封包如何在第 2 層或是如圖中 MAC 中構成。這些封包可以隨後在更高層內修改，以符合即時網路通訊需求。

ZigBee 的封包有四種：

1.Beacon
2.Data
3.MAC Command
4.ACK

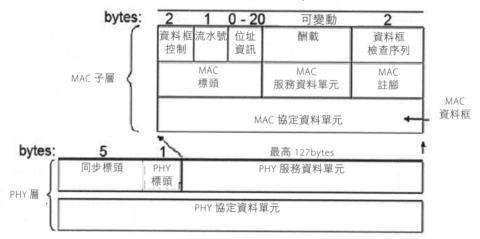

圖 8-20 ZigBee 封包架構

　　實際資料封包都在 MAC 或第 2 層中形成，資料前面加註來源與目的地位址。並加上流水號讓接收器知道收到封包的先後順序。因為在這種網路中很容易收到失序的封包。加上資料框控制位元組是為了檢查錯誤，這也是為什麼 ACK 封包是必要的。ZigBee 是一種類似乙太網的網路，有非常穩固的方式確保封包往正確的地方送達。ZigBee 第 3 層即進行確認信息封包（Acknowledgement packet, ACK）的動作。

　　接收器會做 16 位元循環冗餘檢查 (cyclic redundancy check，CRC) 來驗證封包在傳送中沒有損壞。如果 CRC 結果是好的，接收器會傳送 ACK，這個動作讓發訊的 XBee 節點知道資料被完整接收了。如果 CRC 顯示資料有損壞，則會丟棄封包，並不會傳送 ACK。這個網路應該配置成傳訊節點會一直重傳到某個預定的次數，直到封包成功收到或是已經達到重傳上限。ZigBee 協定會提供自我修復能力，當發訊者與接收者間的路徑變得不可靠或是整個網路失靈時。如果實體上可行的話，替代路徑會建立出來。

　　第 1 層和第 2 層支援下列標準：

- 星狀、網狀、叢集樹拓樸
- 信標網路 (Beaconed Networks)
- 低延遲 GTS
- 多重省電模式（閒置 (idle)、瞌睡 (doze)、休眠 (hibernate)）

第 3 層和第 4 層藉由辨識封包種類、去向、與停留點，來進一步改進封包。他們也會設定資料酬載並支援下列事項：

- 點對點與星狀網路配置
- 專屬網路（Proprietary networks）

第 4 層設定選路，因此確保封包由正確的路徑傳送到想要的節點。這層也確保：

- 符合 ZigBee 1.0 規格
- 支援星狀、網狀、樹狀網路

還有三種 ZigBee 標準主要和第 3 第 4 層有關係。這些標準是：

1. 路由（Routing）：定義訊息如何傳到 ZigBee 節點。也稱為 digipeating。
2. 隨意網路（Ad hoc network）：不需要其他操作員的介入下自動建立網路
3. 自我修復網絡（Self-healing mesh）：自動決定是否存在故障節點，並在實體允許下重新幫訊息選路。

第 5 層負責安全，強制使用 128 位元金鑰的進階加密標準（advanced encryption standard, AES）。

XBee 功能測試

圖 8-21 XBee 功能測試示意圖

現在該是示範 XBee 運作原理的時候了，我們在兩個 XBee 節點使用簡單的測試配置，並用 Propeller 開發板控制這些節點。圖 8-21 顯示這些測試配置，XBee 發信器由 Mini 控制，XBee 接收器則由 BOE 控制。

兩個不同的程式必須分別載入各自的 Propeller 開發板，一個給發信器另一個給接收器。發信程式名稱為 Test XBee Transmit.spin，原始碼如下所示：

```
OBJ
system: "Propeller Board of Education"   ' PropBOE 配置工具
time: "Timing"                           ' 計時的便捷方法
xb: "XBee_Object_1"                      ' XBee 通訊方法
PUBStart
system.Clock(80_000_000)' 系統時鐘 ->80 MHz
xb.start(7,6, 0, 9600)      ' Propeller Comms - RX, TX, Mode,Baud
xb.AT_Init' 初始化快速 AT 指令
xb.AT_ConfigVal(string("ATMY"),8)        ' 設定 MY 位址為 8
xb.AT_ConfigVal(string("ATDL"),9)        ' 設定 destinationlow 位址為 9

repeat
xb.str(string("Thisis a test. ", 13))        ' 傳送一個字串
time.pause(500)' 等待半秒
```

這個程式與下個程式都下載自 Parallax OBEX 論壇。兩個程式只因這個專案做微小的修改。注意發信器程式使用了一個名為 Propeller Board of Education 的 BOE 物件，並以 system 作為參照名稱，這個程式在 Mini 板上也可以完美運行。Propeller 軟體的物件函式能完美運作在不同開發環境上屢次讓我深受感動。這是 Parallax 程式語言使用簡約且一致架構的證明。

圖 8-22 XBee 與 Propeller Mini 發信器節點。

　圖 8-22 是 XBee 安裝在連接 Mini 的 SIP 轉接器的圖片—全部裝在無焊麵包板上。整個發信器組合是由一顆 9V 電池供電，如圖所示。

　在圖中也顯示 Propeller Plug 編程工具附在 Mini 上。在這個專案中它只限於 Mini 編程時用到。在 Mini 與 XBee 模組間有四組連結，如表 8-7 所示。當然，Mini 必須有供電，在這裡我們用 9V 電池連接 VIN 與 GND。請確定正極負極有裝對。

表 8-7 XBee 和 Propeller Mini 的連結。

XBee 模組	Propeller Mini
+5V	5V
GND	GND
DOUT	P7
DIN	P6

發信器程式會每秒不斷的傳送兩次「This is a test」。對應的接收器節點由裝在 BOE 的 XBee 組成。這個組合如圖 8-23 所示。BOE 與 XBee 模組只需要兩個連結，如表 8-8 所示。BOE 透過接在運行著 PSerT 程式的筆電上的 mini USB 線進行供電，而 XBee 模組則從 BOE 插槽供電。

圖 8-23 XBee 與 Propeller BOE 接收器節點

表 8-8 XBee 與 Propeller BOE 連結

XBee 模組	Propeller Mini
DO	P7
DI	P6

接收器程式命名為 Test XBee Receive.spin，原始碼如下所示：

```
OBJ
system: "Propeller Board of Education"      ' PropBOE 配置工具
pst: "Parallax Serial Terminal Plus"        ' Terminal 通訊工具
time: "Timing"                              ' 計時的便捷方法
xb: "XBee_Object_1"                         ' XBee 通訊方法
PUBGo | c
system.Clock(80_000_000)' 系統時鐘 ->80 MHz
```

```
pst.Start(115_200)' 啟動 PaeallaxSerial Terminal
xb.start(7,6, 0, 9600)     ' Propeller Comms - RX, TX, Mode,Baud
xb.AT_Init' 初始化快速 AT 指令
xb.AT_ConfigVal(string("ATMY"),9)     ' 設定 MY 的位址為 9
xb.AT_ConfigVal(string("ATDL"),8)     ' 設定 DestinationLow 的位址為 8

repeat' 主要迴圈
c:  = xb.rxCheck                                  ' 檢查緩衝
ifc <> -1                                         ' 如果不是空的則傳送 (-1)
pst.Char(c)' 則顯示 c 字元
```

接收程式使用和發信程式一樣的物件，只加上 Parallax Serial Terminal Plus 物件，讓執行 PSerT 程式筆電的螢幕可以顯示接收到的資料。圖 8-24 是資料傳輸測試，執行 PSerT 程式筆電的螢幕截圖。

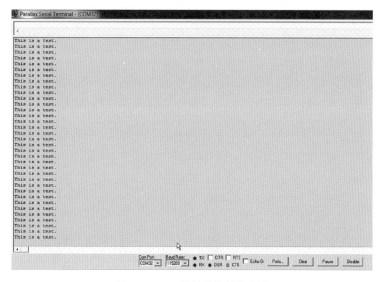

圖 8-24 XBee 資料傳輸螢幕截圖

XBee 距離測試

我做了一個簡單的距離測試來找出 XBee 測試系統的大約可運作距離。傳信器節點放在三角架上，放在大型開放場域的一端。我接著往離開發信器的方向走，手上拿著運作著測試程式的筆電。當我距離發信器約 114 步時，信號傳輸開始變得斷斷續續。我的一步大約一公尺，所以是良好且可靠的估計距離方式。

我再走遠一點並持續調整接收器節點的位置，看看是否能重新取得信號。當我距離傳信器大約 154m 時，這時不論怎麼調整接收器節點也找不回信號。而 114m 的距離其實比 Zigbee 規格上註明的 100m 稍微好些。

Digi International 也有一個產品 XBee Pro，可以產生 60mW 的功率一比正規 Series 1 動力輸出的 1mW 來得更多。Pro 的手冊宣稱視線範圍可高達一英哩。這個範圍令人印象深刻，但是我相當肯定這遠遠超過 R/C 發信器與 FPV 攝相系統（下章將提到）的距離。任何情況下，我相信四旋翼在這個距離下對操作者簡直是隱形的，而這絕非好主意。

距離測試實驗確認了 XBee 模組適當地支援在離開地面並距離操作者的控制站夠近的情況下進行 300 英呎（91 公尺）（含）以下的作業。

完整 GPS 系統

完整 GPS 系統的方塊圖如圖 8-25 所示。

在完整的系統中，和測試系統不同，PMB-688 GPS 模組作為資料源連接到 Mini，並用一個可攜式顯示器來代替接收器節點的筆電。圖 8-26 顯示傳信器節點原型組合，就像用來測試的一樣。

您應該注意到我把供電來源從 9V 電池換成六塊 AA 電池。新增的 GPS 模組多出來的電流需求會很快耗盡 9V 電池，而電池組會比較持久些。

圖 8-25 完整 GPS 系統的方塊圖

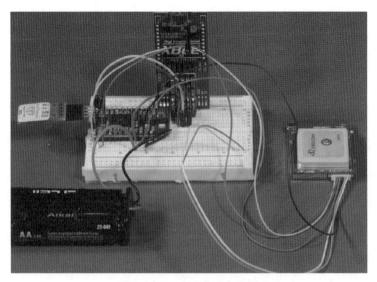

圖 8-26 GPS 傳信器節點原型

所有 GPS 和 Mini 的連結如表 8-9 所示。所有 XBee 和 Mini 之間的連結仍然如表 8-7 所示。

注意 GPS 的黃線稱作 TTLTX，代表資料由這條線輸出。這條黃線實際上是接收線，可能有些令人混淆。只要記得資料傳輸埠的命名法是由模組的角度去命名，也就是，資料從模組出來稱為 TX，資料進入模組稱作 RX。

表 8-9 GPS 與 Propeller Mini 連結方式

GPS 模組	Propeller Mini
+5V（紅）	5V
GND（黑）	GND
TTLTX（黃）	P8
TTLRX（藍）	P9

Mini 上跑的程式與先前的測試程式有極大的不同。它現在整合 GPS 驅動物件與現有的 XBee 物件。它也包含大量的程式碼來剖析、分離從 GPS PMB-688 模組串流進來的原始 NMEA 資料。這個 Spin 物件稱作 GPS_Propeller，程式碼顯示如下：

```
{{
GPS_XBee
```

```
修改過的 !GPS_Propeller 程式  作者 D.J. Norris 2013
這個程式控制 Elev-8 四旋翼即時資料系統
腳位連接：
發信器：
XBeeDOUT          至      P7
XBeeDIN           至      P6
GPSData Out       至      P8
GPSData In        至      P9
接收器：
XBeeDOUT          至      P7
XBeeDIN           至      P6
}}
CON
_clkmode= xtal1 + pll16x
_xinfreq= 5_000_000


XB_Rx= 7       ' XBee DOUT
XB_Tx= 6       ' XBee DIN
XB_Baud= 9600
CR= 13         ' 確認值（Carriage Return Value）
GPS_Pin= 8


OBJ
GPS    :"GPS_Float_Lite"
FS: "FloatString"
xb1: "XBee_Object_1"
PubStart | fv
xb1.start(XB_Rx,XB_Tx, 0, XB_Baud)              ' 初始化 XBee 通信
xb1.AT_Init
xb1.AT_ConfigVal(string("ATMY"),8)              ' 設定我的 XBee 位址為 8
xb1.AT_ConfigVal(string("ATDL"),9)              ' 設定遠端 XBee 位址為 9

GPS.Init

repeat
xb1.Str(String(16,1))

FS.SetPrecision(7)
```

```
fv:= GPS.Float_Latitude_Deg          ' 取得緯度
Iffv <> floatNaN
xb1.Str(FS.FloatToString(fv))
Else
xb1.Str(String("---"))

xb1.Str(String(","))
fv:= GPS.Float_Longitude_Deg         ' 取得經度
Iffv <> floatNaN
xb1.Str(FS.FloatToString(fv))
Else
xb1.Str(String("---"))

xb1.Str(String(","))
fv:= GPS.Float_Speed_Over_Ground     ' 取得速度
Iffv <> floatNaN
xb1.Str(FS.FloatToString(fv))
Else
xb1.Str(String("---"))

xb1.Str(String(","))
fv:= GPS.Float_Altitude_Above_MSL    ' 取得高度
Iffv <> floatNaN
xb1.Str(FS.FloatToString(fv))
Else
xb1.Str(String("---"))

xb1.Str(String(","))
fv:= GPS.Long_Month                  ' 取得月份
Iffv <> floatNaN
xb1.Dec(GPS.Long_Month)
Else
xb1.Str(String("---"))

xb1.Str(String(","))
fv:= GPS.Long_Day                    ' 取得日期
Iffv <> floatNaN
xb1.Dec(GPS.Long_Day)
```

```
Else
xb1.Str(String("---"))

xb1.Str(String(","))
fv: = GPS.Long_Year                    ' 取得年份
Iffv <> floatNaN
xb1.Dec(GPS.Long_Year)
Else
xb1.Str(String("---"))

xb1.Str(String(","))
fv: = GPS.Long_Hour                    ' 取得小時
Iffv <> floatNaN
xb1.Dec(GPS.Long_Hour)
Else
xb1.Str(String("---"))

xb1.Str(String(","))
fv: = GPS.Long_Minute                  ' 取得分鐘
Iffv <> floatNaN
xb1.Dec(GPS.Long_Minute)
Else
xb1.Str(String("---"))

xb1.Str(String(","))
fv: = GPS.Long_Second                  ' 取得秒
Iffv <> floatNaN
xb1.Dec(GPS.Long_Second)
Else
xb1.Str(String("---"))
xb1.tx(13)
WaitCnt(ClkFreq/ 2 + ClkFreq / 4 + Cnt)       ' 等 .75 秒再重複
DAT
floatNaNLONG $7FFF_FFFF         ' 代表不是數字
```

上述程式使用和先前測試程式相同的 XBee 驅動物件 XBee_Object_1。這個程式也使用一個稱作 GPS_Float_Lite 的 GPS 驅動物件來處理所有 GPS 模組與 Mini 之間需要的溝通協定。從 GPS 模組取得資料變得非常簡單，因為只要呼叫 GPS

驅動物件取得想要資料的方法。舉例而言，下列指令取得現在 GPS「小時」的資料：

```
fv:= GPS.Long_Hour
```

其中 fv 是區域變數，GPS 是 GPS_Float_Lite 的區域參照，而 Long_Hour 是 GPS_Float_Lite 方法的名稱，會回傳現在 GPS UTC 小時的值。UTC 是世界標準時間 (Coordinated Universal Time) 的縮寫，並且是用來確保 GPS 報時格式獨立於任何時區的時間標準。

除了佈署的顯示器，這個系統的接收器部份和前述測試系統的是一樣的。我使用 BOE 和筆電來測試原型系統，這是合理的因為可攜式顯示器不會衝擊任何發信器與接收器 XBee 節點之間的資料傳輸。接收器節點連接詳述於表 8-8，整個組合如圖 8-23 所示。圖 8-27 是顯示完整 GPS 系統試跑的結果的筆電螢幕截圖。圖中顯示的 10 個資料元素詳述於表 8-10。GPS 資料每 0.75 秒更新一次，讓 GPS 模組有充分時間來接收新的資料組。請注意 GPS 模組是以十進位角度提供座標（「分」與「秒」以「度」的十進位比例表達），而非前面討論的 NMEA 格式。如果需要的話，可以簡單的透過軟體將它轉換成整數「分」與「秒」。

表 8-10 顯示的 GPS 資料元素

元素 #	值	敘述
1	44.23784	緯度（北緯）
2	-71.04572	經度（西經）
3	0.58	速度（公尺/秒）
4	64	高度（公尺）
5	10	月份
6	23	日期
7	2013	年份
8	16	小時 (UTC)
9	9	分
10	12	秒

圖 8-28 LCD 顯示器

可攜式顯示器

我用了 4×20 LCD 的可攜式顯示器，因為我只想要顯示緯度、經度、速度、高度。顯示日期與時間對於控制實時四旋翼一點都不重要。我使用的 LCD 顯示器和第七章提到用來顯示伺服機信號的脈波寬度的一樣。我也稍微修改了程式，從顯示脈波寬度改成顯示四個 GPS 資料元素。插入 LCD 顯示器程式碼也非常容易，我只要增加 LCD 顯示器驅動物件並參照資料輸入的腳位 P19。順帶一提，我留下了 PSerT 驅動程式碼，因為我猜等下需要除錯的時候會用到。

圖 8-28 顯示 LCD 顯示器與四個 GPS 資料元素。它們重複了兩次因為我們使用簡單的字元接著字元傳輸方式。我不覺得這個副作用會造成大問題。

修改過的 Test XBee Receive 程式如下所示：

```
{{
修改過的 TestXBee Receive 程式來顯示在 PST 和 LCD 的螢幕上
D.J. Norris 2013
}}

CON
_clkmode= xtal1 + pll16x
_xinfreq= 5_000_000

LCD_PIN= 19
LCD_BAUD= 19_200
LCD_LINES= 4

OBJ
```

```
system: "Propeller Board of Education"    ' PropBOE 配置工具
pst: "Parallax Serial Terminal Plus"      ' Terminal 通訊工具
time: "Timing"                            ' 計時的便捷方法
xb: "XBee_Object_1"                       ' XBee 通訊方法
lcd: "debug_lcd"


PUBGo | c
pst.Start(115_200)' 啟動 PaeallaxSerial Terminal
xb.start(7,6, 0, 9600)                              ' Propeller Comms -
RX, TX, Mode,Baud
xb.AT_Init' 初始化快速 AT 指令
xb.AT_ConfigVal(string("ATMY"),9)                   ' 設定 MY 位址為 9
xb.AT_ConfigVal(string("ATDL"),8)                   ' 設定 DestinationLow 位
址為 8

Iflcd.init(LCD_PIN, LCD_BAUD, LCD_LINES)    ' init 如果啟動了會回傳
True

lcd.cursor(0)' 關閉指標
lcd.backLight(True)' 開啟背光源
lcd.cls' 清除顯示器
lcd.str(string("GPSReal Time Display V1.0"))    ' 歡迎畫面

waitcnt(clkfreq+ cnt)                        ' 等待 1 秒
lcd.cls' 再次清除顯示器

waitcnt(clkfreq/2+ cnt)                      ' 等待 .5 秒

repeat' 主要無窮迴圈
c:= xb.rxCheck                               ' 檢查緩衝
Ifc <> -1                                    ' 如果非空 ( 不是 -1)

pst.Char(c)' 在 serialterminal 顯示字元
lcd.putc(c)' 顯示同樣的字元在 LCD 螢幕上
```

我選擇連接 LCD 顯示器至 pin 19 因為那也是個 BOE 伺服機連接埠。這樣，我可以使用伺服機接線來連接 LCD 顯示器與 BOE，就像我在第七章做的一樣。

如前所述，發信的程式碼修改成只傳送四個 GPS 資料元素。我也消去了資料

元素間的逗號以節省 LCD 螢幕上的空間。修改過的傳信程式稱作 GPS_XBee_
Brief 如下所示：

```
{{
GPS_XBee_Brief
修改過的 !GPS_Propeller 程式  作者 D.J. Norris 2013
這個程式控制 Elev-8 四旋翼即時資料系統
這個簡要版本只傳送四個資料元素：
緯度
經度
速度
高度
腳位連接：
發信器：
XBeeDOUT         至      P7
XBeeDIN          至      P6
GPSRx            至      P8
GPSTx            至      P9
接收器：
XBeeDOUT         至      P7
XBeeDIN          至      P6
}}
CON
_clkmode= xtal1 + pll16x
_xinfreq= 5_000_000
XB_Rx= 7      ' XBee DOUT
XB_Tx= 6      ' XBee DIN
XB_Baud= 9600
CR= 13      ' 確認 (CarriageReturn) 值
GPS_Pin= 8
OBJ
GPS: "GPS_Float_Lite"
FS: "FloatString"
xb1: "XBee_Object_1"
PubStart | fv
xb1.start(XB_Rx,XB_Tx, 0, XB_Baud)     ' 初始化 XBee 通信
xb1.AT_Init
xb1.AT_ConfigVal(string("ATMY"),8)
```

```
xb1.AT_ConfigVal(string("ATDL"),9)
GPS.Init
repeat
xb1.Str(String(16,1))

FS.SetPrecision(7)
fv:= GPS.Float_Latitude_Deg          ' 取得緯度
Iffv <> floatNaN
xb1.Str(FS.FloatToString(fv))
Else
xb1.Str(String("---"))

xb1.Str(String(""))
fv:= GPS.Float_Longitude_Deg         ' 取得經度
Iffv <> floatNaN
xb1.Str(FS.FloatToString(fv))
Else
xb1.Str(String("---"))

xb1.Str(String(""))
fv:= GPS.Float_Speed_Over_Ground     ' 取得速度
Iffv <> floatNaN
xb1.Str(FS.FloatToString(fv))
Else
xb1.Str(String("---"))

xb1.Str(String(""))
fv:= GPS.Float_Altitude_Above_MSL    ' 取得高度
Iffv <> floatNaN
xb1.Str(FS.FloatToString(fv))
Else
xb1.Str(String("---"))

xb1.tx(13)
WaitCnt(ClkFreq/ 2 + ClkFreq / 4 + Cnt)

DAT
floatNaNLONG $7FFF_FFFF          ' 代表不是數字
```

掛載發信 XBee 節點

圖 8-29 顯示 XBee 發信節點組合的正面圖。我想要使用 XBee SIP 轉接器但不想垂直掛載在無焊麵包板上。我顧慮到四旋翼的振動會搖鬆頭重腳輕的 XBee。經過一番思考,我想到一種配置方式,如您在圖中看到的,SIP 組合仍然插入麵包板中。然而,麵包板用泡棉雙面膠粘著另一個用來固定 Mini 的麵包板。我也在 SIP 轉接器和水平麵包板間加入隱藏隔間,以提昇整個組合的強硬性。GPS 模組掛載在垂直麵包板的背部,如圖 8-30 所示。

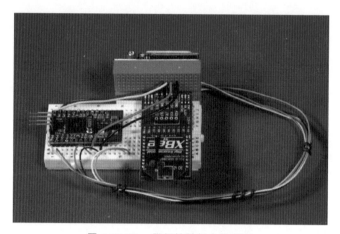

圖 8-29 XBee 發信節點組合的正面

GPS 由通常黏在新麵包板底部的雙面泡棉膠適當地固定住。您應注意含內部天線的 GPS 模組,以垂直方式掛載對衛星訊號的敏感度會劣於以水平方式掛載。您可能會想要一開始把四旋翼側向一邊,讓 GPS 天線的平面指向天空直到取得訊號。一旦接收器鎖定 GPS 訊號,紅色的 LED 會從閃爍變成穩定。接收器的追蹤敏感度比擷取敏感度好得多,因此四旋翼可以放回水平位置,但仍然可以鎖定 GPS 訊號。

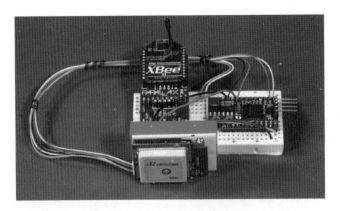

圖 8-30 XBee 發信節點組合的背面

移動地圖系統

注意：這個區段的原意是要示範如何使用 Google Earth 應用程式即時顯示四旋翼的位置。不幸地，我沒辦法成功從 XBee 發信器串流原始 GPS 資料到地面站 XBee 接收器，再串流進執行 Google Earth 的筆電。然而，我會示範如何手動輸入顯示在 LCD 螢幕上的座標，讓您可以得到近乎即時的定位服務。

我選擇 Google Earth 應用程式來做移動地圖顯示器，因為它整合非常方便的界面，可以接收 GPS 座標串流並即時顯示在電腦螢幕上。這個專案會分成數個階段，所以我可以實驗各種牽涉到移動地圖的科技，並決定在各個階段怎麼實作才是最好的。第一個階段只是簡單使用現有的手持式 GPS 裝置，它連接到執行 Google Earth 應用程式的筆電上。

用 Google Earth 應用程式監控四旋翼位置

圖 8-31 顯示 Google Earth 的開啟畫面。我在 Win7，11.3 吋，32 位元的 Toshiba 筆電執行這個應用程式。您接下來必須點擊「工具」選單列選項來找到 GPS 匯入功能。圖 8-32 顯示即時 GPS 選單選項。

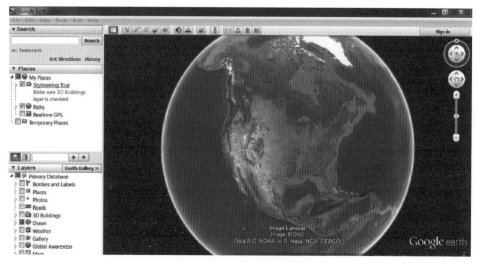

圖 8-31 Google Earth 開啟畫面

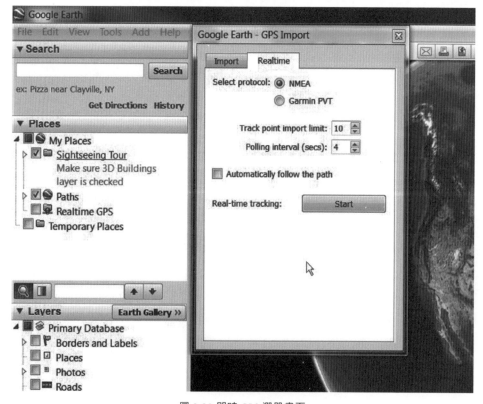

圖 8-32 即時 GPS 選單畫面

請確認 NMEA 選項有勾選，因為那是大多數 GPS 接收器使用的資料格式。Google Earth 有一個很好的功能，它會掃過所有序列埠來認出有在傳送 GPS 資料的序列埠。您把 GPS 接收器插入電腦 USB 埠時，就可以觀察到這個行為。我用老式的 GPS 接收器（如圖 8-33 所示）來提供 GPS 資料串流。

您可以從圖中看到一部分插在老式 RS-232 接收器背部的連接線。這種連接線需要一個 RS-232 至 USB 轉接頭，才能相容於現代 USB 埠。我使用一種一般在辦公用品店很容易取得的通用轉接頭，來轉接我的老式連接線。

圖 8-34 顯示用 GPS12 接收器連接筆電即時匯入的結果。圖中 Position 靶心指標系由應用程式自動加上的。另外，Google Earth 程式也會自動選擇由 8000 英呎的高度觀看。我試圖把它調低，但是它反而變得更高，如圖所示。我不相信這個觀看高度會是太大的問題，因為離地 8000 英呎剛好是看地圖整體與看地圖細節的最佳取捨。此外，4 秒的輪詢間隔 (polling interval) 是合理的，因為 Elev-8 在 4 秒內不會飛太遠。

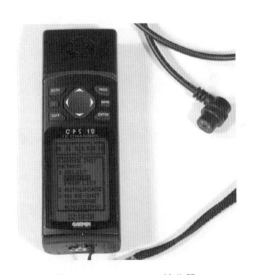

圖 8-33 Garmin GPS12 接收器

手動輸入位置座標到 Google Earth

輸入座標到 Google Earth 非常容易。只要在「搜尋」文字框內鍵入座標，按下「Enter」鍵或點擊搜尋按鈕。舉例而言，我輸入了下列座標到「搜尋」文字框內，使用十進位「度」格式。

42.23978N 71.04598 W

圖 8-34 即時位置螢幕截圖

圖 8-35 Google Earth 螢幕截圖

請確認每個元素間有一個空白字元，N 和 W 也不要忘記。當然，N 和 W 的描述會因您操作四旋翼的位置而改變。圖 8-35 顯示上述座標鍵入「搜尋」文字框之後的 Google Earth 畫面。

這個區段討論完同時操作四旋翼與使用即時 GPS 系統時，但如何達到好的狀況認知 (situation awareness)。下章將向您示範如何加上即時錄影能力來大大補強 GPS 系統。

總結

本章我以 GPS 系統的簡史做為起頭，接著用一個想像的例子來解釋 GPS 系統的基本原理。

再來討論 PMG-688 GPS 接收器，專注在優異的接收器特性與方便的串列通信連結。

我討論如何利用 USB/TTL 連接線建立串列主控臺連接，來設定與測試 GPS 模組。在 Windows 筆電上執行 Propeller Serial Terminal（PSerT） 來驗證 GPS 模組是否良好運作。

我們全面查看過 NMEA0183 協定來說明 GPS 接收器創造出的豐富訊息種類。這個專案只用到少數種類的資料，但您應知道還有哪些種類可以使用。我們看過了剖析過的 GPS 訊息並簡單講解如何詮釋緯度與經度資料。

下個介紹過的內容是新的 Propeller Mini，它是一個非常精簡的 Parallax Propeller 開發模組。這個模組支援完整 Spin 語言與完整互補的通用型輸入輸出（general-purpose input/output, GPIO） 腳位。我使用 Mini 作為機載 GPS 模組與 XBee RF 收發器的控制器。

我很小心的解釋 Zigbee，一個 XBee 資料通訊協定。了解 Zigbee 的運作方式非常重要，因為那是在微控器中執行的控制程式的關鍵部份。

XBee 功能測試示範了建立能傳輸 GPS 資料的通訊連結有多容易。發信器與接收器節點的操作軟體也介紹了，而且我找出 XBee 連結的操作距離，這個距離適合 Elev-8 的操作。

接著，我們看了完整的 GPS 系統和為發信節點修改過的軟體。我示範系統如何顯示 GPS 資料在 PSerT 螢幕上與在可攜式 LCD 顯示器上。後者讓系統在現場佈署的地面站很容易使用。

我示範了一個精簡的設計，讓機載 GPS/XBee 模組可以輕易掛載在 Elev-8 上。這個設計可以抵抗四旋翼振動所帶來可能的瓦解。

本章以如何 Google Earth 應用程式與即時 GPS 做結。我解釋手動輸入 GPS 座標到 Google Earth 來顯示四旋翼位置有多容易。

第 9 章
機載影像系統

序言

　　在本章中我會討論兩種影像系統，讓 Elev8 或其他有類似承載能力的四旋翼可以裝載飛行。第一個系統可以紀錄影像，並串流回給操作者。這通常稱為第一人稱影像系統（First Person Video, FPV），因為操作者可以用它來即時檢視四旋翼的去向。本章使用的 FPV 裝載在第七章提到的可傾轉平臺上。只要將攝影機向下傾斜，照著地面，就有可能在飛行時觀察地面。這種能力在安全用途上和執行一些活動，如搜查、搜救、毀損評估、野生動物監測等等，都非常有用。

　　第二種影像系統比較便宜，但也可以傳送即時影像，雖然品質比第一種差了很多。而且它沒有任何影像錄影功能，但是，它很適合提供影像來源給本章後面會介紹的後製套裝軟體。在之後的討論我會稱第二種影像系統為「經濟型系統」（economy system）。

GoPro Hero 3 影像系統

　　我選擇 GoPro Hero 3 Silver 作為第一種系統的影像攝影機。Hero 3 系列的攝影機在這類的應用與其他應用非常熱門，有 YouTube 上大量用這種攝影機拍的影片為證。我選擇銀色版是考量成本與功能的折衷。表 9-1 是現有三種版本的 Hero 3 攝影機的功能比較表。

表 9-1 Hero 3 攝影機版本比較

型號	畫素(百萬)	連拍	超廣角	廣角	標準	狹長視野	模式
白色版	5	3	x		x		
銀色版	11	10		x	x	x	x
黑色版	12	30	x	x	x	x	x

　　黑色版是目前功能最豐富，而且就我從部落格的觀察，是最熱門的版本。然而銀色版極度適合這個機載影像系統應用，我會把省下來多餘的錢用在其他的專案上。

　　圖 9-1 中是把攝影機從保護殼拿出來的樣子。讓人印象深刻且震驚的是，這個攝影機中竟然只有幾個控制元件而已。因為設計師發覺大多數使用者在使用時，不同於數位單眼相機（Digital single-lens reflex, DSLR）的使用者，在拍攝時會不斷調整攝影機的設定，大多數的使用者並不會想要調整攝影機。圖 9-2 是攝影機正面圖，包含了多數的控制元件。

　　有些控制元件是多用途的，這樣可以減少攝影機控制元件的總數。Power/Mode 按鈕的功能如其名，控制電源讓攝影機開啟與關閉，並選擇模式清單。Shutter/Select 按鈕開始或停止錄影；開始照相或連拍；開始或停止縮時攝影。它也可以當成清單選項的選擇器，來選擇 Power/Mode 開啟的整體清單。

　　圖 9-3 是 Hero 3 攝影機的背面圖，它顯示了一些功能，包含重要的 Wifi 按鈕，它只能開關 Wifi。所有無線網路頻道的配置都是通過選單系統完成。攝影機正面有一個藍色 LED 燈，當有 Wifi 連結時會亮起。

　　Hero 上有個接口（Hero port）可以外接一些配件，如圖 9-3 所示。熱門的配件如 LCD 外掛液晶觸控螢幕，如圖 9-4 所示。LCD 螢幕讓使用者可以不用使用電腦就可以快速檢視照片和影片。

　　Hero 3 有個簡單的光學系統，由非常小焦距的鏡頭組成，如圖 9-5 所示。這個非常小焦距的鏡頭可以導致非常寬的視野（Field of view, FOV），Hero 3 的文件裡註明為 170 度。這種超廣角的鏡頭有時也稱為魚眼（Fisheye）鏡頭，但是 Hero 3 並不會和真正的魚眼鏡頭一樣造成極度失真。圖 9-6 顯示用 Hero 3 黑色版照的幾張照片，從彎曲的地平線可以看出失真非常明顯。技術上來說，這種魚眼的失真稱為桶形失真（barrel distortion）。

　　後面有兩張照片係由範例原始照片用消除此種失真的影像軟體後製而成。這些照片在圖中標記著「Corrected」。

圖 9-1 GoPro Hero 3 攝影機

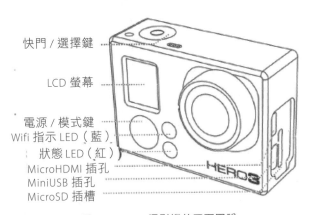

快門 / 選擇鍵

LCD 螢幕

電源 / 模式鍵
Wifi 指示 LED（藍）
狀態 LED（紅）
MicroHDMI 插孔
MiniUSB 插孔
MicroSD 插槽

圖 9-2 Hero 3 攝影機的正面圖說

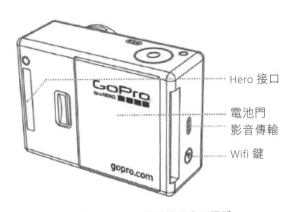

Hero 接口

電池門
影音傳輸
Wifi 鍵

圖 9-3 Hero 3 攝影機的背面圖說

圖 9-4 外接 LCD 模組

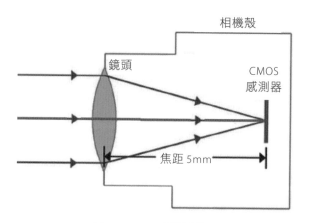

圖 9-5 Hero 3 光學系統

　　有些人喜歡輕微魚眼失真，因為這樣增加了 Hero 3 照片的獨特特色。值得注意的是校正任何的影像失真幾乎不切實際，因為這會產生大量的後製需求。以每秒 30 張（frame per second, fps）輸出的影像，要處理每個影像會導致大量的運算。

圖 9-6 Hero 3 範例照片

　還有一個通常稱作遠距攝影（telephoto）的問題是關於視野和近距離細節的取捨。在圖 9-7 到 9.11，您會看到我在後草皮照的一系列照片。它說明了視野和遠攝間的取捨，後者使用的是 Canon DSLR 照相機與 18mm 到 270mm 焦段的遠攝鏡頭。焦距是每張照片唯一不同的地方，可以顯示視野在焦距增加時如何快速削減。

　您可以從這一系列的照片中看到 FOV 擴張時細節快速消失。圖 9-12 是另一個這種效應的有趣範例。這是溫哥華的城市夜景，取自 Snapshot.com，由攝影師 Darren Stone 所拍攝。

　Hero 3 光學系統並沒有任何物理的方法來改變焦距；因此，它的光學視野是固定的。然而，它可以用電子的方式改變視野，藉由選擇影像感測器的不同部份和擴張選擇的像素來填充整個影像。這個功能如圖 9-13 所示，它顯示同樣希臘島嶼的景色透過廣角、標準、和狹長的視野模式拍攝而得。

　我接著決定測試 Hero 3 攝影機來看它如何處理非常近距離的攝影。我使用經典的印第安人頭檢驗圖（Indian-Head test pattern），在早期 1950 年代黑白單色電視機時代廣泛使用。這個圖如 9.14 所示。

我照的照片如圖 9-15 所示，Hero 3 鏡頭距離檢驗圖只有 4 公分（1.6 吋）。您可以清楚看到一些 Hero 攝影機在離物體很近時會發生的桶狀失真。當您把攝影機遠離要拍攝的物體時，失真會大量減輕。我也使用 Adobe Photoshop 鏡頭校正工具來看相片失真是否能在某種程度減輕。而它的確能在很小的程度減輕這種狀況，如圖 9-16 所示。

圖 9-7 焦距 18mm

圖 9-8 焦距 50mm

圖 9-9 焦距 100mm

圖 9-10 焦距 200mm

圖 9-11 焦距 270mm

圖 9-12 透過不同的視野拍攝的溫哥華城市夜景（照片由 Darren Stone 拍攝，取自 Snapshot.com ）

圖 9-13 使用不同視野拍攝希臘島嶼（取自：www.youtube.com/ watch?v=RUJ54EXjNCM）

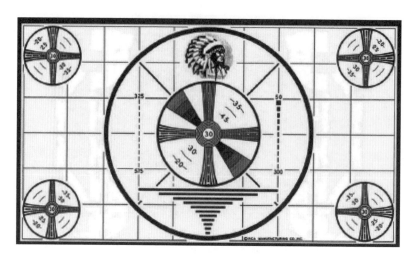

圖 9-14 測試圖案

圖 9-15 透過 Hero 3 拍攝的測試圖片

圖 9-16 透過 Photoshop 進行後製的 Hero 3 測試圖片

我對測試結果的唯一結論是 Hero 3 在鏡頭與任何要攝影的物體保持一定的距離皆能達到良好的使用效果。幸運的是，這就是 Hero 3 裝載在 Elev-8 上時將發生的狀態。

Hero 3 Wifi 距離測試

我認為測量從我用的 Android 平板用 WiFi 能夠遙控 Hero 3 的最遠距離非常重要。WiFi 距離最主要倚賴下列三項因素：

1. 環境
2. 協定
3. 發信器功率

就環境來說，要不是在室內就是在室外。我選擇室外環境，因為這是我通常操作 Elev-8 的地方。此外，我會試著永遠保持四旋翼在我的視線中，因為這樣可以最大化距離。

第二個因素和使用的特定 WiFi 協定有關。常見的協定是 IEEE 802.11 a/b/g/n。Hero 3 WiFi 使用 Artheros AR6233 晶片，它支援所有常見 a/b/g/n 協定。我用來測試的 Android 平板有支援「b」協定的 WiFi，這代表最大距離是 140 公尺（153.11 碼）。

最後一個因素和從 GoPro WiFi 發信器發出的有效功率有關。這其實無從得知
除非您去解剖 GoPro，就完全像某個人曾經做過的那樣！請到網站 http://www.
ifixit.com/Teardown/GoPro+Hero3+Teardown/12457/1 並看這 iFixIt 上的傢伙如
何分解一個 Hero 3 黑色版。

　實際的測試非常簡單。我把 GoPro 架在三角架上，放在草坪上，並和我執行
免費 GoPro app 的 Android 平板建立 WiFi 連線。我按下了「即時預覽」（real-time
preview） 並從平板中看到我自己。我開始遠離攝影機直到我失去連線。這大
概發生在離三角架 100 公尺（109.36 碼） 遠處。這個測試是直接視線。我接著
往回走向三角架來重新建立通訊連結，建立時發生在離三角架 100 公尺（109.36
碼） 遠處。我在這個點照了一張照片，如圖 9-17 所示。

　我將圖中的自己圈起來，因為在那個距離很難分辨任何細節。我走近實驗裝
置 50 公尺（54.68 碼）並照了另一張照片，如圖 9-18 所示。這張圖驗證了在我
飛 Elev-8 時可靠通信的最大距離，也驗證了我能期待在地上見到的最大細節。
注意我還是得將自己圈起來，因為還是很難分辨遠方物件。

圖 9-17 100 公尺（109.36 碼）的檢測照片

圖 9-18 50 公尺（54.68 碼）的檢測照片

地面站

地面站（Ground Station）和地面控制站（Ground Control Station, GCS）是通用的術語來描述使用者控制四旋翼的方式。一般而言，GCS 只是使用者以目視方式控制四旋翼的 R/C 控制器。當加入 FPV 之後會使這種方式變得複雜一些。使用者需要多出監看螢幕這個選項，而非一直和飛行器保持直接視線。再增加一些遙測工具，GCS 馬上會變得非常複雜。我一開始嘗試建立的 GCS 是加上有 WiFi 功能的 Android 平板到 Spektrum DX-8 發射器，並且將兩者裝到鋁箱內。這樣的設置可以讓操作者能在使用 DX-8 時同時看著平板螢幕，並能夠隨時走動。這個簡單的 GCS 如圖 9-19 所示。上方有繩子連接以便操作時讓雙手空出來。

Spekrum 的遙測資訊會顯示在 DX-8 LCD 螢幕，這有助於減少這個 GCS 所需的顯示螢幕。使用 DX-8 和 Android 平板應該能滿足大多數侷限在單一區域內的四旋翼操作。在寬廣一點的地區操作可能會發生問題，因為沒和四旋翼有直現地視線接觸非常容易失去對四旋翼的情境知覺（Situation awareness）。

併入第八章介紹的遙控 GPS 資料系統可以幫助改善操作者的情境知覺。那個系統會連續傳輸緯度、經度、速度、和高度到地面接收器。接收到的資料會顯示在 LCD 螢幕上。接收者、LCD 顯示器、BOE 控制器、和電池可以輕易裝入圖 9-19 顯示的鋁箱。

圖 9-19 簡單的地面控制站（CGS）

一個移動式地圖顯示器，也就是執行 Google Earth 的筆電可以即時顯示四旋翼的位置。倚賴這個顯示器會是最好的方法來增加情境知覺。然而這個操作模式很可能需要另一個操作者來不斷輸入從四旋翼傳來的緯度和經度。這對一個操作者來說工作量太大，要同時控制四旋翼、輸入資料，就如同一邊開車一邊傳簡訊。

經濟型影像系統

FPV 系統產生優良、高畫質影像，但是非常貴。本區段討論一個便宜很多的替代方案，可以提供合適即時影像，但並沒有影像錄製能力。然而，我會討論如何將錄影的功能設置在接收端。這種經濟型系統一般成本只有 GoPro 的五分之一到六分之一。圖 9-20 顯示 RC310 系統所使用的攝影機發射器模組。這是一種平價的無線 2.4-GHz 攝影系統，目前可以從數家線上供應商取得。

圖 9-20 RC310 影像傳輸模組

圖 9-21 RC310 攝影機近照

它以正規的 9-V 電池供電，如圖所示。它有和 GoPro 的短焦距攝影機非常不同的中焦距可調整鏡頭。圖 9-21 是攝影機正面的近照，您可以看到非常小的 2-mm 直徑鏡頭。與其比較，GoPro 的鏡頭是直徑 14mm。

RC310 攝影機鏡頭的小直徑代表 RC310 的聚光能力非常有限。在光源不足的環境將表現不佳，但這不造成影響，因為一般這個攝影機都會在白天使用。

我用 RC310 攝影機以鏡頭距離印第安人頭檢驗圖 44.2 公分（17.4 吋）的地方照了圖 9-22 的照片。圖中只有很少的桶形失真；然而，細節非常模糊，這是因為攝影機感測器只有很少的畫素。表 9-2 中詳列攝影機的規格。

圖 9-22 RC310 所拍攝的測試圖片

表 9-2 RC310 相機特色與規格

特色 / 規格	描述
感測器	1/4 吋 CMOS
畫素	628(H)×582(V) 510(H)×492(V)
尺寸	2.2 × 3 × 2 cm
電源需求	5V DC
作業溫度範圍	-20 度 C 到 +60 度 C
訊號系統	NTSC
掃描頻率	50Hz 或 60Hz
最低照度	3.0 Lux (F1.2)
傳輸距離	150-200m

整體的畫質是透過基本的 sub-VGA 產生 480 × 420 畫素，這代表這臺攝影機在合理距離攝影時不會提供太細節的畫面。但這可以接受因為這個系統並不是設計來做那類的應用。我之後會告訴您如何藉由一些聰明的後製技巧來從影片

取得一些不尋常但有用的結果。在講到那裡之前,我想先討論經濟型系統的接收器部份。

圖 9-23 顯示接收器和影片擷取模組,後者用來擷取影格以便後製。

表 9-3 詳列 RC310 接收器的特色與規格。接收器設定在頻道 1,在附近有其他 2.4-GHz 裝置下看起來運作良好,只受到很小干擾。此外,攝影機和接收器間不須要做任何配置,這是很棒的特色。在接收器側邊有個滑動開關可以選擇作業頻率。攝影機必須設定到和接收器一樣的頻率。這可以藉由設定攝影機背後兩個非常小的滑動開關來達成。這些開關如圖 9-24 所示。

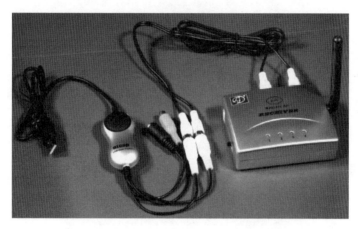

圖 9-23 RC310 接收器與 EzCap USB 影像接收模組

表 9-3 RC310 接收器的規格與特色

特色 / 規格	描述
頻率	頻道 1 -- 2.414 GHz 頻道 2 -- 2.432 GHz 頻道 3 -- 2.450 GHz 頻道 4 -- 2.468 GHz
有效畫素	480(W)× 240(H)
尺寸	9.6 × 7.9 × 3 cm
電源需求	12 V DC
作業溫度範圍	0 度 C 到 +40 度 C
調變	GFSK
聲音輸出	10kΩ /200 m Vp-p

EzCap 影像擷取模組，如圖 9-23 所示，是作為 RC310 接收器的類比輸出和筆電的數位 USB 輸入的中介。要使用影像擷取裝置只需安裝 USB 驅動程式即可。它的操作非常透明化，並會以 USB 2861 裝置顯示在 Windows 裝置管理員底下，聲音、影像與遊戲控制器的類別內。這個指派過程是必要的，在您配置後製軟體時會需要。圖 9-25 顯示如果您想要的話，這個多功能裝置如何能夠使用在各種不同的應用上。

圖 9-24 RC310 攝影機頻率選擇調節開關

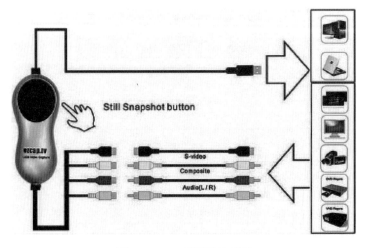

圖 9-25 EzCap 影像擷取配置

後製軟體

後製（post processing） 這個詞指的是影片或影像已經存在相容檔案格式，經過一些影像處理後來增強或取出想要的特徵。這個定義用一個範例來解釋最適合，但首先我會討論用來後製的軟體。

RoboRealm

RoboRealm 是一個可以用來做影像分析、電腦視覺、機器人視覺系統的後製應用程式。他的開啟畫面如圖 9-26 所示。

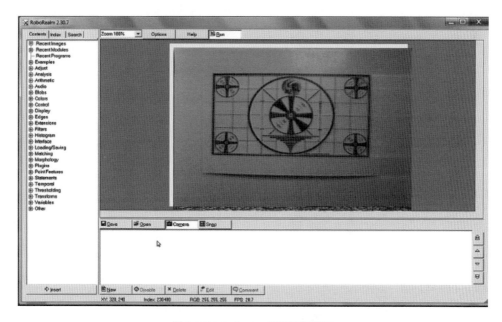

圖 9-26 RoboRealm 開啟畫面截圖

這個應用程式的三個主要區段分別負責影像處理的不同方面。中間的區段是被處理影像出現的地方。圖 9-26 的影像還沒處理過，所以以原始狀態顯示。左邊的區段，您可以選擇一種或多種處理方式來運用在顯示於中間區段的影像。在中間底部的區段顯示一系列所有施加過在影像的處理效果。如果參數資料有意義的話，也會一併顯示在這個區段。

在開始任何影像處理前，RoboRealm 應用程式必須依照合適的影像來源做配置。在啟動 RoboRealm 前，請確保 EzCap 裝置插入 USB 槽。接著，啟動應用程式，點擊位於中間區段選單列最下方的 Camera 按鈕。再來點擊位於中間區段頂部選單列的 Options 按鈕，然後當對話視窗出現時選擇 Video 分頁。這時應該會出現 Camera Source 的可選式文字方塊，如圖 9-27 所示。

在我的狀況中，總共顯示了三個選項。我選擇 WDM 2861 Capture，那是 EzCap 裝置的邏輯名稱。這樣應該就完成了，您可以看到即時影像在中間區段。如果您像要的話，就可以在這時實際處理即時影像串流。為了示範這點，我從左手邊的欄中選擇了一個 Canny 邊緣檢測修正的濾鏡，只要雙擊選項即可。結果如圖 9-28 所示。

圖 9-27 攝影機來源可選式文字方塊

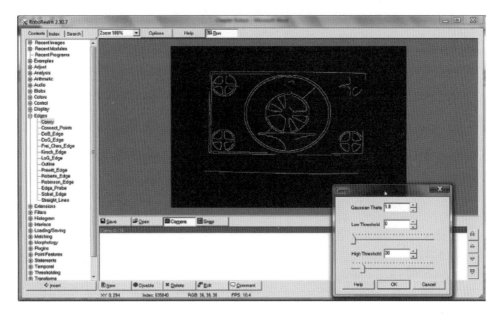

圖 9-28 透過 Canny 邊緣演算法進行濾鏡的視訊畫面

在 Edges 內容選項旁邊的 + 號按下時，會出現十四種不同邊緣濾鏡選項。其他內容選項也會有與其相關的多種選擇。乍看之下，可能會被這麼多不同的選項淹沒；然而，您很可能只會使用幾種就達到您的目的。RoboRealm 的設計師創造功能高度齊全的影像處理系統來符合不同使用者的目標。順帶一題，Canny 邊緣檢測會在後面的區段詳加解釋。

處理即時影像衍生出一個問題，原始的影像不斷變化，這造成很難評估多種濾鏡運算元套用在影像的效果如何。這是為什麼我強烈建議您應該在影片中截圖，並把影像處理套用在那張截圖上。這樣一來，您不僅擁有原始影像，您也可以儲存所有分別處理過的影像。要得到截圖，只要在底部選單列點擊 Snap 按鈕，並在對話框出現時輸入截圖的名稱即可。

圖 9-29 是我的 Elev-8 的截圖，我用 RC310 攝影機攝得的一段影片截取這張圖片。我會使用這張截圖來作為原始影像來示範一些影像處理演算法。

圖 9-29 Elev-8 截圖

直方圖

　第一種我想介紹的處理效果是直方圖（Histogram），這可能是大多數讀者會熟悉的演算法。很多 DSLR 會有直方圖來幫助攝影師判斷他們的照片是否曝光良好。在螢幕會顯示一張小圖，有眾多垂直線來顯示影像中所有紅、綠、藍（red, green, blue, RGB）的畫素亮度分佈。您一般應該會看分佈要合理的集中在橫軸上，橫軸的亮度從 0 到 255。這個範圍反應八位元畫素的亮度。圖 9-30 顯示 Elev-8 截圖的 RGB 直方圖。

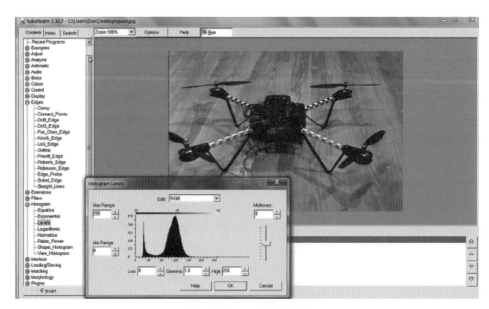

圖 9-30 Elev-8 RGB 直方圖

輪廓邊緣擷取

下一個效果可能會比較複雜一點。我想從原始影像擷取 Elev-8 的輪廓。這個處理演算法沿著一條特定的線，檢視一個窗格內所有畫素值，並檢定它們來決定平均亮度是否異於一個預定的值。一個急劇數值的變化通常代表窗格的中心點是位於邊緣上。圖 9-31 顯示從 Elev-8 截圖中擷取的輪廓。

您也可以從圖中看到我選擇 4 個畫素大的窗格，那是個不錯的值。任何更大的值會讓邊緣更不明顯，而更小的值會讓邊緣斷斷續續與急劇變化。選擇正確的參數幾乎永遠是嘗試錯誤的過程，但這也是為何這個領域如此有趣。

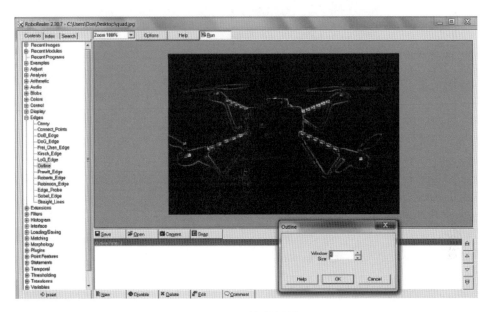

圖 9-31 Elev-8 輪廓邊緣擷取

負片與其他調整

另外一個有趣的效果是負片演算法，圖 9-32 的 Elev-8 截圖負片即是一個範例。這個效果可以在調整類別內找到。調整類別內的選項如下：

- Camera_Properties 攝影機屬性
- Contrast 對比
- Gamma 值
- Intensity 強度
- Negative 負片

點擊任何一個選項會開啟額外的調整選項和設定，可以用來優化特定的影像擷取裝置。RoboRealm 和攝影機設定有關的功能總是令我驚豔不已。我並非聲稱 RoboRealm 能夠取代 Adobe Photoshop，我會說 RoboRealm 似乎包含大多可以在更貴的 Photoshop 找到與，在少數更貴軟體中找不到的，攝影機調整功能。

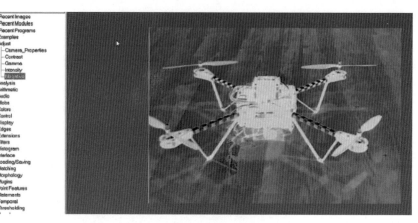

圖 9-32 Elev-8 負片效果

Canny 邊緣檢測

邊緣檢測非常重要，因為它可以偵測形狀與分離物件。我選擇 Canny 邊緣檢測來作為 RoboRealm 可以有效執行的代表性影像處理演算法。這個演算法以 John Canny 命名，他在 1986 發表這個演算法。他想要創造他所謂的最適邊緣檢測器，一種能夠表現優於多數當世存在的檢測器。他的演算法有多重步驟，我總結如下：

1. 減少雜訊（Noise reduction）：第一步刻意在原始影像引入輕微的模糊，作法是透過對原影像用高斯分佈做褶積運算。這樣做目的是為了消除充滿雜訊的單一畫素的效果。

2. 判定強度梯度（Determination of intensity gradients）：這個步驟判定邊緣（或強度梯度）從哪個方向經過。

3. 非極大值抑制（Non-maximum suppression）：這個步驟基本上是邊緣細線化的技巧。他使用迭代的方式用 3×3 畫素的濾鏡去套用在上一步判斷出的邊緣，進一步改善這條邊緣。

4. 邊緣追蹤與滯後閾值（Edge tracing and hysteresis thresholding）：最後一步沿著強度梯度（邊緣）走，確保那是邊緣的延續或是邊緣的結束。一旦完成，每個影像中的畫素都標記為是邊緣或不是邊緣。

接下來的兩張圖是取自維基百科，顯示 Canny 邊緣檢測如何運作。圖 9-33 是原始，未處理過的蒸氣引擎調節閥的影像。這個圖包含眾多不同的邊緣，是一個對 Canny 演算法扎實的測試。

圖 9-33 蒸汽引擎調節閥的原始圖片（取自於維基百科）

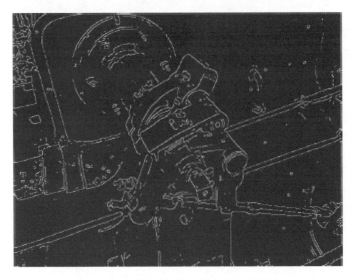

圖 9-34 顯示後製過的蒸氣引擎調節閥的影像。

我的確注意到邊緣檢測在部份圖片對比較差的地方沒有特別成功。舉個例子，注意看圖 9-35 我圈出從引擎出來的垂直管線處。

如果您在圖 9-34 看同樣的區塊，您可以輕易看見管線離開引擎蓋並往下彎。彎曲的邊緣有被 Canny 邊緣檢測馬上偵測到。然而，當管線下降時，原始影像的對比開始變差，邊緣就開始消失，如圖 9-34 所見。在後製影像時要注意，物體的照明越多越好，這樣才能得到最多的邊緣對比，效果才會最佳。

圖 9-35 垂直管線

我也用 RoboRealm 的 Canny 邊緣檢測來處理圖 9-33 的原始影像，拿結果來和維基百科上所提供的圖 9-34 影像進行比較。圖 9-36 是後製結果，與圖 9-34 非常接近。

現在給您看看 Elev-8 的 Canny 邊緣檢測過的圖片，讓您更了解這個技巧。圖 9-37 是後製過的 Elev-8 影像。

當我用圖 9-31（輪廓邊緣擷取技巧）和圖 9-37 比較時，很明顯 Canny 的方式比輪廓邊緣擷取產生更多不同的邊緣。輪廓邊緣擷取的圖片似乎包含一定數量的非邊緣畫素，我推測那是先前討論的簡單邊緣檢測演算法的結果。

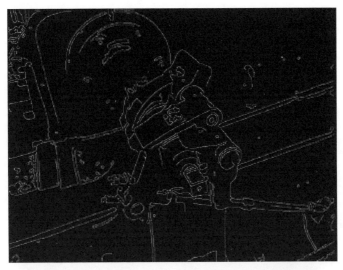

圖 9-36 透過 RoboRealm Canny 邊緣檢測的蒸汽引擎調節閥

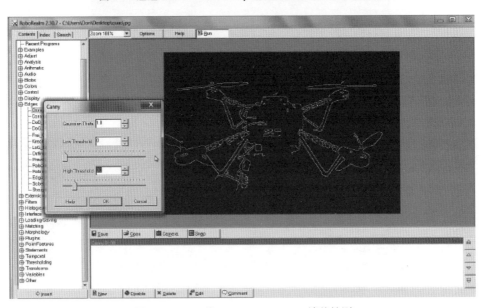

圖 9-37 Elev-8 的 RoboRealm Canny 邊緣檢測

現場試驗 RC310 系統與後製

　為了執行現場試驗，我放了一臺腳踏車在一些植物旁邊，並錄製一些影片來做後製。圖 9-38 顯示腳踏車在植物中，大約離相機 30 公尺（32.8 碼）。腳踏車的藍色顏色比它的形狀較容易讓其從圖中辨識出來。但仍須專注看才能從背景中分辨出腳踏車。現在，請看圖 9-39，那是同樣的影像但經過輪廓邊緣檢測演算法後製過。

圖 9-38 腳踏車測試畫面

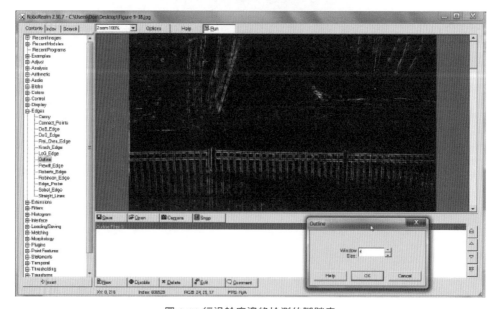

圖 9-39 經過輪廓邊緣檢測的腳踏車

現在您應該可以看到前景的圍欄，背景的樹，還有腳踏車的外框。我非常肯定腳踏車的輪子應該檢測不出來，因為不良的對比與有限的畫素解析度。這裡重要的一點是，由於外框形狀與環境分離，所以讓它很容易檢測到。所謂分離，我指的是垂直的樹和圍欄的柱子和水平的圍欄部份。這些外框非常顯著是因為它只有垂直或水平的邊緣，而且是連續的，或緊密連接。這樣的邊緣性質讓物體辨識容易得多，而且是空中監視攝影專家常用的基處之一。

我也套用了 Canny 邊緣檢測在腳踏車的測試影像上。圖 9-40 是結果。不管您信不信，因為使用了預設的 Canny 參數，雖然腳踏車的外框在圖中，但它幾乎是隱形的。經過一些參數調整，我才能取得如圖 9-41 所示的結果。

是的，唯一顯示在圖中的邊緣是腳踏車的外框！使用巧妙的後製技巧能夠達成的事情真的非常神奇。確實，我必須試過一些參數直到達成這個驚人的成果。Gaussian Theta 必須從 1.0 調成 1.5。這個設定發生在 Canny 演算法，處理模糊的步驟一。其他我做的改變是調整 High Threshold，從 30 調到 83。這個門檻設定在演算法的第三步。

高解析度測試影像

我決定用 DSLR 重複測試影像實驗，這次不用經濟型相機。我的目標是判定到底影像品質會如何影響邊緣擷取。不出所料，結果是影像品質對邊緣檢測有顯著影響。圖 9-42 是另一張腳踏車的圖，這次用 Canon 40D 攝影，裝載 70 到 200mm 的遠攝鏡頭。

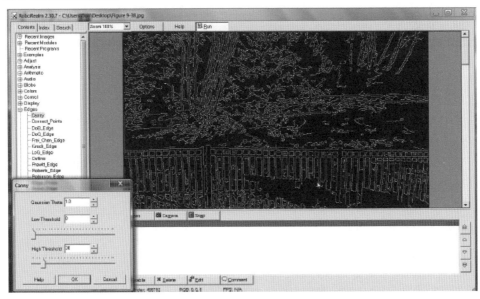

圖 9-40 Canny 邊緣檢測後的腳踏車測試圖片

這個影像已經大幅重新調整大小，以符合經濟型的影像尺寸。我首先使用了輪廓邊緣檢測，如同在先前的測試一樣。圖 9-43 是輪廓邊緣檢測後製的結果。這次您可以輕易看見輪胎輪廓，甚至是把手和座墊的輪廓 -- 比起前次的輪廓邊緣測試有十分顯著的進步。

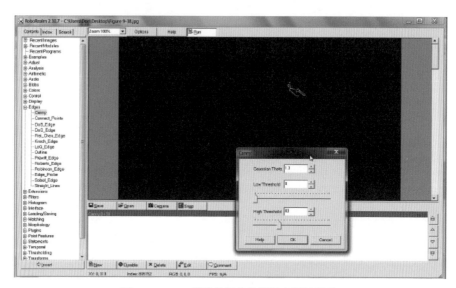

圖 9-41 Canny 邊緣檢測後的腳踏車測試照片

圖 9-42 高解析度測試照片

接著使用 Canny 邊緣檢測。我必須實驗各種參數來萃取最好的邊緣。結果如圖 9-44 所示。這次您可以觀察到兩個輪胎，把手，如果您用力瞇一瞇也可以看到座墊。有些非目標的邊緣在圖中出現，我相信這是因為更多的畫素會讓演算法產生更多的假邊緣。

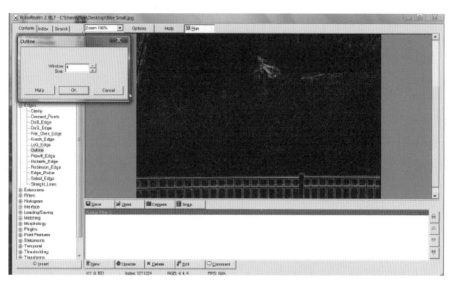

圖 9-43 以高解析度測試圖片進行輪廓邊緣檢測

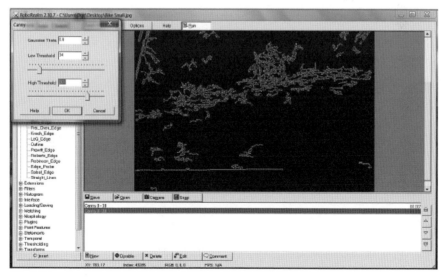

圖 9-44 以高解析度測試圖片進行 Canny 邊緣檢測的結果

基於上述眾實驗的結果，我相信在監視用途與目標物體偵測的理想攝影機會是搭配長焦距的 GoPro 類型攝影機。我並不清楚消費者有沒有辦法取得這樣的攝影機，但這樣的攝影機會是監視用途的好選擇。我很確定鏡頭大小與攝影機大小的取捨會是這類攝影機設計者與行銷者最大的考量。

地理標記 GoPro Hero 3 相片

地理標記（Geotagging）是指將 GPS 座標放在照片的後設資料（Metadata）內。後設資料則是指隱藏在數位影像的資料，它可以提供大量和照片有關的補充資訊。可交換影像檔（Exchangeable image file format, EXIF）是這種影像後設資料的名稱，且是從 1990 中期就存在的攝影業界標準。大多現代的數位相機自動產生 Exif 資料，它會附在實際影像資料裡。Exif 資料一般會使用設計來顯示資料的應用程式來檢視，雖然用 Windows 作業系統的下列三個簡單步驟就可以檢視：

1. 在影像儲存的資料夾內，右鍵點擊影像名稱
2. 點擊「屬性」，通常在對話視窗的選項底部
3. 點擊「詳細資料」的分頁

您應該能夠在對話視窗中捲動，並瀏覽所有存在選擇的影像裡的後設資料。您甚至能夠在您的電腦上為照片加上地理標記，如果它們用開啟定位服務的智慧型手機攝得。

警告：用智慧型手機拍到的照片上傳到網路，可能會無意間提供您的 GPS 座標給有心人士。如果您和家人一起遠足或旅行，並在離開家裡時拍了張紀念照，您應該會想避免這種情況發生。

地理標記只適合用在照片，而非影片，因為不可能標記每秒產生 30 個的影格。Hero 3 攝影機有非常有用的功能，他們在攝影時還會每 5、10、30、或 60 秒照靜態影像。這些斷斷續續的照片會是拿來地理標記，把您的位置記錄在照片中用。注意，我是說「您的位置」，因為 GPS 座標會是由 Android 平板產生，而非從四旋翼的任何機載物品產生。在大多數的情況，這不會是個問題，因為您會在飛行的四旋翼 100m（109.36 碼）的範圍內。GCS 的 GPS 座標應該對大多地點與大多追蹤用途來說足夠準確。

地理標記的照片需要在照片攝得的同樣時間內儲存一筆 GPS 座標。這個存得的記錄稱為 GPS 軌跡（GPS track），這只是隨著時間取得的眾多 GPS 座標集合之一。接著把照片取得的時間配對 GPS 軌跡上的時間只是一件簡單的事。大多數位照片會記錄拍攝的時間並存在 Exif 資料中。我使用 OpenGPS Tracker 這個程式來產生執行在 Motorola Android Zoom 平板的 GPS 軌跡。這個平板是 GCS 的一部分，並在圖 9-19 出現過。

地理標記測試

我決定做一個簡單實驗，我從家裡搭著裝有 Hero 3 的車做了三英哩的旅行。圖 9-45 顯示 Hero 3 用吸盤座裝在擋風玻璃前。

如果您仔細看這張圖，您會看到相機使以顛倒位置裝著。在設定目錄裡的攝影機設定可以設定顛倒影像來應付這種常見狀況。注意 Hero 3 也是以顛倒位置裝在傾轉平臺上。

圖 9-45 Hero 3 裝置在汽車擋風玻璃上

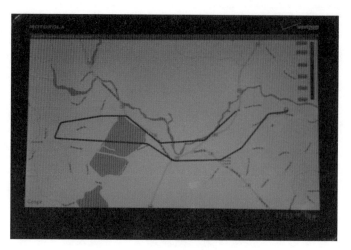

圖 9-46 Android 螢幕上的路徑測試軌跡

在旅行的一開始,我在 Android 平板的 OpenGPS Tracker 應用程式,按了開始追蹤(Start tracking)的按鈕。接著我週期性在旅圖中拍攝照片,並在旅途結束時按停止追蹤(Stop Tracking) 按鈕。追蹤程式產生一個軌跡記錄,檔名Track201310231000.gpx 的檔案,這會是地理標記系統的其中一個輸入。圖 9-46顯示平板螢幕上出現的這個軌跡。

檔案的副檔名 gpx 是 GPS 交換格式(GPS Exchange Format)的縮寫。這個格式是可擴展標記語言(Extensible markup language, XML),這種格式可以讓標準化的資料在應用程式與網路服務間交換。gpx 檔案可以包含座標(也稱作路徑點)、路徑、與軌跡。以下是軌跡記錄的片段:

```
<?xml version='1.0' encoding='UTF-8' standalone='yes' ?>
<gpx version="1.1" creator="nl.sogeti.android.gpstracker"
xsi:schemaLocation="http://www.topografix.com/GPX/1/1
http://www.topografix.com/gpx/1/1/gpx.xsd"
xmlns="http://www.topografix.com/GPX/1/1"
xmlns:xsi="http://www.w3.org/2001/XMLSchema-instance"
xmlns:gpx10="http://www.topografix.com/GPX/1/0"
xmlns:ogt10="http://gpstracker.android.sogeti.nl/GPX/1/0" >
<metadata>
<time>2013-10-26T14:00:25Z</time>
</metadata>
<trk>
<name>Track 2013-10-26 10:00</name>
```

```
<trkseg>
<trkpt lat=" 43.23794960975521"  lon=" -71.04583740234169" >
<ele>61.0</ele>
<time>2013-10-26T14:00:26Z</time>
<extensions>
<ogt10:accuracy>9.487171173095703</ogt10:accuracy></extensions>
</trkpt>
<trkpt lat=" 43.237617015837365"  lon=" -71.04948520660194" >
<ele>35.0</ele>
<time>2013-10-26T14:02:16Z</time>
<extensions>
<ogt10:accuracy>45.59917449951172</ogt10:accuracy></extensions>
</trkpt>
<trkpt lat=" 43.23302507400387"  lon=" -71.05446338653358" >
<ele>-23.0</ele>
```

XML 使用使用者產生的標籤來分隔資料。在上述資料片段的一個範例是：

```
<time> 2013-10-26T14:00:26Z</time>
```

其中 `<time>` 是起始標籤，`</time>` 是結束標籤。所有標籤之間的內容就是資料，並可以 XML 剖析程式取出。XML 是一種非常多功能的資料交換格式，它很快就變成大多軟體與網路服務傳輸資料的主流方式。

第二個需要地理標記的輸入檔案是包含所有影像的檔案。我產生這第二個資料夾的方式是，從 Hero 3 攝影機移除 microSD 記憶卡並裝在我的 Windows 筆電上。您可能會需要一個轉接卡來裝 microSD 卡，這樣它才能插到標準筆電的 SD 卡插槽。圖 9-47 顯示一個標準的轉接卡，通常您買 microSD 卡時會附贈。

圖 9-47 Micro SD 轉接卡

我接著複製記憶卡中所有旅程中產生的影像到我命名為 GoPro test 的檔案夾內。這個檔案夾的其中一個影像如圖 9-48 所示。這個圖顯示一些這個影像的 Exif 資料。我用之前提到的三個步驟取得這些資料。我顯示這些資料是讓您了解在地理標記前它裡面包含了什麼。

我用來地理標記相片的免費 Windows 軟體是 GPicSync。它可以從 https://code.google.com/p/gpicsync/ 下載。圖 9-50 顯示這個應用程式的主畫面。

在地理標記前，您必須輸入下列的資訊。您的指定資料夾、檔案、和時區資訊會和我的不同。

- 照片資料夾（Pictures folder）— C:\Users\Don\Pictures\GoPro Test\GoPro Test
- GPS 檔案（GPS file）— C:\Users\Don\Downloads\Track201310261000.gpx
- Google Earth — > Icons — picture thumb Elevation — Clamp to ground
- 勾選— Create a log file in picture directory
- 勾選— Add geonames and geotagged--Geonames in IPTC+HTML Summary in IPTC caption
- 選擇時區（Select time zone）— US/Eastern
- 當地理位置接近時，以下秒數後標記地理編碼圖片（Geocode picture only if time difference to nearest track point is below(seconds)）— 300

點擊同步（Synchronize!）按鈕來開始地理標記程序。這可能會花一點時間來完成程序，特別是有很多需要標記的照片時。

圖 9-48 旅程範例畫面

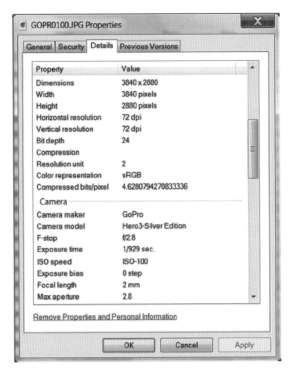

圖 9-49 圖 9-48 的 Exif 資料

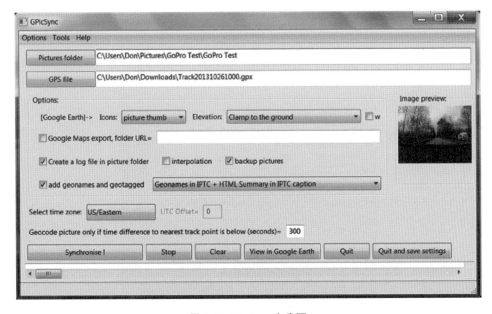

圖 9-50 GPicSync 主畫面

在圖 9-51 中，您可以看到先前範例照片的 Exif 資料現在 GPS 資料已經加到後設資料裡了。

重複的照片會被加到影像資料夾裡。第一個會是沒地理標記的照片，接下來的那張會是有地理標記的。您現在每張照片會有兩個版本，以防您突然想要使用未標記的照片。

照片資料夾裡應該還會有一個 doc.kml 的檔案產生。這個檔案是 XML 格式，這是 Google Earth 應用程式可以認得的資料源。雙擊這個檔案並選擇 Google Earth 作為開啟 .kml 副檔名的預設應用程式。圖 9-52 顯示當 Google Earth 開啟這個檔案時的結果。

如您所見，軌跡資料與照片縮圖會一起顯示。我點擊範例照片來顯示它被拍得的位置。我把 Google Earth 的畫面放大讓照片能夠更容易看到；然而，這稍微限制了軌跡的畫面。

接著顯示和範例照片有關的 doc.kml 檔案片段。可以很容易就看見照片是如何識別出來的。在本例中，XML 的 name 標籤（Name tags）之間有 GOPR0100.JPG 檔名。在片段中也可以看到 GPS 座標，它就在 XML 的 coordinates 標籤（Coordinates tags）之間。

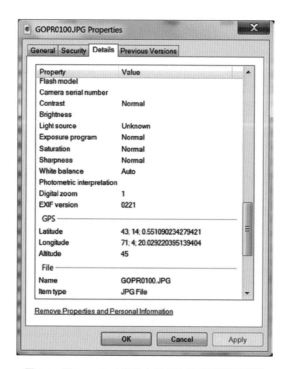

圖 9-51 圖 9-48 Exif 資料中所加入的地理標記資料

圖 9-52 Google Earth 中開啟 doc.kml 檔案

```
<Placemark>
<name>GOPR0100.JPG</name>
<description><![CDATA[<img src=' gopr0100.jpg'  width=' 600'
height=' 450' />]]>
</description>
<styleUrl>#defaultStyle1</styleUrl>
<Style>
<IconStyle>
<Icon><href>thumbs/thumb_GOPR0100.JPG</href></Icon>
</IconStyle>
</Style>
<Point>
<coordinates>-71.04583740234169,43.23794960975521,61.0
</coordinates>
</Point>
</Placemark>
```

一個比上述檢視軌跡與照片的步驟還簡單的方法是按下在 Google Earth 中檢視（View in Google Earth）按鈕，它就位於 GPicSync 螢幕中。而我在最初討論 doc.kml 檔案的原因是因為我希望能讓您了解，當您按下這顆按鍵時它其實背後發生了什麼事情。

這個區段總結我發現對四旋翼操作很有效的錄影系統的討論。下個章節將專注在效能檢測，與一些重要的訓練議題。

總結

本章以介紹 GroPro Hero 3 攝影機系統起頭。這是本章主要提到的兩種影像系統的其中一種。Hero 3 是一種非常廣角，高解析度影像系統，非常適合實作用來幫助操作者控制四旋翼的第一人稱影像系統（First-person video, FPV）。

我討論了 Hero 3 的基本功能和其限制，讓您對它的性能有清楚了解。我執行了 WiFi 距離測試來確認 Hero 3 應該能夠在四旋翼上運作良好。

我接著討論簡單的地面控制站（Ground control station, GCS），它讓操作者所有通訊器材都隨手可得，安全且有效地操作四旋翼。

接著，我們檢視了經濟型影像系統，當與後製軟體一起使用時它提供了合理的監視性能。我示範了 RoboRealm 軟體，它處理經濟型影像系統攝得的影像。我告訴您如何搭配經濟型影像系統使用直方圖、負片、邊緣檢測演算法。我也提供 Canny 邊緣檢測與其演算法詳細的解釋，來示範您如何能夠在眾多 RoboRealm 演算法之一深入探討。

我展示了兩個現場測試的結果，一個使用經濟型影像系統，另一個使用 DSLR。

本章以討論如何地理標記一系列的 Hero 3 照片做結。在這邊我同時示範了如何產生了您在進行照片地理標記前所需要的 GPS 軌跡檔。

第 10 章
訓練教學與性能檢查

序言

這章的第一部分，我會討論您應該如何訓練，好能夠安全地操作四旋翼。我也將會推薦各種可以增強訓練的資源。章節的最後包含測量四旋翼的表現。我討論了各種因素，包括可以提高或降低四旋翼操作的表現。

發展基礎的四旋翼駕駛技巧

首先，我認為用訓練計劃來發展一些飛行技巧，並不是讓四旋翼成功飛行的唯一方式。然而，您可能投入了相當多的時間、努力和金錢來建造您的四旋翼，且可能非常想保護您的投資。養成好的操作技巧，需要適量在時間或金錢上的投入，不過發展技巧比選擇性的嘗試錯誤好的很多，尤其是有的錯誤可能會花費您在整臺四旋翼上面的投資，或者更糟的，造成他人或財產上的損失。既然大家都不想發生這樣的狀況，我接著將會討論我所推薦的實際訓練。

四旋翼的操作訓練中，最被推薦的方式是透過模擬軟體來進行練習。我找到了多種四旋翼模擬軟體，並將其列於表 10-1 中。但是當您讀這個清單的時候，我無法保證這份清單依舊能囊括全部的軟體或是依舊符合上面的說明。R/C 軟體工業和大部分軟體發展公司一樣活躍，且新舊計劃時常更迭。

基於上面我討論的這點，我將使用 AeroSIM RC 飛行模擬裝置，並會簡單地提及 "SIM"。SIM 可以從 www.aerosimrc.com 線上取得，且定價合理。SIM 附帶一訓練接線，這在以下會討論。它支援下列的連接器如圖 10-1 的連接器簡圖所示，並在表 10-2 有更多細節。SIM 擁有許多特點，包含卻又不受限於以下內容：

- 實際可能發生的場景
- 遊戲模式
- 三十六個課程，包括起飛、飛行控制與降落

表 10-1 R/C 四旋翼模擬裝置

名稱	備註
Real Flight RF7	綜合包含兩個四旋翼模型；合理的價格。
Real Flight Basic	上述模擬裝置的較不昂貴的版本，然而沒有附帶四旋翼模型。可以從 Knife Edge 取得免費的使用者創建模型。
RC Phoenix Pro V4	似乎是慎重的依據使用者角度思考與判斷後發展的一款模擬程式。
Flying Model Simulator (FMS)	這個計劃由 Draganfly Innovations 發展。不包含四旋翼模型，但可以從 Draganfly Forum 獲得一些免費的模型。
AeroSIM RC	我使用的類型，且將會在這章節做討論。

- 撞擊後重設至起飛姿勢
- 實際刺眼的陽光（不太適用於四旋翼操作）
- 實際圖像
- 包含 GPS 的第一人稱影片（First-person video, FPV）
- 用衛星影像創建您自己場景的能力
- 模型編輯器
- 工具面板（不太適用於四旋翼操作）
- 主螢幕底下豐富的功能表
- 風向調整

表 10-2 支援 SIM 連接器

名稱	製造商
Futaba	Futaba
DIN-6	Futaba/Hitec
Multipiex	沒有特定的製造商— DIN-5, DIN-7, DIN-8 相容
Mono jack	JR/Spektrum/Hitec Aurora/Turnigy/Graupner mx series with DSC socket
Stereo jack	Graupner mx series with Trainer module
Mini-DIN-4	WFly/E-Sky/Storm/Sanwa
DIN-5	Sanwa/Airtronics

- 電源，精巧動作能力，與反應靈敏的設定
- 記錄與重播飛行
- 包含發射至 USB 的接線

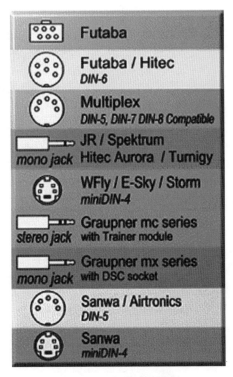

圖 10-1 SIM 連接器簡圖

　　SIM 這套軟體非常完整而且包含的所有特點，可以讓您成為有能力的四旋翼操作者 。它的價格適中而且我相信物超所值。圖 10-2 中您可以看到 SIM 附帶的東西。

　　其中一個 SIM 最重要的地方，是讓您使用您真實的 R/C 發射器來控制四旋翼，而非使用滑鼠或鍵盤。這種操作模式帶給訓練重要的現實感，將訓練直接轉移至實際四旋翼操作上。我認為這值得更進一步探討，來發現實際 R/C 發射器訊號是如何被納入 SIM 的。圖 10-3 是位於 Spektrum DX-8 發射器後面的 3.5mm 訓練者插孔。

圖 10-2 SIM 套件包的內容

圖 10-3 Spektrum DX-8 訓練者插孔

注意：一些 R/C 發射器將插孔標註為 Buddy box，因為它提供了不可或缺的訊號，允許另一發射器在主要的發射器旁一起運作。我晚點會在這章節裡討論 Buddy box 的訓練。

全部八個脈位調變（PPM）訊號，可以透過插入訓練者插孔的 3.5mm 插頭進行傳輸。這些 PPM 訊號代表分別以每 22ms 產生訊號的八個發射器頻道，這可以在圖 10-4 中見到。

這些訊號時間在第六章已經有非常充分的討論，我建議您回去複習那些討論，好完整理解這些脈波代表什麼。第六章顯示的脈波列和從訓練者插孔發射的脈波列，還有一個重要的差異，這裡討論的脈波列，實際上脈波本身被固定在每 0.4ms 的寬度。這是脈波之間的時間，脈波代表了實際通道脈衝的寬度。就真的只是您如何解讀這些軌跡。

有一點您應該注意的是，插入 3.5MM 插頭時，DX8 發射器需要關掉。插孔內建了連接的開關，會自動將 DX8 打開，並在插頭插入時進入從屬模式。此外，需要注意發射器在從屬模式時會失去作用。

我也拉大了 USB 上示波器的時間尺度，因為我想要確認，節流器頻道是否適合運作。圖 10-5 顯示拉大時間尺度後八個通道脈衝當節流器油門位於 0% 時顯示的軌跡。

示波器顯示節流器的脈寬間隔是 1.1ms，符合我們的預期。接著我為了確認新的脈寬，將節流器加到大約 80%。其他的頻道維持不變。圖 10-6 顯示了結果。

新節流器的脈寬間隔大約是 1.7ms，也符合 80% 的設定。因此我推論所有其他的頻道都有適當地運作。

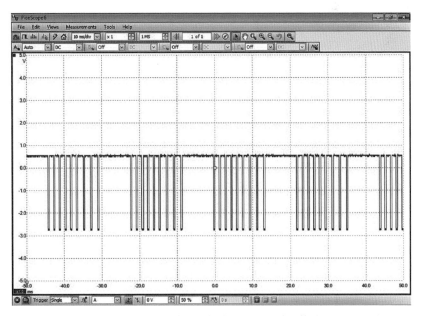

圖 10-4 從訓練者插孔輸出的 USB 示波器軌跡

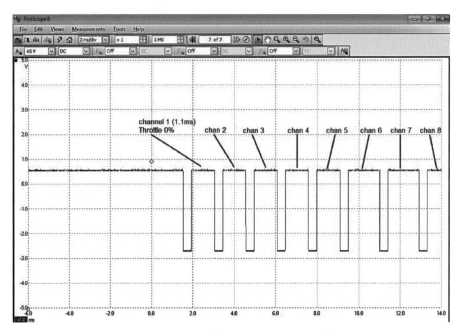

圖 10-5 節流器為 0% 時，拉大時間尺度的 USB 示波器軌跡。

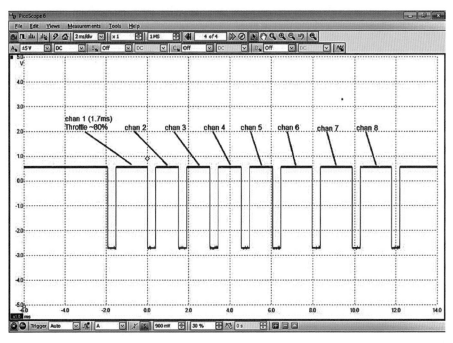

圖 10-6 節流器為 80% 時，拉大時間尺度的 USB 示波器軌跡。

訓練者接線

圖 10-7 是 SIM 接線的近照,連接 DX8 訓練者插孔和電腦 USB 埠。

稍微半透明的紅色 USB 塑膠外殼,裡面包含了一些有趣的電子設備,被設定用來接受類比的 PPM 訊號,並且輸出成數位數據,這些數據代表了各個 PPM 頻道的數值。基於我的研究,我猜測有些低花費、低功率的 Atmel 微處理器,被用於殼內的轉接器中,以決定固定脈波之間的時間,這個時間會由輸出一個包含八個數字的封包代表。這樣的動作每 22ms 會重複一次以配合來自發射器上的 PPM 數據。這些數據包隨後被 SIM 接收與處理,以提供使用者控制輸入到軟體中。

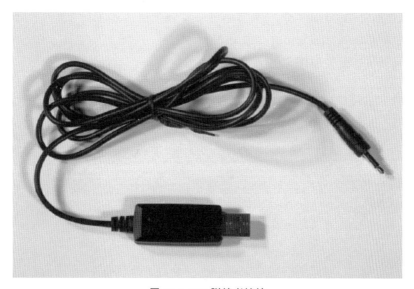

圖 10-7 SIM 訓練者接線

使用一臺電腦進行編程去支援相似的數據包,會是相較來說比較容易的,因此,提供您一個方法用各種控制輸入做實驗,而且無須 R/C 發射器。事實上,有一些人們確實做到我剛提到的事,所以他們可以用 SIM 和其他可以接收 PPM 輸入的裝置來實驗。

SIM 的安裝 CD 中包含了所需要的裝置驅動器,這驅動器必須在您可以使用訓練接線前即安裝完成。請注意,在我寫這篇文章時,SIM 只能與 Windows 相容。

開始運作 SIM

在這本書裡不可能真的展現 SIM 如何運作的給您看，不過呈現一些 SIM 運作中的螢幕截圖會幫助您理解 SIM 是如何運作的。我會給您看一些您在操作 SIM 時會看到的畫面。圖 10-8 是 SIM 啟動時您會看到的起始畫面，我已經選了四旋翼 IV 的模型，顯示在圖片裡。您必須配置 SIM 來配合發射器的控制。完成這個重要步驟最簡單的方法，就是按照以下的步驟：

1. 點擊位於頂端功能表中的管理者選項
2. 點擊配置選項
3. 點擊控制按鈕
4. 點擊 Config A 或 Config B 其中任一（我選擇了 Config B）
5. 點擊 Config and Calibrate TX (Beta) 按鈕
6. 按照指示一步步做

圖 10-8　SIM 起始畫面

圖 10-9 四旋翼飛行的 SIM 螢幕截圖

　　完成以上的步驟後，SIM 現在應該已經準備好可以運作了。SIM 中會有在飛行的模型，如果您使用實際的四旋翼，在 SIM 中使用 DX8 模擬控制就和在真實環境操控的方式一樣。還有一個模擬 FPV 視角在一些程度上模仿了真正 GoPro FPV 的樣子。圖 10-9 是一個配有 GPS、系統狀態、風，以及疊加在 SIM 螢幕上的四旋翼 FPV 的課程數據。這個展示對 SIM 操作是好的，但不幸地它並不會呈現在真實的操作上。

　　圖 10-10 中顯示的是教導您讓四旋翼持續盤旋在一個圈圈內的基礎課程。在這課程裡，您會學習到非常小的控制動作，全部都是您四旋翼精巧動作所需要的。如果您在控制四旋翼時對控制桿做出大的甚至中型的動作，您的四旋翼將會快速的失去控制。而在這邊最重要的是要了解，在操控四旋翼時，高超的技藝和輕微的控制動作都是必須的。

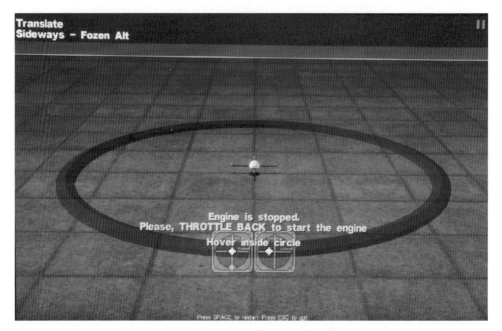

圖 10-10 SIM 基礎課程的螢幕截圖

　　SIM 會在所有課程中紀錄您的操作過程，這個對於評斷您個人的進步是很實用的方法。我不信您必須上完所有課程，才能完全精通四旋翼模擬程式上的操作。我會推薦您完成基礎的課程，例如維持高度還有在指定的位置盤旋，雖然您可能已經有一些 R/C 的經驗了，但控制四旋翼 SIM 和傳統飛機是相當不同的。

Buddy Box

　　Buddy box 這個詞表示的意思是將兩個 R/C 發射器裝在一起，並控制單一一個飛行器的情況。圖 10-11 是用來連接兩個 Spektrum R/C 發射器的 buddy box 接線。

　　接線末端的插頭被插入各發射器的訓練者插孔，使它成為 Buddy box。其中一個發射器必須被設置為主要（Master），另一個則設置為從屬（Slave）。Master 發射器是唯一將訊號發射至飛行器的，Slave 的發射器控制時所輸入的訊號需要通過 Master 然後發射。在被 Master 操作者觀察的同時，Slave 的操作者可以控制飛行器。假如 Slave 操作者不小心讓飛行器處於不好或危險的狀態，Master 操作者可以立刻對飛行器採取控制。

　　為了讓 Buddy box 順利運作，需要遵守適合各種發射器的設定教學。雖然不需要讓每個發射器都是同樣的類型或甚至來自同樣的製造商。但是在準備 Buddy box 過程中，如果使不同製造廠的發射器運作，可能會需要一些嘗試錯誤實驗。

以下指示將告訴您如何設置兩個 DX8 發射器之間的 Buddy box：

1. 確認兩個發射器使用同樣的飛行器檔案。您可以藉由複製一組 DX8 的 SD 卡內的設定，然後將它的設定載入到另一 DX8。在這邊請確認兩臺發射器都是同樣的型號。

2. 當您開啟您指定為 Master 的 DX8 電源的時，請壓住滾軸，旋轉滾軸並選擇訓練模式。接著從可用的選項中，選擇 Pilot Master。最後，離開並把電源關掉。

3. 當您啟動 Slave 或 StudentDX8 的電源時，壓住滾軸，旋轉滾軸並選擇訓練模式（Trainer mode）。接著在可用的選項中選擇 Slave。最後，離開與關掉電源。

4. 現在，開啟設定為 Master 的 DX8 並插入訓練者接線。不要打開設定為 Slave 的 DX8。當您將訓練者接線插入 Slave 的 DX8時，電源會自動啟動。「Slave」的字樣應該會從 Slave 的液晶螢幕上出現。

5. 在繼續進行這個步驟之前，請從四旋翼上移除所有的螺旋槳。然後，測試 Master 是否允許 Slave 啟動四旋翼，並且看看在移動控制桿時，馬達有沒有改變速度。

6. 當透過 Master 和 Slave 之間交互操控時，確保沒有發生馬達速度的改變。

圖 10-11 Buddy box 接線

無線 SimStick Pro

這部分將討論如何加強基礎的 SIM 設置。我使用稱作 SimStick Pro 的裝置，讓 R/C 發射器與運作 SIM 的筆記型電腦之間能完全的透過無線介面進行連接。加強 SIM 的設置需要使用 R/C 接收器與前面討論過的脈位調變（PPM）到 USB 的接線。圖 10-12 顯示了 SimStick Pro、PPM-USB 接線以及 Spektrum AR8000 人造衛星接收器的裝置方式。

圖中顯示的所有零件都是由筆記型電腦的 USB 所供給電源。我發現為了建立一個通訊連結，我必須重新連接人造衛星接收器與發射器。您可以回去翻閱第六章的內容，恢復您對於連接相關裝置的記憶。

這個設定不只解除了發射器與筆記型電腦之間的接線，也使用真實的無線連結來更進一步的提升了現實操作時的設置。使用這個設置對 SIM 如何運作，是絕對沒有影響的。其實就只是讓您像是在野外時一樣，可以帶著發射器四處走走。如果您可以將筆電接到更大的螢幕、平面顯示器或是電視上的話，這也會是個很大的提升，讓您在操作時不用太接近筆電的螢幕。而這樣的設計就會是個理想的訓練框。

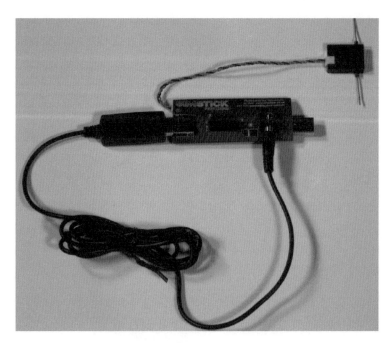

圖 10-12 無線 SimStick Pro 設定

性能測量

　　測量四旋翼的表現可以意味著不同的意思，取決於您的觀點與需求。在我的觀點中，測量淨載重量或上升能力，比起四旋翼本身的重量會是每個人的清單上重要的項目。畢竟，例如影像監視這樣的能力對於評斷任何四旋翼來說，只能算是基本屬性。而另一項基本的關鍵屬性則是飛行時間，或另一種說法，決定四旋翼在電池電量消耗到必須降落之前，可以在空中停留的時間。而就附加屬性來說，可能對於使用者來說感到有興趣選擇的，就是四旋翼可以飛離地面的最大高度。雖然對大部分使用者來說，這點是沒必要擔心的，因為當地法規可能限制了最大高度到是 400ft（121.9 公尺）或更少。

決定最大淨載重量

　　我決定專注在淨載重量，這屬性可能是大部分四旋翼使用者最感到有興趣的。最大淨載重量，如同我對它的定義，是滿載的四旋翼全部的重量，扣掉無負載的四旋翼與其附加電池的重量後所得到的數值。決定最大淨載重量能力，很可能在大量快速的試誤法中已經完成，試誤過程中淨載重量附加於四旋翼，且也嘗試了試飛。四旋翼要嘛會飛或者不會飛，而真的飛了的話，如果到達它的最大負重能力，它可能會傾斜、上下顛倒。假使攝影相機到達了淨載重量，這狀況可能會導致四旋翼嚴重毀損，也許甚至損壞了昂貴的攝影相機。為了進行測試，我一開始先嘗試繫繩，或用堅固的細繩綁四旋翼，但沒有任何作用，因為四旋翼的飛行控制系統會和繩子「打架」且總是會旋轉至一邊或另一邊。我想通應該有更安全且更科學的方式去決定淨載重量。圖 10-13 是我一開始為決定淨載重量所設計的測試裝置草圖。

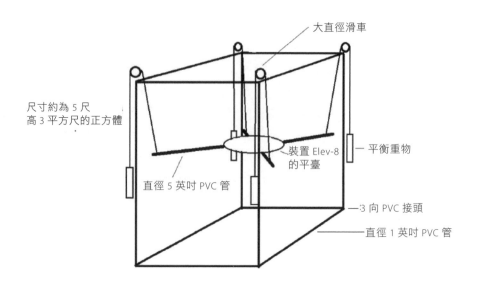

大直徑滑車

尺寸約為 5 尺
高 3 平方尺的正方體

裝置 Elev-8
的平臺

平衡重物

直徑 5 英吋 PVC 管

3 向 PVC 接頭

直徑 1 英吋 PVC 管

圖 10-13 為決定最大淨載重量的初步設計草圖 (唐納 · 諾里斯 2013)

　　基本的想法是將四旋翼裝在平臺上，並讓它和平臺與沒有負載的 Elev-8 合起來的重量達成平衡。這樣的方式下，我可以對平臺施加額外的重量，直到 Elev-8 不能再負擔重量為止。然後這個重量就會等於最大淨載重量。

　　圖 10-14 是完成的測試框架的照片。從我開始製作原型到照片中實際完成的版本間，我做了許許多多的修正。我也有將這個測試裝置的設計圖放在本書的網站（www.mhprofessional.com/quadcopterter），提供給對於建造這個裝置有興趣的讀者。我刻意使用常見的素材，這些素材可以在一般的家庭五金行找到（如特力屋等等），好讓建造容易得多。

　　框架的頂端如圖 10-15 所示，您可以看到我使用的常見晾衣繩滑輪，來讓維持平臺吊重平衡的尼龍線施力方向能重新定向。

　　平臺由 0.5 英吋（1.27cm）的 PVC 管子製成的軸架支撐，如圖 10-16 所示。在這張圖片裡，您可以看見空平臺因為吊重而緊貼在停止移動的（travel-stop）軸環上。我們需要這些停止軸環來預防 Elev-8 螺旋槳在四旋翼上升至頂端時撞到框架頂端的構件。您也應該注意平臺軸架與垂直框架上的 PVC 製 T 形夾具。這些 T 形夾具被修改到能夠自由地垂直行進，雖然還是會產生極小的水平移動。圖 10-17 是其中一個 PVC T 形 / 三通的近照。

圖 10-14 最後的測試框架設計

圖 10-15 俯視測試框架

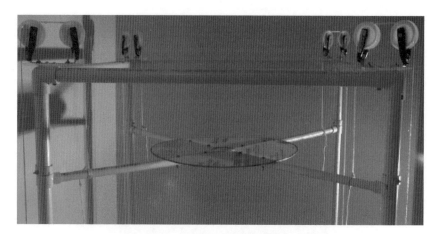

圖 10-16 測試框架平臺的近照

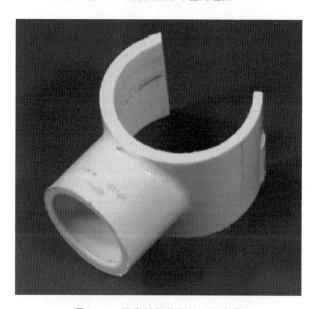

圖 10-17 平臺軸架的附件 T 形夾具

　　每個 T 形夾具要使用 13/8 英吋的平底鑽頭鑽孔才能有足夠的空隙在外徑為 11/2 英吋垂直的 PVC 管子上移動。主要結構上也排除了 90 度的弧形以避免束縛，但允許 T 形夾具被推上垂直管。

　　圖 10-18 裡描繪了平衡物。這些平衡物是用外徑為 21/2 英吋的 PVC 管子做成，一端有硬蓋，另一端上面有合成橡膠蓋。簡單的摩擦力讓硬蓋維持在位子上，而三英吋軟管夾具則固定橡膠軟蓋。這安排讓水可以被放入各個平衡物，直到達到合適的重量。以下計算展示了水的重量如何因平衡物而定。

平臺與 Elev-8 的全部重量：

$$1.140kg（平臺重量）+1.664kg（Elev-8 重量）=2.804kg$$

平衡物計算：
　平均一個空的平衡物重量 =0.560kg
　四個空平衡物全部的重量：

$$0.560kg \times 4=2.240kg$$

平臺加上 Elev-8 重量，平衡前者所需之水的整體重量：

$$2.804kg（平臺與 Elev-8 的重量）-2.240（四個空平衡物的重量）=0.564kg$$

　加在各平衡物的水重：

$$0.564kg/4=0.141kg$$

　加了水的各平衡物重量：

$$0.560kg+0.141kg=0.701kg$$

圖 10-18 懸吊的平衡物

圖 10-19 裝在測試框架上的 Elev-8

　　圖 10-19 是為了淨載重量測試，被裝在框架平臺上的 Elev-8。注意 Elev-8 的位置是被固定的，如此一來螺旋槳便置於垂直管支撐的中心。這位置確保螺旋槳離框架有足夠的空隙。

　　我用束帶將 Elev-8 綁到平臺上，如圖 10-20 所示。為了使用束帶，您會需要在起落架著與平臺接觸點的任一邊上鑽兩個孔，如您在圖片中所看到的。

測試結果

　　我跑了系列的實驗，藉由每次加上些許重量直到四旋翼開始過度震動，從而表示它已經達到上升能力的極限。結果是大約 0.9kg（1.98 磅）。我估計這數值變動的範圍約正負 50g，取決於負載的分配。這意味著 Elev-8，如同配置，應該有保守估計 0.9kg（1.98 磅）淨載重量，應能滿足大部分使用者的需求。

圖 10-20 附加平臺的 Elev-8 綁帶

　　我還注意到 Hoverfly 飛行控制器 LED 在四旋翼開始劇烈搖晃的時候，會開始閃爍紅色，搖晃發生在負載能力到最大極限時。我觀察其中一個馬達過熱到一定程度，我可以聞到燃燒的隔熱材料。幸運地，馬達在容許冷卻的時候恢復了，然而，我在猜因為此次的過熱事件，馬達並沒有表現出最佳能力。（對於我對馬達的看法，可以在第五章看看我為何會如此悲觀。）這種表現應該不會呈現在不被束縛的自由飛行中，因為飛行控制器就是被設計在自由飛行中運作，且不會直接將巨大電源通到單一馬達，來修正力的不平衡。我相信四旋翼在自由飛行時，應該運作正常，因為飛行控制器會接收到控制馬達時，馬達所提供的適當的回應。

Kill Switch

　　在第三章末尾，我提到 Kill Switch 是您值得加到 Elev-8 的功能。這個功能會完全關閉所有到四旋翼的主要電源，並使四旋翼在撞入人群或財產前，從天空中掉落。圖 10-21 是簡單的 Kill Switch 設置。它就是一個可以藉由驅動伺服機來關掉的開關，伺服機上則裝著簡單的木製手臂，可以跳閘開關。

　　注意： 在一般的四旋翼操作期間，使用適合比率的雙態觸變開關可以掌握來自主要電池電流所產生的突波。

我將伺服器直接連結到 AR-8000 R/C 接收器上尚未設定的 Aux-2 頻道。將 Aux-2 開關從正極快速切換到負極，造成伺服器手臂旋轉 90 度，足夠打開 Kill Switch。當 Kill Switch 被啟動時，四旋翼會立刻失去所有電源並馬上掉落。這項功能的重點就是預防受傷或財產的損失，別因為粗心地讓四旋翼掉落結果造成損傷。

圖 10-21 Elev-8 的 Kill Switch

估計飛行時間

　飛行時間和鋰電池的充電狀態（State of charge，SOC）直接相關。飛行時唯一受測的參數，是電池的電壓，會通過遙測模組被回報給 DX8 發射器。主要的問題是如何將電池電壓連繫至 SOC。針對這問題，解決方式不太簡單，因為電池電壓和 SOC 並非直接成比例的。換句話說，這意味著 20% 電池電壓的減少，不代表 SOC 消耗了 20%，因為兩者之間的關係是複雜或說是非線性的。

　R/C 的愛好者們已經做了許多連接電壓與 SOC 的研究，這些我總結在表 10-3 裡。我列出了單芯電池（Single-cell，1S）和三芯電池（Three-cell，3S）兩種電壓在這個表格裡。

　在這份表格中，鋰電池平均下降 5mV 的電壓，SOC 便會下降 10%。我想提醒您這些數值可能不代表您的鋰電池的實際表現，因為在 R/C 領域中就有許多不同的製造商設計出不同類型的鋰電池。然而，數據應是理性上接近且更加適合並滿足大部分四旋翼操作者的擔憂。

這有一些應用在鋰電池的通用法則您必須知道。它有一個通稱叫做 80% 規則
（80-percent rule）：

警告：不要讓電池放電到低於它電量比例 80%

根據表 10-3 裡的數據，當產生 80% 的消耗時，對應 3S 的電壓是 11.4V。這意
思是如果透過遙測得知您的四旋翼電池正接近 11.4V，您應該立刻讓四旋翼降
落。儘管有更複雜的原因來說明，鋰電池為何不該釋放低於 80% 的容量比率，
但下面我會簡單的描述 80% 規則，這應該能讓您擁有較久的電池壽命。大多數
消費者的鋰電池在失去充電能力之前可以充電 350 到 400 次，但是如果釋放超
過 80% 的容量會明顯減少充電循環的數量。這可是很浪費的狀況，因為高容量
鋰電池並不便宜。

表 10-3 鋰電池電壓對比 SOC

單芯鋰電池電壓	三芯鋰電池電壓	SOC 百分比
4.20	12.60	100
4.15	12.45	90
4.10	12.30	80
4.05	12.15	70
4.00	12.00	60
3.95	11.85	50
3.90	11.70	40
3.85	11.55	30
3.80	11.40	20
3.75	11.25	10
3.70	11.10	0

我已經充分地討論過鋰電池的 SOC 了，現在我想要將電池電壓和飛行時間連
接在一起。關鍵參數是電流，或放電率。馬達有可能佔了 90-95% 的電流。馬
達牽引的電流量和淨負載量，與飛行的動態穩定狀態直接相關。如果四旋翼開
啟後停在地表上，螺旋槳沒有移動或是幾乎沒有旋轉，電流可以是最小的。假
如您高速通過郊外，或尋找新的高度紀錄，當盤旋或大致高峰的時候，電流會
明顯變高。

我會給各個 A2212/13T 馬達使用平均值電流 16 A，來反映四旋翼操作者可能會使用在典型飛行的操作模式。我也會用很基本的選項，3S、40C（庫倫）的鋰電池作為電源供應。 所有四個馬達的平均電流消耗 64A，這是非常大的能量消耗。不過，現代鋰電池非常有能力符合這種要求，而這點也是四旋翼可以運作的主要原因。

飛行時間的計算是：

$$40C/64A \times 60 \text{ 分鐘} = 37.5 \text{ 分鐘（100\% 的消耗）}$$
$$37.5 \text{ 分鐘} \times 0.80 \text{ 消耗} = 30 \text{ 分鐘（80\% 消耗 per the 80\% rule）}$$

三十分鐘會是您可以期待的最大值運作時間，但在現實中，我相信您可以期待實際飛行的時間在大約 22 到 28 分鐘的範圍裡。當然，如果您使用較低容量的電池，您的飛行時間將會成比例地變少。如果您使用 20C 的電池，您可以預期的，飛行時間將不會超過 15 分鐘。

我給四旋翼操作者的實作建議是，除了在四旋翼上執行任務的那個，另外再多準備一些充飽電的備用鋰電池。如此一來，您可以快速替換電池，且無須浪費時間等待消耗的電池再次充飽，這可以為您省下許多時間，特別是電池如果降到最小的 SOC 的話。

以上完善了訓練與四旋翼性能的討論，現在我會移動到另一有趣的主題：哪裡才是四旋翼該飛向的方向。第十一章也會包含改進或用您的四旋翼練習的建議方式。

結論

我用如何獲得需要的技巧來成功操作四旋翼的討論開始這章。操作 R/C 模擬裝置計劃，似乎是發展必備技巧最慎重的方式，同時將任何潛在對真實四旋翼的破壞減到最小。也列出了許多可取得的模擬裝置計劃，並特別著重在 AeroSIM RC（SIM）計劃，那是我買來訓練我自己的一種模擬軟體。

接著檢視各種常用連接型態的討論，把 R/C 發射器連通到運轉 SIM 的電腦。3.5mm 的單一插頭和 Spektrum DX8 發射器一起使用，Spektrum DX8 發射器是我為這個計劃所選的。

我給您看了一系列的 USB 示波器軌跡，描繪了可在訓練者插孔取得的 PPM 訊號，訓練者插孔在 DX8 的背面。我也討論了 PPM-USB 轉換器模組，將 PPM 訊號改變至相等串列數位數字，輸入至電腦的 USB 埠。SIM 運用這些數字來代表

R/C 發射器理解的使用者控制動作。

看了許多描繪典型 SIM 顯示的螢幕截圖，當您一邊跑實際的 SIM 時，您會看到這些顯示的內容。

我簡短地討問了透過 Buddy box 訓練可能發生的狀況，例如兩位操作者可以控制一臺真實的四旋翼。一位操作者可以被指定為 Master，另一位操作者作為 Slave。由邏輯可知，Slave 的操作者會是學習如何操作四旋翼的那位，而主 Master 操作者可以推翻或在即將出差錯時取得控制。

接下來討論的是無線 SimStick Pro 配件。它讓 SIM 可以用非常實際的方法操作，從發射器藉由實際無線訊號連結的方式，將控制訊號送到 R/C 接收器。因此，它經過 PPM-USB 模組 / 接線並進入了安裝了 SIM 的電腦。這安排大致上，讓您透過練習就能夠達到貼近真實四旋翼操控感的成果。

這章以處理兩個四旋翼表現測量部分作結：淨載重量與飛行時間。我給您看了我設計和建造的特別的測試框架，這是用來精確測量實際四旋翼起飛後可以承載的淨載重量。淨載重量平常被定義為可以承載的重量，然而並不計算實際四旋翼包含電池的重量。在基礎 Elev-8 的案例中，我決定淨載重量是 0.9kg（1.98磅）。如果提供 Elev-8 符合其需求的鋰電池作為四旋翼的供電，而將足夠負擔中型四旋翼 Elev-8 的預期載重。

最後部分處理了決定飛行時間這件事，我進行詳盡的、關於鋰電池充電狀態（State of charge，SOC）和電池電壓的討論，透過觀看實際的電池電壓，將可以理性地估計 SOC。如果您已經在機載電子設備中組成了 TM1000 遙測模組，那將可以進行數值的測量。我提到了吹毛求疵的 80% 規則，請遵守它以確保鋰電池的壽命可以被達到到它可能充電的最大次數。

第 11 章

改進方案與後續計劃

序言

　　在這個章節，我會討論一些您可能會認真替您的四旋翼考慮的增強方案與後續您可以提供給您的四旋翼的修改計劃。在前面的幾個章節中介紹了許多觀念，現在將會將這些觀念全部融入到這章節的討論當中。當您在閱讀本章節的時候，您可能會想回去看看前面的內容並喚醒本章節所提到的觀念與知識。在這章節中，您也會發現一些進階的感測器，會讓您的四旋翼在進行飛行操作時多了明顯的靈活性與能力。

定位與回家操作

　　要為四旋翼提供絕對的地理定位，用 GPS 系統是相對容易的一種方法。在第十章，我提供並演示了一個簡單、即時的 GPS 系統，持續地將 GPS 座標發送回去給地面控制站（GCS）。這些座標接著會以經度與緯度的方式，在液晶螢幕上顯示。在第十章的討論中，我示範了如何手動把座標加入 Google Earth，來提供四旋翼附近地形的真實影像。GPS 資料也可以裝載在四旋翼上，作為飛行器到上一個地點或新地點的導航。可惜的是，我無法展示給您知道如何將 GPS 定位系統安裝在 Elev-8 上，因為 Hoverfly Open 飛行控制板的飛行控制軟體是有專利的（如同我在第三章提到的）。不過我可以大致說明如何藉由 GPS 資料並使用虛擬系統定位一般的四旋翼，。

　　這款的四旋翼會非常簡單，組成包含四個馬達，用四個電子調速器（Electronic speed controllers，ESC）驅動，反過來電子控速器（ESC）則是由虛擬飛行控制系統（Virtual flight-control system，VFCS）控制，虛擬飛行控制系統則是由 Parallax 教學板（Board of Education，BOE）執行。為了這次專案，我假定 VFCS 會回應來自 GPS 模組、和來自電子羅盤的 R/C 控制訊號。圖 11-1

是我剛剛描述的一般四旋翼控制系統的方塊圖。

在第十章，我描述了板子上的 GPS 模組。在新的構造中，GPS 模組的訊號會被直接連結到 BOE 而非 Prop Mini。此外，會有另一個來自電子羅盤的感測器輸入，我在後續內容會多做描述。

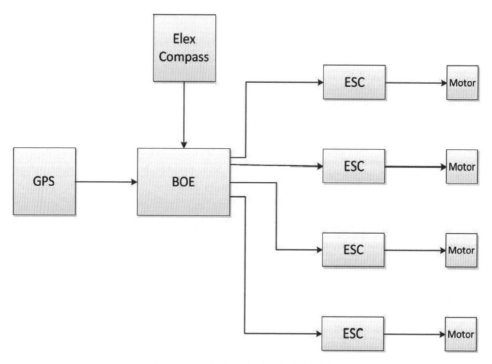

圖 11-1　一般四旋翼控制系統的方塊圖。

電子羅盤模組

我使用 Parallax 羅盤模組 HMC5883L 與 Parallax 數位 29133。這個模組可說是相當敏感的三軸電子羅盤，有非常強大的偵測與分析地球磁力線的感測器。這個模組請見圖 11-2，可以見到它相當精緻小巧。

圖 11-2 Parallax 羅盤模組 HMC5883L

圖 11-3 Honeywell 三軸羅盤感測器

　　模組使用基本的磁電阻（Magnetoresistance）的物理原則，其內的半導體素材透過改變自身電阻，使其與外部通過區域的磁通量成正比。（這個作用於 1851 年由 Wiliam Thomson 第一個發現，而 Wiliam Thomson 則以 Lord Kelvin 更廣為人知。）

　　HMC5883L 利用 Honeywell 公司的各向異性磁電阻（Anisotropic Magnetoresistive，

AMR）科技，以精準的軸內敏感度和線性為特點。這些感測器都是固態電子元件，且展現出非常低的橫軸靈敏度。它們被設計來測量地磁方向與引力的磁力，範圍從 310毫高斯到 8 高斯（G）。地球的平均場強度是大約 0.6G，所以也在 AMR 感測器的感測範圍裡。圖 11-3 是使用於羅盤模組的三軸感測器近照。

模組裡面有三個磁電阻，彼此放置在合適的角度，使它們能夠感測 X 軸、Y軸和 Z 軸的磁場。將 X 軸對齊地球的南北磁力線進行描繪可能是最簡單的畫法，接著讓 Y 軸對準東西線。現在 Z 軸可以想作是高地或窪地 。圖 11-4 中顯示的是這些軸疊在地球的磁力線上方。

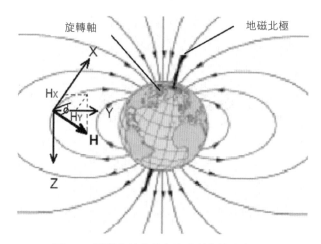

圖 11-4 羅盤的軸交疊在地球磁力線的上方。

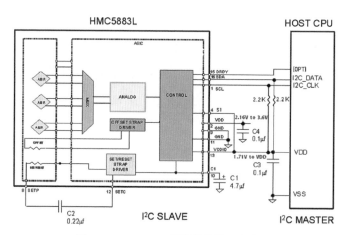

圖 11-5 HMC5883L 羅盤模組電子方塊圖

這圖有點難辨認，因為裡面有很多內容。標註 H 的粗線代表磁力線的向量，可以被分解成三個較小的分量，分別對準 X 軸、Y 軸和 Z 軸。為了更清楚的呈現，我在這邊只繪出 Hx 和 Hy 的磁力分量。

在 Hx 和 Hy 組件形成的飛機與 H 向量之間的角度，被稱作磁偏角（Declination），且時常用符號 代表。注意，為達到精確的方位，因羅盤傾斜而補償，也是非常重要的。

幸好對我們而言，所有補償和計算在 HMC5883L 模組裡，可以很好地掌握。圖 11-5 是模組裡面構成電子組件的方塊圖。

模組主要透過第六章討論過的 I2C 匯流排與微處理器進行溝通。因此將羅盤模組連接到 BOE 總共只花了四條線。在表 11-1 裡有這些連結的細節。實際的連結在圖 11-6 中可以看到。

我們現在需要軟體來測試 BOE 上的羅盤模組。我從 Parallax OBEX 的網站，下載了一個很不錯的範例專題，叫做 HMC5883L.spin，這個網站我已經在先前的章節討論過了。這個專案包含了所有必要的測試碼來展示透過 I2C 將羅盤模組和 BOE 進行連接。此外，專案使用 FullDuplexSerial 項目，提供使用 Propeller Serial Terminal（PSerT）的終端排列。這個專案也可以從書的網站取得，www.mhprofessional.com/quadcopter。

表 11-1 HMC5883L 模組和 BOE 之間的連結

HMC5883L 腳位	BOE 腳位
VIN	5V
GND	GND
SCL	P0
SDA	P1

圖 11-6 HMC5883L 模組和 BOE 之間的物理連結

測試專案第一部分的內容顯示於下：

```
{{HMC5883.spin 2011 Parallax, Inc. V1.0
透過 I2C 匯流排控制 Honeywell HMC5883L 三軸羅盤。
Demo 顯示原始的 X、Y、Z，以及計算方位角加上航向角度。

 _____
| H    SDA    |      ——  I²C Data pin, I²C Master/Slave Data
|             |             (Data I/O)
| M    SCL    |      ——  Serial Clock — I²C Master/Slave Clock
|             |             (Clock 160 Hz)
| C    DRDY   |      ——  Data Ready, interrupt pin. Internally
|             |             pulled high. (opt.)
| 5    VIN    |      ——  2.7 - 6.5 V DC (module is regulated to
|             |             2.5 V DC)
| 8    GND    |      ——  Ground
| 8           |
| 3    -Module |
 ‾‾‾‾‾‾‾‾‾‾‾‾‾‾‾
}}
CON _clkmode          = xtal1 + pll16x
    _clkfreq          = 80_000_000
```

```
datapin                  = 1                    'SDA
clockPin                 = 0                    'SCL
```
" 所有在 HMC5883 上可用的電阻列於下方：
```
WRITE_DATA = $3C         ' 用來運行寫入
READ_DATA  = $3D         ' 用來運行讀取
CNFG_A         = $00         ' 讀寫紀錄，設定資料輸出比率。預設是 8 個測量
```
樣本已 15Hz 的速度運行，160Hz 可以透過螢幕的數位準備位達到。
```
CNFG_B             = $01         ' 讀寫紀錄，設定裝置增益（230 到 1370 高斯），
```
預設為 1090 高斯。
```
MODE               = $02         ' 讀寫紀錄，選擇運作模式。預設 = 訊號測量
```
（Single measurement）。當通電時送出 $3C $02 $00 的訊號以改變連續測量模式。
```
OUTPUT_X_MSB  = $03         ' 讀取紀錄，以 8-bit 的數值輸出到 X_MSB，如
```
果計算出過大的測量偏差則會讀到 -4096。
```
OUTPUT_X_LSB  = $04         ' 讀取紀錄，以 8-bit 的數值輸出到 X_LSB，
```
如果計算出過大的測量偏差則會讀到 4096。
```
OUTPUT_Z_MSB  = $05         ' 讀取紀錄，以 8-bit 的數值輸出到 Z_MSB，如
```
果計算出過大的測量偏差則會讀到 -4096。
```
OUTPUT_Z_LSB  = $06         ' 讀取紀錄，以 8-bit 的數值輸出到 Z_LSB，如
```
果計算出過大的測量偏差則會讀到 -4096。
```
OUTPUT_Y_MSB  = $07         ' 讀取紀錄，以 8-bit 的數值輸出到 Y_MSB，如
```
果計算出過大的測量偏差則會讀到 -4096。
```
OUTPUT_Y_LSB  = $08         ' 讀取紀錄，以 8-bit 的數值輸出到 Y_LSB，如
```
果計算出過大的測量偏差則會讀到 -4096。
```
STATUS             = $09         ' 讀取紀錄，裝置狀態指示
ID_A                   = $0A         ' 讀取紀錄，(ASCII value H)
ID_B           = $0B         ' 讀取紀錄，(ASCII value 4)
ID_C           = $0C         ' 讀取紀錄。(ASCII value 3)
VAR
long x
long y
long z
byte NE
byte SE
byte SW
byte NW
OBJ
term       :       "FullDuplexSerial"              ' 驅動 PSerT
math       :       "SL32_INTEngine_2" ' 使用 atan 函數需要先輸入數學函式庫
```

```
PUB Main
waitcnt(clkfreq/100_000 + cnt)                    ' 在羅盤模組開啟時等待
term.start(31, 30, 0, 9600)                       ' 開啟終端物件（rxPin,
txPin, mode, baud）
setcont                        '設定連續獲得資料 sets continuous data acquistion
repeat                                                              '無限循環
setpointer(OUTPUT_X_MSB)                          '開始自 OUT_X_MSB 的紀錄
GetRaw                                            '取得羅盤的原始資料
term.tx(1)                                        '設定終端資料在最上方螢幕
RawTerm                                           '設定螢幕顯示 X、Y、Z 的原始資料
HeadingTerm                                       '終端螢幕標題上顯示度數
PUB HeadingTerm
"Terminal window display of heading in degrees.
term.str(string("Heading in Degrees:",11))
term.tx(13)
term.tx(13)
Heading
PUB AzimuthTerm
"Terminal window display of calculated arcTan(y/x)
term.str(string("This is the calculated azimuth:",11))
term.tx(13)
term.tx(13)
term.str(@Azm)
term.dec(azimuth)
term.tx(13)
term.tx(13)
```

圖 11-7 運作示範線路

這個程式中大多數的程式碼可以簡單的讓資料呈現在 PSerT 上。在 VFCS 中使用的實際專案將能夠更加簡約，因為它不需要讓把資料顯示給人進行閱讀。

圖 11-7 顯示了運作中的示範線路。我在圖中放置了傳統羅盤來說明哪邊為磁北極。整個 BOE 已經定位好了，如此一來羅盤模組就會指著磁北極。圖 11-8 是 PSerT 的螢幕截圖，確保羅盤模組確實指著北方。

現在該是檢查經緯度計算的時候了，我已經設定了即時測量磁性方位的狀態。這些背景討論會讓您對於四旋翼的各種任務，如回到基地，有基礎的了解。

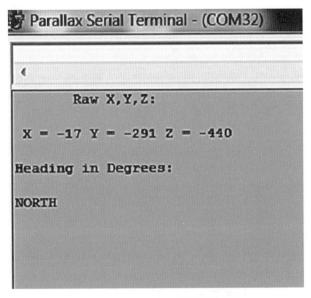

圖 11-8 PSerT 螢幕截圖顯示著北方

計算路徑長度與經緯度進行方位調整

我需要複習一些關於您可能錯過的經緯基礎原則，如果您在五年級的地理課上打盹。圖 11-9 中的水平線是緯度線，以及垂直線是經度線。經度線也被稱作子午線，而緯度線有時則稱作平行線。

如果您沿著經線切開地球，源於您做出星球是個球體的結論，它似乎會變成一個圓，但它不是。然而，為了我們的目的，我會理性地假設地球是球狀，因為在四旋翼操作中計算出的距離，和地球半徑的關係是極小的。任何因為這個假設而造成的差錯，都太小了以至於實際上不會被影響。

所有在經線上跨地區的切圓，有同樣的直徑，讓路徑更容易決定出真實的南北行駛方向。然而沿著水平的緯線切割，結果是在尺寸上遞減的圓形，您應該可以在從赤道（最大直徑圓形）到北極或南極其一（最小直徑圓形）行進時，精而易舉地預想整個影像。直徑上的變化讓決定距離這件事極度複雜，不過它是由一系列細算（稍後在這一段示範）所掌控的。

所有經緯的圓形可以更進一步區分角度、分鐘還有秒數來建立地理調節系統。零度經線是由國際標準定義的，經過英國格林威治。零度線左邊的垂直線被指定為西邊而右邊的線被指定為東邊。這些線持續到地球的另外一邊，結束在東西兩邊的180 度經線。零度經線也被稱作本初子午線。

圖 11-10 顯示了當它從零度緯線，也就是從赤道往北行進，經線之間的距離是怎麼變窄的。從赤道往南行進也維持同樣的事實。表 11-2 顯示了在選定緯線上的經線角度的精確測量。

正負 0.0001 度的測量，就四旋翼的操作而言是最有趣的，因為它對飛行操作來說會是具代表性的比例。這代表經緯的測量程度必須精確且至少到小數點後第四位。

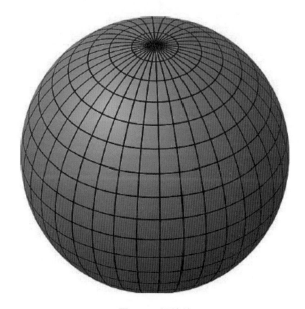

圖 11-9 經緯線

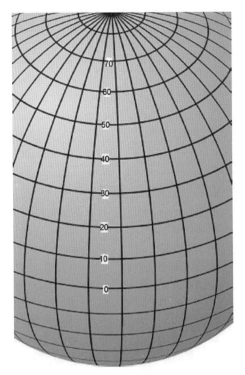

圖 11-10 經緯線

　　緯線或平行線之間的距離，無論您測量特定緯度的哪裡，都會是相等的。舉例來說，在赤道，1 緯線的長度是 111.116km，和 1 經線的長度幾乎完全相同。以下等式是真正的緯線長度計算方式：

$$緯線長度（Latitudinal\ length）= \pi \times MR \times \cos(\Phi)/180$$

其中
MR=6367449 公尺（地球半徑）
Φ = 地點對應的角度（以度為單位）

　　將 1 角帶入以上式子中，出現的結果是：（3.14159265 × 6367449 × .9998477）/180=111116.024 公尺或 111.116 公里或約 68.9 法定英里（Statute miles，sm）。

表 11-2 在各特定緯線上的相對經線長度

緯度	城鎮	度	分	秒	正負 0.0001
60	聖彼得堡	55.80km	0.930km	15.50m	5.58m
51 28' 38"	格林威治	69.47km	1.158km	19.30m	6.95m
45	波爾多	78.85km	1.310km	21.90m	7.89m
30	紐澳良	96.49km	1.610km	26.80m	9.65m
0	基多	111.3km	1.855km	30.92m	11.13m

計算經線長度

上述的經線長度計算方式有點複雜。我使用了半正矢公式（Haversine formula）來計算地球表面上任兩點之間的大圓距離。大圓距離常被稱作直線距離（As the crow flies），意味著兩點之間的最短距離。半正矢公式於 1984 年首先由 Roger Sinnott 在 Sky & Telescope 天空與望遠鏡雜誌出版。這個公式實際上有三個部分，第一步是計算 a 參數。嚴格說來，a 是兩個座標位置之間半弦的平方。第二步計算 c，是在弧度中表示有稜角的距離。最後一步是計算 d，是兩點之間的直線距離。完整的半正矢公式顯示在下面：

$$a = sin^2\left(\frac{\Delta\Phi}{2}\right) + |cos(\Phi_1) \times cos(\Phi_2) \times sin^2\left(\frac{\Delta\lambda}{2}\right)$$
$$c = 2 \times atan2\left(\sqrt{a}, \sqrt{1-a}\right)$$
$$d = M_R \times c$$

其中

Φ = 緯度

λ = 經度

M_R = 地球半徑（平均半徑 = 6371 km）

我保證距離是可以人工算出來的啦；然而，您在增加數字的準確性時必須非常小心，因為一些數字可能變得非常小。我選擇寫一個 Java 小程式來測試半正矢公式實際上如何由電腦運作，計算中保留所有細小數字的蹤跡。我確實想為一些數學背景的讀者，提及兩參數的 atan2 函數，這函數透過二步驟來維持正確的訊號，這訊號通常會在使用單參數 atan 三角函數的時候遺失。

我設置了簡單的測試，在用 google earth straight-path 特點決定路徑長度時，來比較半正矢公式的表現。我為這次測試隨機選擇了以下座標：

```
position 1  53  N 1  W
position 2  52  N 0  W
```

您可能立刻了解到，因為其中一個位置在本初子午線上，這個測試想必位於英國。圖 11-11 是 Google Earth 的螢幕截圖，有清楚描述的路徑，且顯示於對話框的路徑長度為 130.35km。

Java 的 測 試 類 別 稱 為 DistanceDemo.java，透 過 Eclipse 整 合 發 展 環 境（Integrated development environment，IDE）進行撰寫，並顯示在下方：

```java
package distance;
import java.util.*;
public class DistanceDemo {
final static int MR = 6371;              // 地球半徑單位是公里
static Scanner console = new Scanner(System.in);

public static void main(String[] args) {
double lat1, lat2, lon1, lon2, dLat, dLon, a, c, d;
System.out.println("Enter lat1 = ");
lat1 = console.nextDouble();
lat1 = Math.toRadians(lat1);   // 所有的角度必須要是弧度
System.out.println("Enter lon1 = ");
lon1 = console.nextDouble();
lon1 = Math.toRadians(lon1);
System.out.println("Enter lat2 = ");
lat2 = console.nextDouble();
lat2 = Math.toRadians(lat2);
System.out.println("Enter lon2 = ");
lon2 = console.nextDouble();
lon2 = Math.toRadians(lon2);

dLat = lat2 - lat1;
dLon = lon2 - lon1;

a = Math.sin(dLat/2)*Math.sin(dLat/2)
+
Math.sin(dLon/2)*Math.sin(dLon/2)*Math.cos(lat1)
```

```
*Math.cos(lat2);                                           // 半正矢公式
c = 2*Math.atan2(Math.sqrt(a),Math.sqrt(1-a));             // 角距離
d = MR*c;                                                  // 線性距離
System.out.println("Distance = " + d + " km");
} }
```

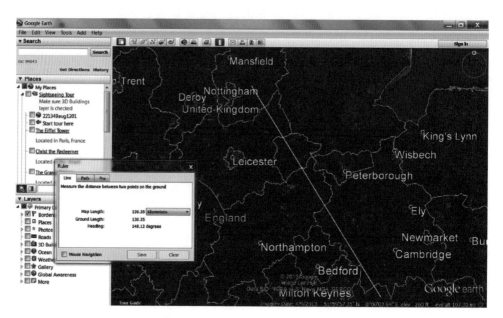

圖 11-11 Google Earth 顯示測試路徑

```
Console ⋈
<terminated> DistanceDemo [Java Application] C:\Program Files\Java\jre6\bin\javaw.exe (Nov 11, 2013 10:58:41 PM)
Enter lat1 =
53
Enter lon1 =
1
Enter lat2 =
52
Enter lon2 =
0
Distance = 130.17536520511493 km
```

圖 11-12 使用 Eclipse IDE 控制臺運行 DistanceDemo 程式的螢幕截圖

圖 11-12 是從 Eclipse IDE 控制臺輸出的程式運作螢幕截圖。您可以看到輸入的座標，還有計算出的距離 130.175 公里。

　　實際上我相信來自 Java 的運算結果會比 Google Earth 的結果來的精確，因為 Google Earth 路徑距離，依據的是我是否仔細的設置起始點與終點，這很難用電腦的觸控板做到。在任何狀況下，運算的結果只要誤差大約 0.1% 上下，便足以讓我確信半正矢公式的結果正常。

　　為了完成這個導航的討論，我還需要給您看一個公式。這個公式將會計算兩個座標之間的方位，且將配合電子羅盤來引導四旋翼在適合的路徑上。

計算方位

　　這個公式沒有正式名稱，卻常用來計算最初兩個座標之間的方位，使用大圓弧作為最短路徑距離。

$$\phi = atan2(sin(\Delta\lambda) \times cos(\Phi 2), cos(\Phi 1) \times sin(\Phi 2) - sin(\Phi 1) \times cos(\Phi 2) \times cos(\Delta\lambda))$$

其中
Φ = 緯度
λ = 經度
φ = 方位

　　然而這個公式，不像半正矢公式一樣複雜，將仍用 Java 程式來說明，我將這個專案叫做 BearingDemo.java。這專案的程式碼顯示如下：

```
package distance;
import java.util.Scanner;
public class BearingDemo {
static Scanner console = new Scanner(System.in);
public static void main(String[] args) {
double lat1, lat2, lon1, lon2, dLat, dLon, phi;    // phi 表示前方
方位
System.out.println("Enter lat1 = ");
lat1 = console.nextDouble();
lat1 = Math.toRadians(lat1);                // 所有角度必須以弧度呈現
System.out.println("Enter lon1 = ");
```

```
lon1 = console.nextDouble();
lon1 = Math.toRadians(lon1);
System.out.println("Enter lat2 = ");
lat2 = console.nextDouble();
lat2 = Math.toRadians(lat2);
System.out.println("Enter lon2 = ");
lon2 = console.nextDouble();
lon2 = Math.toRadians(lon2);
dLat = lat2 - lat1;
dLon = lon2 - lon1;
phi = Math.atan2(Math.sin(dLon)*Math.cos(lat2), Math.
cos(lat1)*Math.sin(lat2)- Math.sin(lat1)* Math.cos(lat2)*Math.
cos(dLon));
System.out.println("Bearing = " + phi + " radians");
phi = (phi/Math.PI)*180;                    // 轉換成度
System.out.println("Bearing = " + phi + " degrees");
  }
}
```

　　圖 11-13 是透過 Eclipse IDE 控制臺進行 BearingDemo 程式輸出時的螢幕截圖，
程式運行的座標和用在 DistanceDemo 程式的座標是一樣的。我把圖 11-11 印
出來，用量角器測量方位，並估計它的實際方位是 148 度，這與透過程式計算
的結果相符。請忽略方位值上的遞減狀況，因為它完全是 atan2 函數的結果。
以上使用的兩個 Java 專案可以在書本的網站上取得 www.mhprofessional.com/
quadcopter。

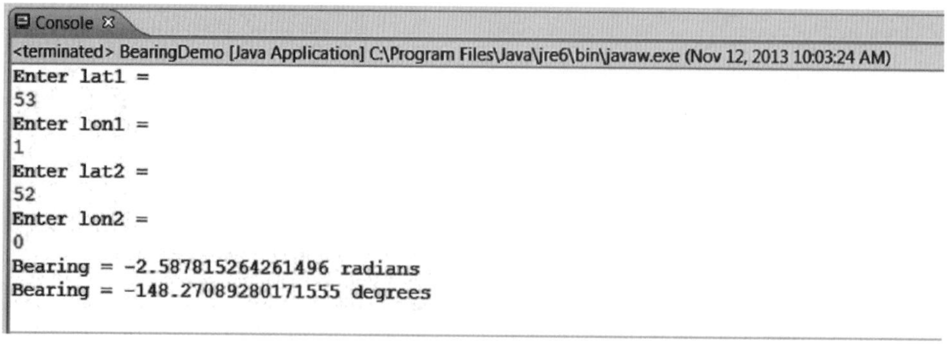

```
Console ☒
<terminated> BearingDemo [Java Application] C:\Program Files\Java\jre6\bin\javaw.exe (Nov 12, 2013 10:03:24 AM)
Enter lat1 =
53
Enter lon1 =
1
Enter lat2 =
52
Enter lon2 =
0
Bearing = -2.587815264261496 radians
Bearing = -148.27089280171555 degrees
```

圖 11-13 透過 Eclipse IDE 控制臺輸出的 BearingDemo 程式螢幕截圖

還有一個值得討論的項目，就是關於真實方位（地理北極）與磁性方位（磁北極）之間的方位差異。真實方位總是採用真實的北極或南極，常是地圖上的垂直線或上下直向。磁性方位採用磁北極，與真實的北極是偏離的，稱作磁偏差，它的值依據的是，您在地球表面上的哪裡使用羅盤。以我的位置來說，這種偏差大約是 17°W，意味著我必須在真實方位值再加 17°，以確定數值等於磁性方位。而在這裡用來示範的測試地點，磁性偏離大約 7°W，因此造成兩個座標位置之間的磁性方位應該為 155°，而非 148°的真實方位。也有被歸類到東邊（E）的磁性偏差；這些偏差必須從真實方位中扣除以取得正確的磁極方位。有一古老的口訣可以幫助飛行員與導航員，用來記住是否增加或減少：

"East is least and West is best"（東邊是減少；西邊是增加。）

還有另一羅盤自差補償，通常是用在非電子式的羅盤。這是由於磁性的遞減，或地球磁力線與測量羅盤之間的角度所導致。幸運的是，我們不需要擔心這個自差補償，因為電子羅盤模組已經自動算好了。

總結了導航基礎的討論。您現在對於如何在兩個地理座標點之間引導四旋翼應該有充足的知識了。

返家飛行方案

這部分的討論奠基於我個人對 VFCS 對返家方案運作的觀點。有整合這種操作系統的商業飛行控制系統。系統設計師如何執行運作通常是專利，也因此無法取得分析。我猜有些可能會在簡單的航位推算（Dead reckoning，DR）系統中記錄四旋翼轉動的角度以及沒轉動時飛行的時間，然後完全「倒轉」這些飛行動作來回到基地。這類型的航位推算可以完美符合近距離且幾乎沒有風會讓四旋翼被吹離命令的航向的操作者的需要。但我想像中的系統是更加堅固耐用的，而且很容易可以處理側風以及更長的路徑長度。這也適用於本章稍後討論的自主操作。

返家飛行指令首先需要的是儲存您飛行控制器的出發點座標，這件事情可以在四旋翼一開始啟動電源的時候，或在飛行控制器間隔時間內經過 R/C 發射器回應命令的時候自行完成。它甚至可以藉由按壓四旋翼上專用的按鈕來啟動。不論這代表什麼，四旋翼需要知道起始點或家座標。

四旋翼會依照操控者希望的方式飛過任何地方，直到它接收到了返家的指令。指令的傳送可以透過與之前描述過，除了按壓控制鍵，藉由儲存 Home 座標的方式讓四旋翼自行回家。但在這邊，讓我們假定有專用的 R/C 頻道可以用來啟動這次運作。而這個方式可能是最可靠的方法，雖然您可能無法任意使用未授權的頻道，特別是當您使用的 R/C 系統只有六個或更少頻道的時候。

1. 讓四旋翼返家的第一步是計算四旋翼當下位置，距離所儲存的 Home 位置的路徑距離與方位。而在這兩個計算中，方位真的是最重要的計算項目。因為四旋翼通常行徑緩慢，路徑距離很好被知道；而且當四旋翼衝過您 Home 位置時，只要它在正確的航向上，您總是可以透過手動的方式降低速度。

2. 第二步是命令四旋翼進行偏擺（Yaw）的動作，直到四旋翼指向正確的計算磁軸方位。記住，真實方位已經由公式算出，但是還是必須再增加或減少磁偏角數值來到達正確的磁軸。

3. 第三步是命令四旋翼以合理的速度繼續向前。路徑距離應該持續反覆計算直到這個數值趨近於零。

4. 第四步是當四旋翼距離 Home 的座標達合理的範圍，則將四旋翼慢下來並停止其向前的動作。我建議 +/-50 公尺（54.7 碼）的範圍會是個好選擇。

5. 第五也是最後的步驟，會是慢慢降低節流器的電源設置，直到盤旋的四旋翼降落。這部分可以藉由自動或手動完成。

　　這五個步驟是假定沒有存在影響四旋翼航向的側風。如果有側風的影響，這五個步驟可能會需要做一些修正。方位數值將必須在飛行時，使用當下的位置反覆計算。接著會需要一些次要的副翼命令，讓四旋翼微微轉到新的 home 方位。另外，我絕對不會在四旋翼以一定高度直線飛行時，嘗試讓四旋翼偏擺。

成群或編隊飛行

　　很有可能地，您已經看過四旋翼編隊飛行的線上影片。如果沒有，我會建議看這部影片，http://makezine.com/2012/02/01/synchronized-nano-quadrotor-swarm/。

　　編隊飛行許多年來一直都是一門熱門的研究主題。這個研究專注在昆蟲以集體方式行動的成群行為。研究者努力嘗試以四旋翼的團體或團隊，完成單一四旋翼不可能的任務為目標。賓州大學的 GRASP 實驗室（The General Robotics, Automation, Sensing and Perception）在這個領域一直是很指標性的一個單位。其中一位主任研究員 Vijay Kumar 教授，2012 年二月曾在 TED 上發表了 15 分鐘、非常精彩的演說，我強烈推薦您在開始閱讀這章之前先去看看這場演說。這是演講連結 http://www.ted.com/talks/vijay_kumar_robots_that_fly_and_cooperate.html。這部令人獲益良多的影片，提供了對於四旋翼性能與成群表現這部分豐富的資訊。

現在，我們將使用兩項技術用來實現四旋翼的成群表現：影像動作捕捉（Motion capture video，MoCap）和近距離偵測（Close-proximity detection）兩項技術。但在一開始，我將會先討論MoCap技術，然後才是近距離檢測技術。

動作捕捉

在 TED 影片中，我們可以看到 MoCap 相機被高掛在 GRASP 實驗室的牆上，那裏有著清楚視野的飛行區域的。每臺四旋翼上都掛有一些反射素材，提供相機接受到良好的光線目標。每臺 MoCap 相機皆透過網路連接到已經編程，作為分析 3D 空間中四旋翼位置偵測與確認的主控電腦上。其中可能已經有一臺四旋翼被選為「領導四旋翼（Lead quadcopter）」，並且使其他四旋翼透過感測器和分權控制的方式跟隨它。主控電腦可能會透過一些類型的預先飛行路徑編程程式，來控制領導四旋翼，而其他的四旋翼則跟著領導四旋翼。然而影片 http://www.geeky-gadgets.com/quadcopters-use-motion-capture-to-fly-in-formation-video-17-07-2012/ 中顯示的則是另一種情況，在執行編隊飛行時，所有四旋翼都透過 MoCap 直接的控制。

在這種狀況中，MoCap 相機捕捉所有四旋翼的反射記號，並發送影像到主機電腦，然後電腦計算每個四旋翼的位置和高度。精確地在 1mm 內再次定位，然後傳送到各四旋翼。控制頻率是 100Hz，意味著每 10ms 就會重新計算彼此的位置和高度來預防碰撞。

在 GRASP 實驗室的實驗中，各個四旋翼將自行決定離鄰居多近，如果距離太小就自己重新定位。我相信他們距離只有幾公分而已，非常的接近但無法較上述的全 MoCap 定位一樣緊密。

近距離檢測

在這裡我會討論 Parallax 作為近距離感測器的基本模組的 Ping 感測器。Ping 感測器顯示於圖 11-14。它整體的尺寸，大約 13/4 x 3/4 x 3/4 英吋（4.45x1.9x1.9 公分），對一個感測器的尺寸來說是有點大。

Ping 感測器使用超音波脈衝來決定距離。它以類似蝙蝠回聲定位行為的方式運作。這感測器可能以作為次系統被設計出來，因為有它自己的處理器可以控制超音波脈衝測量感測器與障礙之間的距離。圖 11-15 是這個感測器的方塊圖。我用了後續將討論到的測試設定進行測試，確認了這個感測器的感測範圍為 2 公分（0.8 英吋）到 3 公尺（3.3 碼）之間。

Ping 感測器使用單訊號線，由主機微處理器（BOE）來發射 2ms 脈衝，脈衝觸發了感測器板上的微處理器，來透過超音波轉換器發出向外的聲音脈衝。

圖 11-14 Parallax Ping 感測器

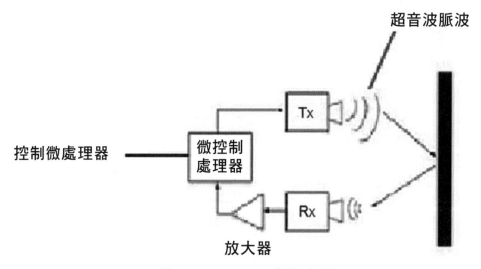

圖 11-15 Parallax Ping 感測器方塊圖

請由 Parallax 產品網頁下載測試程式碼，產品編號是 28015。測試程式稱為 Ping_Demo_w_PST.spin。程式將持續輸出感測器測量的距離，並透過英吋與公分為單位的方式呈現。這個程式也使用稱為 Ping.spin 的 Spin 資料庫項目，作為驅動並列在下方：

```
{{
*************************************************
*         Ping))) Object V1.2           *
* Author:  Chris Savage & Jeff Martin    *
```

Ping 的介面))) 感測並測量它的超音波傳遞到反彈時間。

測量可以用時間或距離作為單位。各方法使用一樣的參數以及連接 Ping 訊號線的 I/O 腳位。

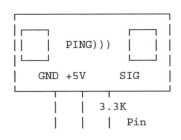

```
Connection To Propeller
Remember PING))) Requires
+5V Power Supply
```

-------------------------- 修改紀錄 ----------------------

v1.2 - 更新日期 06/13/2011 修改 SIG 的電阻，從 1K 到 3.3K

v1.1 - 更新日期 03/20/2007　修改 SIG 的電阻，從 10K 到 1K

```
CON
TO_IN = 73_746                         ' 英吋
TO_CM = 29_034                         ' 公分
PUB Ticks(Pin) : Microseconds | cnt1, cnt2      " 回傳 Ping)))
```
在一微秒中，單向的超音波旅行時間
```
outa[Pin]~                    ' 清除 I/O Pin
dira[Pin]~~                   ' 設定 Pin 為 Output
outa[Pin]~~                   ' 設定 I/O Pin
outa[Pin]~                    ' 清除 I/O Pin（大於 2 μs 的脈衝）
dira[Pin]~                    ' 設定 I/O Pin Input
waitpne(0, |< Pin, 0)         ' 等待 Pin 的數值為 HIGH
cnt1 := cnt                   ' 儲存現在計數器數值
waitpeq(0, |< Pin, 0)         ' 等待 Pin 數值為 LOW
cnt2 := cnt                   ' 儲存新的計數器數值
Microseconds := (||(cnt1 - cnt2) / (clkfreq / 1_000_000)) >> 1
' 將時間設回成 μs
PUB Inches(Pin) : Distance              ' 以英吋測量物件距離
Distance := Ticks(Pin) * 1_000 / TO_IN     ' 距離單位為英吋
PUB Centimeters(Pin) : Distance            ' 以公分測量物件距離
Distance := Millimeters(Pin) / 10          ' 距離單位為公分
```

```
PUB Millimeters(Pin) : Distance          ' 以毫米測量物件距離
Distance := Ticks(Pin) * 10_000 / TO_CM   ' 距離單位為毫米
```

下方的程式碼取自上面程式碼，產生初始脈衝給感測器的片段。裝在板上的感測器將訊號設置為高，然後接收另一超音波發送器傳回來的脈衝。回聲脈衝致使板上的處理器把訊號由高改變至低。在訊號水平由高至低時，Ping 碼測量流逝的時間間距（微秒之間）。當高值被探測到時，系統時鐘計數器值儲存於變數 cnt1，然後當感測器把訊號水平變低，則在變數 cnt2。不同的是，Cnt2 到 cnt1，應該會是在系統時鐘循環單位中經過的時間。

```
outa[Pin]~                    ' 清除 I/O 腳位（P0 由測試的程式碼物件設定）
dira[Pin]~~                   ' 設定 P0 為 output
outa[Pin]~~                   ' 設定 P0 為 high
outa[Pin]~                    ' 設定 P0 為 low（創造大約 2 μs 的脈波）
dira[Pin]~                    ' 設定 P0 為 input 腳位
waitpne(0, |< Pin, 0)         ' 等 P0 為 high
cnt1 := cnt                   ' 現在儲存當前系統時鐘計數器的數值到 cnt1
waitpeq(0, |< Pin, 0)         ' 等待 P0 為 low
cnt2 := cnt                   ' 現在儲存當前系統時鐘計數器的數值到 cnt2
Microseconds := (||(cnt1 - cnt2) / (clkfreq / 1_000_000)) >> 1
                              ' 將往返時間以 μs 計算
```

測試的程式碼也使兩個 LED 進行運作。當距離少於 6 英吋（15.24 公分）時，連結到 P1 的 LED 會打開。當距離超過 6 英吋時，另一連結到 P2 的 LED 會打開，同時 P1 的 LED 也會關掉。測試碼顯示如下：

```
" ****************************************
" * Ping))) Demo with PST & LED's
" * Author: Parallax Staff
" * Started: 06-03-2010
" ****************************************
{{
程式碼描述：在這範例中透過兩個 LED 燈作為距離指示。如果距離超過 6 英吋這樣 LED 1 就會開
啟，並如果距離少於 6 英吋，這樣 LED 2 便會開啟；而不論 LED 1 或 2 開啟，另一 LED 燈就會關
閉。Parallax 序列終端（PST）設定為 9600 baud（true 的狀態）會有數值顯示
}}
```

```
CON
_clkmode = xtal1 + pll16x
_xinfreq = 5_000_000
PING_Pin =0                              '  I / O   P i n   F o r
PING)))
LED1 =1                                  ' I/O PIN for LED 1
LED2 =2                                  ' I/O PIN for LED 2
ON =1
OFF =0
Distlimit =6                             ' In inches

VAR
long   range
OBJ
Debug  : "FullDuplexSerial"
ping   : "ping"

PUB Start
dira[LED1..LED2]~~
outa[LED1..LED2]~

Debug.start(31,30,0,9600)
waitcnt(clkfreq + cnt)

repeat                                               '不停重複
debug.str(string(1,"PING))) Demo ", 13, 13, "Inches = ", 13,
"Centimeters = ", 13))

debug.str(string(2,9,2))
range := ping.Inches(PING_Pin)          ' 將範圍設定為英吋
debug.dec(range)
debug.tx(11)

debug.str(string(2,14,3))
range := ping.Millimeters(PING_Pin)     ' 將範圍設定為毫米
debug.dec(range / 10)                   ' 輸出所有內容
debug.tx(".")                           ' 輸出小數點
debug.dec(range // 10)                  ' 輸出小數點後數值
```

```
debug.tx(11)

range := ping.Inches(PING_Pin)              ' 將範圍設定為英吋
if range < Distlimit                        ' 得到的範圍小於 6 英吋

outa[LED1] := ON                            '  P1 為 ON，LED 1 亮
outa[LED2] := OFF                           '  P2 為 OFF，LED 2 暗
elseif range > Distlimit                    ' 如果得到的範圍大於 6 英吋
outa[LED1] := OFF                           '  P1 為 OFF，LED 1 暗
outa[LED2] := ON                            '  P2 為 ON，LED 2 亮
```

圖 11-16 顯示在 BOE 上的無焊料麵包版上測試組件的設置。P1 的 LED 在麵包板頂端，而 P2 則靠近底端。一本書被放在離 Ping 感測器 8 英吋（20.32 公分）的位置，來反射超音波脈衝。圖 11-17 的 PSerT 螢幕截圖顯示圖 11-16 的測試結果。

圖 11-16 Ping 感測器測試設置

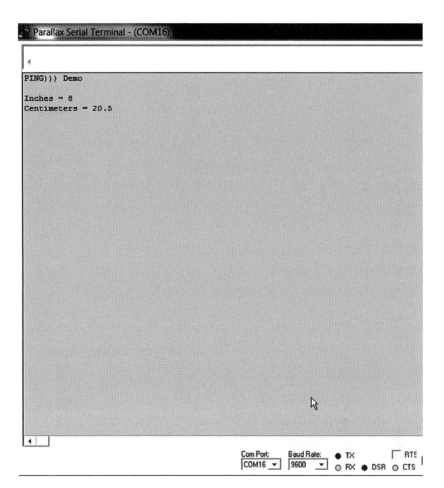

圖 11-17 Ping 感測器測試的 PSerT 螢幕截圖

接近地面的高度測量

Ping 感測器也可以將感測器朝向下方，裝置在四旋翼底盤的底部，作為地面高度測量的方式。Ping 感測器最大範圍是 3 公尺（3.3 碼），對於四旋翼在地面上進行盤旋或接近地面操作來說綽綽有餘。圖 11-18 中為懸掛在底盤底部並提供清晰的地面視野的 Ping 感測器。

它也可以用作近距離感測器設定的一部份，這在編隊飛行的部分討論過。在這種情況下，它會與底下飛行的任一四旋翼進行垂直間隙測量（Vertical clearance measurements）。

超音波感測器疑慮

如果您想要成功地使用超音波感測器來近距離探測，這裡有一些狀況您必須注意。這些情況會在下面列出並作討論：

- 風的亂流
- 螺旋槳雜音
- 電子雜音包括透過傳導或是輻射兩種
- 外部無線電干涉
- 機架震動

風的亂流是由螺旋槳所造成的。降低這類型干涉的唯一實際解決方式，是盡可能將感測器掛得離任何螺旋槳愈遠愈好。

螺旋槳雜音將額外的聲波能量加進感測器，普遍來說會減少超音波感測器的敏感度。因此小心的裝置馬達，讓它遠離馬達將能減少此種狀況的發生。

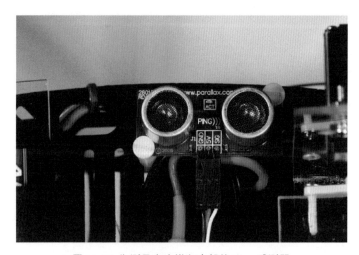

圖 11-18 為測量高度掛在底部的 Ping 感測器

超音波感測器的電源供應應該要直接與飛行控制板使用同一個電源。在 Elev-8 構造中，HoverflyOPEN 控制板的電源是透過電池分離迴路（BEC，Battery Eliminator Circuit）的供給（如我在第五章所描述的）。換句話說，AR8000 接收器的電力來飛行控制板。使用電調配電板（Power-distribution board）實際上會對減少干擾帶來幫助，會有干擾是因為提供保護地面飛行器的電源給 ESC（電調），而 ESC 是潛在的主要噪音源。

強烈干擾也可能會以造成電子雜音的方式呈現。這類型噪音常藉由使用簡單的 RC 濾波器（Resistor/Capacitor filter）消除。圖 11-19 顯示 RC 濾波器可以連接至感測器的電源輸入端來消除任何造成電子雜音的干擾。

經過線路的電流產生電磁場（Electromagnetic，EM）。攜帶了脈衝雜音的強烈電流產出稱作輻射電子雜音（Radiated electrical noise）的東西。超音波感測器所使用的電源線應該交互纏繞，來減輕任何可能的放射噪音干擾。如果干擾太過嚴重的話，您也許需要使用具屏蔽效果的電線。只需要在主機微處理器的一側，將具屏蔽效果的電線一端接地就能消除任何可能形成的循環電流。

也有一些在 Elev-8 板上的無線電發射器，可以生成較低水平的 EM 干擾。通常它們不會是您在先前所提過的控制量測上會碰到的問題。

最後干擾可能來自於機架的震動，這會擾亂感測器的正常運作。這類型的干擾很容易減到最小，可以經由加強感測器在機架上的安裝到方式，或是和橡膠索環一起掛上四旋翼的框架。而這些方法將與安裝 HoverflyOPEN 控制板在 Elev-8 上的裝置設計正好是同類型。

精巧操作四旋翼來維持其編隊飛行

如何在隊伍裡保持位置真正的問題在於：「如何提供極小的控制輸入訊號讓四旋翼改變區區幾公分的位置？」安裝在四旋翼吊臂尾端的 Ping 感測器非常容易進行編程，透過兩個腳位傳輸訊號到飛行控制器，可以讓相鄰的四旋翼靠得更近或離得更遠。所需的精確控制的輸入可能會由反覆的嘗試錯誤來決定，因為完成數公分範圍內的移動，只需馬達在轉速上稍有變化即可。實際上為了細小的橫向移動，就要四旋翼進行轉彎或俯仰是不合理的。大量的控制輸入，例如轉彎或俯仰會造成過多劇烈的位移，而這在操作上是不需要發生的事情。相反地，只要改變一或兩個馬達的轉速，約 100 至 200r/min，就可以滿足變化的需求。這種精確控制可能要重複每秒 10 到 20 次，來維持精確定位。

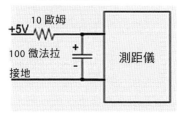

RC 噪音濾波器

圖 11-19 用於電子降噪的 RC 噪音濾波器

圖 11-20　MaxBotix HRLV-Max Sonar – EZ1TM，型號 MB1013

其他類型的接近度感測器

　　許多其他製造廠提供超音波感測器，近距離探測的功能非常好。圖 11-20 是 MaxBotix HRLV-Max Sonar–EZ1TM，型號 MB1013，體積大約是 3/4 x 3/4 x 3/4 英吋（1.9x1.9x1.9 公分）的微型感測器。

　　這款萬用感測器在操作上比 Ping 感測器具備更多功能。以下表 11-3 中的統整是取自 MaxBotix 資料表，提供您一些關於這感測器類型的附加背景。感測器的腳位連接顯示在圖 11-21。

表 11-3　MaxBotix 超音波腳位輸出描述

腳位號碼	名稱	描述
1	溫度感測器	連接外部的溫度感測器來改善整體的精確性。
2	脈寬輸出	腳位以每毫米 1μS（Microsiemens）的比例因數，輸出一脈寬的距離。輸出範圍是 300μS 之於 300 毫米（11.81 英吋）到 5000μS 之於 5000 毫米（196.85 英吋）。
3	類比電壓輸出	腳位輸出類比定標電壓，表示距離以比例因數每毫米（VCC/5120）。距離以 5 毫米解析度輸出。
4	測距開始 / 停止	如果這個腳位漏掉沒有連接，或保持在高，感測器會持續測量並輸出測距資料。如果保持在低，HRLV-Max Sonar–EZ 會停止測距。
5	序列輸出	序列輸出是 RS232 格式（0 至 VCC），1mm 的解析度。如果預期 TTL 輸出，焊接 PCB 背面的 TTL 跳板，如圖 11-20 所示。
6	VCC	感測器運作電壓從 2.5V 到 5.5V DC。
7	接地	這是感測器接地腳位。

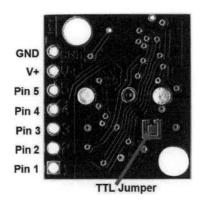

圖 11-21 MaxBotix 超音波感測器的腳位描述

Real-Time Range Data 即時測距資料——當 4 號腳位電位由低帶到高，感測器會即時運作，首先讀取輸出腳位，將會由第一次的命令讀取測距。當感測器讀取個測距後追蹤到 RX 腳位是處於低的位置，則會將 RX 腳位帶到高的電位，並以接近 100 毫秒的速度，來獲得未篩選的即時測距資訊。

Filtered Range Data 篩選測距資料——當 4 號腳位留在高電位，感測器繼續以每 100 毫秒的頻率測距，但是輸出會通過 2 赫茲的濾波器，並且輸出基於最近感測器測出的測距資訊。

Serial Output Data 序列輸出資料——序列輸出 ASCII 的大寫 R，後面接有四個 ASCII 代表毫米測距的數字字母，毫米後面有 Return(ASCII 13)。提供資訊的最大距離是 5000 毫米。序列輸出是最精確的測距輸出。序列資料透過 9600baud、8 資料位元發送，無檢驗碼但附有一個停止位元。

有個您一定要注意的限制是感測器最小距離或無傳感器死區（No Sensor Dead Zone）。感測器最小回報距離為 30 公分（11.8 英吋）。然而，HRLV-MaxSonar-EZ1 會測距並將感測器前側約 1 毫米（0.04 英吋）的目標進行回報，但是，目標會通報成 30 公分不等（11.8 英吋）。

另一您可能會考慮使用的近距離感測器，是基於隱形的光脈衝所設計而成的。Sharp GP2D12 感測器，是紅外線（Infrared，IR）的光測距感測器。如圖 11-22 所示。

圖 11-22 Sharp GP2D12 紅外線距離感測器

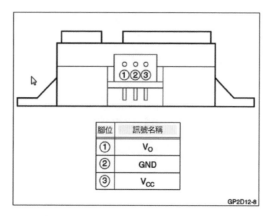

圖 11-23　Sharp GP2D12 感測器輸出腳位

這感測器使用的紅外線脈衝，類似於一般 TV 遙控使用的 IR 脈衝，且對環境光的條件來說更不受影響。腳位輸出之於感測器如圖 11-23 所示，且它僅有三個連結，一如 Ping 感測器的實例。VCC 供應範圍從 4.5 到 5.5V，且輸出是類比電壓，直接和目標範圍成比例。圖 11-24 顯示 VO 腳位電壓和目標範圍相比的圖。

這類型的輸出意味著您必須使用類比數位轉換器（Analog-to-digital converter，ADC）來獲得測距數值。測距的準確性也將會依賴 ADC 位元的數值。Parallax 螺旋槳的晶片使用 10 位元的 sigma-delta ADCs（Σ Δ 調變），這表示對於輸入電壓，可以將其細分為 1024 位元。圖 11-23 標示了在 10 公分（3.94 英吋）的距離，電壓輸出的最大值為 2.6V，這連帶也影響了最小測距感測器的探測距離。我可能會使用 VCC 作為 ADC 參考電壓，因為它已經可以達成且涵蓋預估的最大輸入電壓。

詳細算式如下：

最大可能輸入電壓 $/2^{10}$ = 5/1024
　　　　　　　　　= 每單位 0.004883 V 或是
　　　　　　　　　= 每單位 4.883 mV

最大測距是 80 公分（31.5 英吋），產生 0.4V 的輸出。因此，整體電壓變化從 10 到 80 公分的範圍是：

10 公分時 2.6V
80 公分時 -0.4V
間隔電壓為 2.2V

接下來將 2.2V 除以 70，使其變成每公分伏特。（注意：我假設是線性，並非實際上的狀況，但這個方式應該可以處理不太複雜的情況。）

2.2/70 = .03143 V/cm or

= 31.43 mV/cm

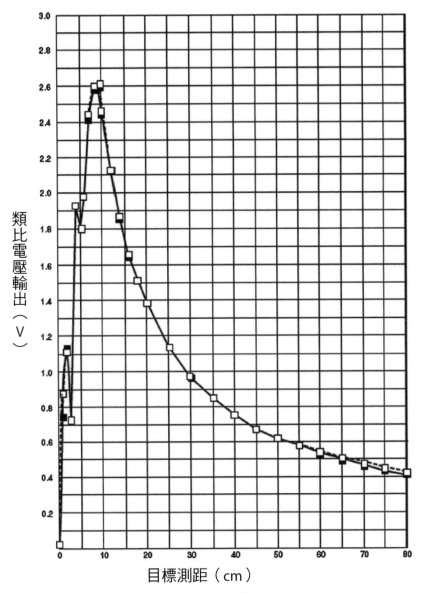

圖 11-24 類比電壓輸出（V）和目標測距（CM）比較

現在使用每單位 4.883 mV 除上方的計算結果，容易看出最後的精度：

(31.43 mV/cm)/(每單位 4.883 mV) = 每公分 6.44 單位 或是

四捨五入為每公分 6 單位

這意思是每公分的間距，可以分解成 1/6 公分或約 16 毫米（0.63 英吋），這應該可以滿足絕大部分的近距離操作。

以上計算是好的，但您可能因為實際數字而感到不解，因為和期望從 ADC 獲得的不同。以下顯示的三個數值代表了最小值、中點和最大值：

最小值 (2.6/5.0) ✕ 1024 = 532
中點值 (0.68/5.0) ✕ 1024 = 139
最大值 (0.40/5.0) ✕ 1024 = 82

我總會把計算過程再好好檢查一次，如下：

單位在 10 公分處 = 532
單位在 80 公分處 = -82
單位差 = 450

表示在 70 公分的間隔中，450 單位 / 每單位 6.44 公分，得到接近 70 公分。與上面所求相符。

我在以上計算確實提到，我假定類比電壓所比較的距離曲線是線性或直線的，但很明顯的這不是。如果您渴望絕對的精確性，您必須得改善表格，或者曲線方程式的分析也好。後面的作業實際上不會太難，可使用微軟 Excel 將資料設置中自動創建最適合的等式，但這最好留到之後再處理。

我想討論一個更特別的近距離感測器類型是 LIDAR。LIDAR 這個詞是組合字，取自於「光（Light）」與「雷達（Radar）」兩個字詞。它使用紅外線雷射光多次的探測並描繪出遠方的物體。在過去，LIDAR 感測器系統設計的十分笨重、需要大量的能源，並且價格非常昂貴。但直到最近，這套好用的系統變得更小，小到可以安裝到四旋翼上，而價格也變得較為便宜了。因為它使用高強度且歷時非常短的紅外線雷射脈衝，所以 LIDAR 可以測量到 3 公里（1.86 英里）遠或 3 公里以外的物體。透過感光照片接收器偵測反射的脈衝，並使用和傳統雷達系統幾乎相同的方法來計算距離。

圖 11-25 中的是 LIDAR 的 ERC-2KIT 模組，由 Electro-Optic Devices 販售。如圖所示，這套件組包含了單板測距控制器，除此之外還有發射器和接收器板。套件組中並沒有包含雷射二極管，這必須分開購買。由於二極管在選擇上需要在波長和電源容量兩者範圍中進行考量，因此二極管的選擇應該依照 LIDAR 的應用來做打算。一般波長是 850 和 905 奈米（nm），兩個都在紅外線得範圍裡。產生的功率可以從較低的 3W 變化成高的 75W，這是非常強大的雷射，如果沒有小心使用會造成眼睛嚴重的傷害。

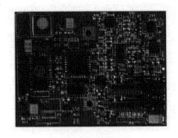

單板測距控制器

低噪音 Si-PIN 照片二極管光學接收器

MOSFET 基礎的雷射脈衝二極管驅動器備有濾波器

圖 11-25 LIDAR 系統模組 ERC-2KIT，來自 Electro-Optic Devices。

圖 11-26 LIDAR 脈衝二極管

圖 11-26 的是 OSRAM SPL PL85 LIDAR-capable 雷射脈衝二極管，功率在 10W 以及能力範圍可達到約 1 公里（0.62 英里）。LIDAR 脈衝歷時非常短，一般來說時間只有數十奈秒（nanoseconds）。然而，電流脈衝可以輕易地超過 20A。

Electro-Optic Devices 為它們的 LIDAR ERC-2KIT 提供測試和控制板，對於剛進行學習來說非常好用。Electro-Optic Devices 稱這塊板為 BASIC Programmable Laser Range Host Module，模組 EHO-1A，如圖 11-27 所示。

這板使用 Parallax Basic Stamp II（BS2）作為控制器，此控制器同時也適合這本書到目前為止、全部的 Parallax 控制器討論。BS2 使用稱作 PBASIC 的仿 BASIC 語言，來實行它的微控制器功能。BASIC，如同大部分您已經知道的內容，這原本是用於 Parallax 螺旋槳微控制器、是程序而非物體導向的 Spin 語言。但在這個專題中它更合乎需求，而且在 BS2 BASIC 裡寫程式真的非常簡單。BS2 也使用 The Basic Stamp Editor，而這是一個不同於 Propeller 晶片所使用的整合開發環境（Integrated development environment，IDE）。它可以從 Parallax 網站免費下載取得。

在接下來的部分中，我們節錄了來自 Electro-Optic Devices 的 EHO-1A 的 PBASIC 指令，說明如何在 LCD 螢幕上顯示資料，並如何讀取與寫入外部的模組。

（為了說明先將 LCD 移除）

圖 11-27 BASIC Programmable Laser Range Host Module，模組 EHO-1A，來自 Electro-Optic Devices。

寫入 EHO-1A LCD 螢幕

LCD 螢幕必須從 BS2 連續寫入。BS2 的指令 SHIFTOUT（移出）完成了這個任務。有四個 LCD 導向的子程序可在各實例程式中取得，它們是：

1. DSP_INIT ─初始化 LCD 螢幕
2. DSP_TEXT ─傳送字串至 LCD
3. DSP_CLR ─清除 LCD
4. DSP_DATA ─在 LCD 上展示二進位資料（上至 4 位數）

在各實例程式的最上方是 EEPROM DATA 的部分。ASCII 字串資料藉由 DSP_TEXT 子程序，儲存在要寫入 LCD 的這個位置。LCD 訊息串的格式如下：

```
LABBL DATA L#P#, LENGTH, "STRING INFO"
```

LABEL 可以是任何提供給訊息串的有效名稱。DATA 指示標記解析（tokenizer），將這資訊將會儲存進 EEPROM。L#P# 是列號（1 或 2）與位置編號（1 至 16），是 LCD 裡面本文的第一個字元的所在。LENGTH 是遵循內部引用記號的字元的號碼。之於以上範例，這個程式行可能會像這樣：

```
T_STRG DATA L2P1, 11, "STRING INFO"
```

當 DSP_TEXT 子程式以訊息指標 MSG 進行命名，並設置字串的標記：MSG=T_STRG，正文訊息 "STRING INFO" 顯示在 LCD 上第二行的第一個位置上。同樣地，BCD 的資訊可以透過 DSP_DATA 子程式寫入 LCD。而二進位的數字如果要在 0 到 9999 的範圍中顯示，則必須儲存進 VALUE。LCD 位置指標 LOC 必須設置到四位數結果的第一位數位置。在呼叫 DSP_DATA 子程式之前，得在兩個小數點中，做一個選項給四位數顯示（NNNN 或 NNN.N）。下面提供了兩個範例：

1. 如果要顯示編號 1234 在 LCD 的第一列中，而且字元位置由 10 開始：

```
VALUE = 1234
LOC = L1P10
D_FLAG = XXXX
GOSUB DSP_DATA
```

2. 如果要顯示編號 456.7 在 LCD 的第二列中，而且字元位置由 3 開始：

```
VALUE = 4567
LOC = L2P3
D_FLAG = XXX_X
GOSUB DSP_DATA
```

和外部模組溝通

每個範例程式在獲得子程式的資訊都有些不同，而在您自己開始寫自己需要的程式之前，應該詳細檢查一遍。ECH-4 尤其特殊，因為它使用了單一雙向串列匯排流。基礎過程會在後續繼續說明。

寫入外部模組

用 COMMAND 變數設定要寫入模組的指令或資料位元組，舉例來說：

```
COMMAND = $00
```

接著，讓精密時計選擇訊號 ，且其電壓為低，讓它具有溝通模組的能力。然後請用 BS2 的 SHIFTOUT 指示，傳送位元組到模組：

```
SHIFTOUT HDO, HCLK, MSBFIRST, [COMMAND]
```

現在將 的電壓設回高，阻斷它溝通的能力，並在寫入後認可。

從外部模組進行讀取

各模組有它自己的指示方式，使其資訊可以被讀取。為了更了解他的意思，我們來看個別的範例。普遍來說，執行讀取就像是執行寫入。讓精密時計選擇訊號（ ），並將其電壓設為低，使得模組得以互相溝通。現在使用 BS2 的 SHIFTIN 指示，讀取來自模組的位元組：

```
SHIFTIN HDI, HCLK, MSBPRE, [DATABYTE]
```

現在將 的電壓設回高，阻斷它的溝通，並在寫入後進行認可。而讀取的資訊現在就已經儲存進變數 DATABYTE 中了。

自主行為

自主行為發生在四旋翼執行任務、卻沒有人直接操控的時候。普遍的自主任務也許是飛預設的路線，包括沒有任何人介入的起飛和降落。這樣的任務必須預先決定飛行座標，並寫入飛行控制器以進行記憶。這些座標普遍稱作航點（Waypoints），也就是一串經緯座標設置，讓四旋翼在預定的情況中飛行。當然，等您滿足於能夠飛行預設路線、但卻沒有任何其他功能後，便會感到相當沒有意義。在飛行路線上時錄影或定期照相，會是一個較有意義的經驗，且能說明四旋翼的變化性。在自然災害後的空照破損評估，就是非常適合自主四旋翼的任務。

近來由一些組織開發、創造室內環境的虛擬映像則又是另一項有趣的任務。四旋翼會裝備上一種像是前面討論過的 LIDAR，LIDAR 通常會被掛在自動全方迴轉機構上。圖 11-28 中的是一種典型且相對便宜的裝置。

圖 11-28 LIDAR 映像的全方迴轉機構

使用 ERC-2KIT 時，只需要掛上一對連接測距控制器訊號線的輕型發射器和接收器板即可。在 Kumar 教授在 TED 演說裡所展示的影片中，您可以看到透過四旋翼完成建築地圖。在飛行控制器內合併人工智慧（Artificial intelligence，AI），可以幫助四旋翼避開障礙，並保持不在空間中受困。AI 這重要的主題我們會在下個段落有更深入的討論，因為要透過四旋翼完成一張室內地圖繪製，它會是至關重要的一環。

人工智慧

人工智慧在我這些年的研究內容中，是一極有趣的主題。我不會完整的討論 AI 的內容，但是會集中在可直接應用在狹窄空間中的四旋翼操作的必要概念。對於要完成這特定 AI 應用的首要目標，是為四旋翼控制器裝上足以「推理」的能力，以便可以自主地避開障礙。

研究員已經確定人工智慧運算中的模糊邏輯（Fuzzy Logic，FL），或更明確的模糊邏輯控制（Fuzzy Logic Control，FLC）特別適合自主機器人的操作。讓我先釐清這個困惑的狀況，AI 領域研究並非和「模糊（Fuzzy）」或是「困惑（Confused）」有關，簡單的來說它只是一個名字，用來囊括傳統討論的、彼此不相關的判斷指令，如 yes/no, true/false, equal/not equal 等等。在更進一步的討論前前，我需要讓您瞭解一些基本模糊邏輯的概念。

一些基本的模糊邏輯觀念

1973 年，Lufti Zadeh 教授在發明了模糊邏輯。他將集合論應用到傳統控制理論，以這樣的方式允許不精確集合的隸屬來控制目的，而非如 FL 之前使用標準的、精確的、數字的數值。這種不精確性允許雜訊和稍微變動的控制輸入，得以容納先前不可能的方法。

FL 依賴的邏輯命題原則是 Modus Ponens（MP），翻譯成「以證明來證明的方式」。相等的邏輯陳述是：

$$IF\ X\ AND\ Y\ THEN\ Z$$

X AND Y 被稱作前項，而 Z 是結果。

接著，我會用簡單的空間溫度控制範例來示範基礎部分，使用 FLC 作為補償的解決方式。一般來說，您可能有使用以下控制演算法，目的是控制室內溫度：

$$IF\ Room\ Temperature <= 60oF\ THEN\ Heating\ System = On$$

這反映了精確的測量與最終的控制動作，且很容易作為「愚笨的」溫度控制器的工具。以上控制轉變為 FL 的方式可能會變成：

$$IF(Room\ too\ cool)THEN(Add\ heat\ to\ room)$$

您應該輕易地領悟到輸入狀態的不精確性，在結果或輸出動作中，沒有任何溫度度數影響結果或輸出的動作。然而，別在思考上犯那樣的錯誤，FL 不直接使用數值，縱使它使用了度數，但不過是從值的集合導出。

房間溫度可以分門別類到以下描述符的區域：

- 冷的
- 涼爽的
- 一般的
- 溫暖的
- 熱的

如果您隨機調查一群人，您可以快速地發現一個人對溫暖的概念，可能是另一人對於熱的概念，且可以此類推。而一些類型的歸屬值，必須在不同的群體並指定不同的溫度，很快的就變得成為一個顯而易見的事實。此外，依據如何進行調查，溫度與歸屬值所形成的圖表將會具有不同的形式。三角形和梯形是一般來說是在歸屬函數（Membership functions）中所使用的兩種圖形，並且廣泛地簡化 FL 計算。歸屬值範圍從 0 到 100%，其中 0 指出沒有集合歸屬存在，而 100% 顯示所有集合歸屬都在區域之間。藉由集合的構件，我指的是在水平軸上的離散／不連續溫度。圖 11-29 顯示五個溫度區域的五個歸屬函數。

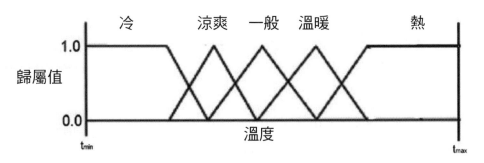

圖 11-29 溫度歸屬函數

對歸屬函數而言，這些形狀的使用可以避免造成任意的臨界值，臨界值會不必要地使得一區域到下一個區域變得複雜。但在特定形狀的狀況下，一特定溫度同時有兩個區域的歸屬，這是完全可能而且是我們所希望的。但並非每個溫度點都必須有兩個甚至三個歸屬，但除了非常冷和非常熱的梯形區域有關的極端情況，在區域邊緣的溫度都應該如此指定，就像是圖 11-29 中的 tmin 和

tmax。這格式允許輸入在一個區域中逐漸失去歸屬，同時增加與相鄰區域的歸屬。一個特定溫度轉換到特定區域作為歸屬值，被稱作模糊化（Fuzzification）。輸入溫度形成的歸屬值的全部集合，也被稱為模糊集合（fuzzy set）。

模糊集合和 Modus Pons 所結合的關係被用來作為輸入的規則集，以決定採取哪個動作來控制輸入。FLC 可以分析成以下三個階段：

1. 輸入 Input—這階段採感測器輸入，並應用於歸屬函數來產生一致的歸屬值。來自不同感測器的值也可以結合成混合的歸屬值。
2. 過程 Processing—採輸入值和應用所有適合的規則，以產生一個輸出值到下一個階段。
3. 輸出 Output—轉換過程導致特定的控制動作。這階段也被稱做去模糊化（Defuzzzification）。

這些經過的階段可以有許多規則，全都在 IF/THEN 的陳述裡面。例如：

IF(temperature is cold)THEN(heater is high)

前項 IF 的部分使「溫度是冷的」為「真」輸入值，觸發「真」使得加熱器輸出模糊集合的值應該為「高」。這樣的結果，伴隨著任何其他有效規則的輸出，為了及特定的控制動作，最終合成到輸出階段：被稱作去模糊化（Defuzzzification）。作為特定的規則，您也應該注意到了，輸入愈強的真值，就愈有可能會導致更強的輸出真值。然而，因為控制輸出不只源於一條規則，所得合成的控制動作也許不會是您期待的。舉例而言，在房間加熱與冷卻系統的例子中，如果使用風扇，根據規則集以及加熱器設置在高與否，風扇的速度非常有可能增加。

模糊邏輯對於 AI 的核心價值在於規則集的建構，規則集的建構基本上涵括了所有問題定義學家所建構的知識規則。通常，某個主題內容的專家（Subject matter experts，SMEs）們會被詢問一連串的問題，像是「如果這樣和那樣發生了，您的回應會是什麼？」這些問題和 SME 回答接著會構成一系列 IF/THEN 陳述的規則集。而 FLC 解決方式的實用性則完全依賴 SME 輸入的屬性。

這總結了我對 FL 的基礎介紹，然後現在我將回到如何使用 FLC 在四旋翼上。

四旋翼 FLC 應用

有兩種常使用在四旋翼上的 FLC 類型：

1.Mamdani

2.Sugeno

Mamdani 類型是標準的 FLC，有其輸入和輸出的歸屬形狀。輸出模糊變數的去模糊化是使用重心解模糊化（Center of gravity）的方法來完成。Sugeno 類型則是簡化的 FLC，其中僅輸入歸屬形狀。去模糊化則是藉由較簡單的加權平均方法完成。在這裡我只會討論 Mamdani 的 FLC，因為那似乎是最受歡迎的四旋翼 FLC。

FLC 普遍使用誤差（error，E），也就是實際輸出減掉預期輸出。我將使用 Z 作為輸入誤差的變數。使用錯誤變數的變率做為輸入也非常常見，我會顯示為 dE，d 代表產生 E 的時間。最後，應該說明積累的錯誤。它會用 iE 代表，i 代表在一時間間距內積分（加總）的錯誤。如果這一切看起來依稀相似，我會建議您回去參考第三章，其中介紹了比例積分與微分（PID）控制器。作為 PID 控制器，FLC 控制器運作有一些額外的事前事後過程，來說明 FL 組件。

輸入變數 Z、dE 和 iZ 也需要分別乘以它們的增益 GE、GDE 和 GIE。輸出變數會是被指定的 Z，並且它也有 GZ 的增益。

Matlab

Matlab 是個強大的科學模組和數學計算系統，是這個討論剩餘部分的基礎。Matlab 有各式各樣的套件，拓展它的能力，包括模糊邏輯套件。這組套件有以下特點：

- Mamdani 推論
- 以三角形為中心的歸屬函數，其餘為梯形
- FL 規則集遵照以下形式：
  If(Ez is E)and(dEz is DE)and(iEz is IE)then(Z is Zz), where E, DE, IE, and Zz are fuzzy sets.
- 使用重心解模糊化的方法去模糊化。
- AND 運算子作為最小值執行
- 蘊含式是最小函數
- 經由由反覆試錯調整輸入和輸出所得

圖 11-30 是 Matlab 四旋翼控制器統的方塊圖。示意圖中顯示四個 FL 控制器：
Z、roll、pitch、以及 yaw。Z 控制器作為一種主控函式動作，由於它控制了高
度或距離地面的高度。顯然地，如果四旋翼沒有高於地面，它就不是正在飛行；
則另外三個控制器動作就是假設的。各 FL 控制器有四個輸入，都是同樣重要
的輸入，第一次提到是在第三章裡面：

1.Throttle 油門
2.Elevator 升降舵
3.Aileron 副翼
4.Rudder 方向舵

各 FL 控制器也有四個輸出，其中一個分別給各四旋翼的馬達。您或許可以看
到歸屬函數繪製成各 FL 控制器區塊中的三個同屬三角形。它們簡單標誌各區
塊構成輸入階段。聚合區塊是掌握所有模糊集合以符合邏輯的方式輸出至四顆
馬達的合成過程與輸出階段

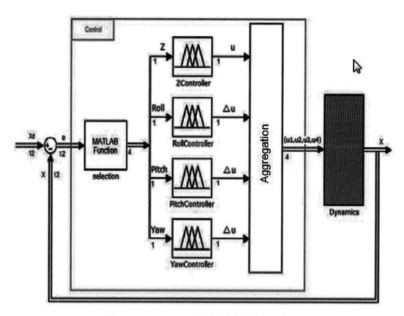

圖 11-30 Matlab 四旋翼控制系統方塊圖

Z 控制器總是有相等的電源支援各個馬達，以致於只允許垂直的行進。如果
FZ 為輸出，接著 4FZ 就必須供應給全部四個馬達。如果四旋翼被命令要保持高

度，這電源就必須一直維持在一定水平。其他控制器則可能需要馬達來加速、減速等，才能執行 yaw、pitch、或 roll 的動作，但是整體的動力網絡將總是導致 4FZ。模糊規則集將限制或禁止控制輸入的必然結合，這種事完全有可能發生，因為他們在物理上不可能執行。

Z 控制器理解起來可能是最簡單的，因為它只沿著單軸控制動作。比方說比例控制輸入（E）是錯誤訊號，是命令高度與實際高度之間的差異。同時現在會是微分（dE）和積分（iE）輸入，補給 PID 控制系統的全體。在輸入模糊集合的比例可能會是：

- 上升
- 盤旋
- 下降

微分和積分的輸入模糊集合可能會是：

- 負值
- 相等的
- 正值

透過 Mamdani 設置的輸出模糊集合可能會是：

- 上升許多
- 上升
- 不變
- 下降
- 下降許多

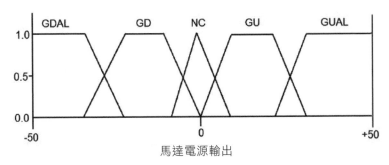

圖 11-31 Z 輸出模糊集合隸屬函數

圖 11-31 顯示了對 Z 參數而言可能的模糊集合隸屬函數，使用了列表的控制動作。注意五個隸屬形狀中的四個輸出是梯形，並只有 No Change 是尖銳三角形，因此反映專家意見，需要最常用的一些控制動作來維持高度。

表 11-4 顯示了可能的規則輸出，特定的全部九個組合 for 三個 Z 輸出變數 Z、dZ 和 iZ。記住這些內容是由主題內容專家（Subject matter experts，SMEs）建議之於歸屬變數的特定陳述條件。有時候這規則表會作為推測表格來參考，反映 MP 的背景。

表 11-4 Z 控制器規則表格

dZ-iZ	Z	上升	沒有改變	下降
負值	負值	GDAL	GD	NC
負值	相等的	GDAL	GD	NC
負值	正值	GDAL	GD	NC
相等的	負值	GD	GU	GU
相等的	相等的	GD	NC	GU
相等的	正值	GD	GU	GU
正值	負值	GU	GU	GUAL
正值	相等的	GU	GU	GUAL
正值	正值	GU	GU	GUAL

GUAL= 上升許多　GU= 上升　NC= 不變　GD= 下降　GDAL= 下降許多

當然，誤差項的相關結果，與其 PID 輸入所具備的增益值直接相關。一個更大的增益會對特定的輸入加入更多權重，會造成操作結果偏差。太多增益可能（並且常常會）導致不穩定或變動的行為，讓四旋翼無法正常飛行。

ViewPort™ 模糊邏輯函數

ViewPortTM 是提供給 Propeller 晶片的軟體開發工具，由 Parallax 合夥的 myDancebot.com 開發與銷售。ViewPortTM 包含模糊邏輯視角，作為部分的 ViewPortTM 發展工作室軟體套組。您可以用這個工具合併 FL 目標函式到您的程式裡。它以 Propeller 晶片和 Spin 程式為基礎，會大大地提昇您建立四旋翼 FLCs 的能力。

下面的說明是摘錄自 ViewPortTM 操作手冊，以釐清如何合併 FL 在 Spin 程式中：

ViewPort 伴隨著模糊視角中發現的圖形控制面板視角，且模糊邏輯引擎在 fuzzy.spin 目標函式中被執行。ViewPort 的模糊邏輯執行由模糊地圖、模糊規則還有模糊邏輯函數組成。

　　圖 11-32 是 ViewPortTM 程式的螢幕截圖，運作用了 FLC 的 Lunar-Lander 模擬。在較低的方框中，您應該也能夠看到三個輸入變數的歸屬函數圖，代表高度、速度和推力。我也擷取了圖 11-32 的部分，讓您看規則結果矩陣的特寫，顯示當應用於成比例的規則時，所有可能的速度及高度變數的應用。

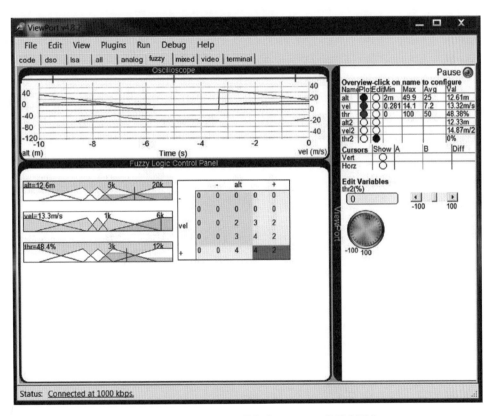

圖 11-32　FL Lunar Lander 模擬在 ViewPort 軟體上運作

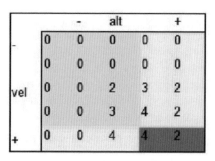

	-	alt			+
-	0	0	0	0	0
	0	0	0	0	0
vel	0	0	2	3	2
	0	0	3	4	2
+	0	0	4	4	2

圖 11-33　規則結果矩陣

圖 11-33 顯示了結果規則矩陣，有高度和速度兩者在正向區域。當您看到矩陣陰影的區塊，它出現組合的輸出大約是 3。這同樣出現在 ViewPortTM FL，當它不使用重心去模擬化，而更依賴平均配重時的輸出。但至少在這個實例中，我的確不相信它對於 FLC 整體運作會有太大的影響。

最後一部分總結了我的 AI 與 FL 討論，並且也結束了這本書。我希望您獲得一些知識，對於如何建造四旋翼、並如何運作有深入的見解。我嘗試提供您一個理性的背景，解釋如何與為何四旋翼如此這般表現，以及如何修改它到符合您自己個人的興趣。

記得，好好享受飛行四旋翼的樂趣，不過也要注意您自身與其他人的安全。

總結

本章由討論一個虛擬四旋翼可以如何回到它的起始位置或家作為開頭。為了完成這個目標，四旋翼會需要電子羅盤感測器，這點已經描述與示範過了。

我按照指示提供了簡短的討論，包括經線路徑長度是什麼，還有如何計算它們。接著，我們探索了半正矢公式、與它如何被用來計算兩對地理座標之間的大圓路徑長度。然後我們著眼於如何計算這些座標之間相對的真實方位。再來告訴您一旦決定了真實方位，要如何導出磁性方位，因為稍早提到的電子羅盤只和磁性方位產生作用。

而後編隊飛行的討論，包含特定近距離感測器，在一定程度上讓這類精確四旋翼飛行成為可能。使用 Parallax 超音波感測器，展示了可以操作各四旋翼相隔在 2 公分（0.79 英吋）以內。我也討論一些掛慮，您應該謹慎在四旋翼上使用這類感測器的事。

再來我討論了非常小的類比超音波感測器，也可以用於近距離操作。我為您示範了這款感測器要怎麼連接，以及如何與 Parallax Propeller 類比數位輸入一起使用。

下一個部分包含了 LIDAR 的介紹，是 light 和 radar 的結合詞。它是非常強大的感測器系統，可以探測障礙並完成長距離映射障礙至大約 3 公里（1.86 哩）。LIDAR 也曾被用於許多自主機器人專案。

我接著討論模糊邏輯（FL），模糊邏輯是人工智慧（AI）區域研究的分支，尤其適合四旋翼控制應用。我嘗試提供一點對 FL 和模糊邏輯控制（FLC）的綜合介紹，使用了房間加溫與降溫的例子。在這個例子裡，您看了輸入與輸出歸屬函數，以及規則集。規則集有效擷取並彙整了人類的專門技術，基於來自歸屬函數的輸入值的特定集合，這樣便能用來提供「智慧」判斷。

下一個顯示 FLC 應用，說明 FL 如何能應用於操作四旋翼。我也使用 Matlab 專案來更深入說明四旋翼 FLC 的操作。

這章以 ViewPortTM 的介紹作結，是個輔助性的 Propeller 晶片發展環境，其內剛好有內置 FL 函數。使用 ViewPortTM 讓 Propeller 的 FLC 開發變得非常明確與簡單，特別因為它已經替您完成了大部分複雜的程式。

國家圖書館出版品預行編目資料

動手打造專屬四旋翼 / 唐納.諾里斯(Donald Norris)著；CAVEDU 教育
團隊譯. -- 初版. -- 臺北市 ： 麥格羅希爾, 泰電電業, 2016. 12
　　面　；　公分
　　譯自：Build your own quadcopter
　　ISBN 978-986-341-293-9（平裝）

　　1. 飛行器 2. 飛行

447.7　　　　　　　　　　　　　　　　　　　　　105021995

動手打造專屬四旋翼

作　　　者　唐納•諾里斯（Donald Norris）
譯　　　者　CAVEDU 教育團隊
系 列 主 編　井楷涵
執 行 編 輯　Emmy
特 約 校 潤　趙珩宇
行 銷 企 劃　李思萱
版 面 構 成　張凱翔
合 作 出 版　美商麥格羅希爾國際股份有限公司台灣分公司
暨 發 行 所　臺北市 10044 中正區博愛路 53 號 7 樓
　　　　　　TEL: (02) 2383-6000　FAX: (02) 2388-8822
　　　　　　泰電電業股份有限公司
　　　　　　100 臺北市中正區博愛路 76 號 8 樓
　　　　　　TEL: (02)2381-1180　FAX: (02)2314-3621
　　　　　　http://www.fullon.com.tw
總 代 理　泰電電業股份有限公司
總 經 銷　時報文化出版企業股份有限公司
　　　　　　桃園縣龜山鄉萬壽路二段 351 號
　　　　　　TEL: (02)2306-6842
出 版 日 期　西元 2016 年 12 月　初版首刷
定　　　價　新台幣 480 元

ISBN：978-986-341-293-9

100台北市博愛路76號6樓

泰電電業股份有限公司

請沿虛線對摺，謝謝！

馥林文化

動手打造專屬四旋翼

感謝您購買本書，請將回函卡填好寄回（免附回郵），即可不定期收到最新出版資訊及優惠通知。

1. 姓名	
2. 生日	年　　　　月　　　　日
3. 性別	○男 ○女
4. E-mail	

5. 職業　○製造業 ○銷售業 ○金融業 ○資訊業 ○學生
　　　　　○大眾傳播 ○服務業 ○軍警 ○公務員 ○教職 ○其他

6. 您從何處得知本書消息？
　○實體書店文宣立牌：○金石堂 ○誠品 ○其他
　○網路活動 ○報章雜誌 ○試讀本 ○文宣品 ○廣播電視 ○親友推薦
　○《双河彎》雜誌 ○公車廣告 ○其他

7. 購書方式
　實體書店：○金石堂 ○誠品 ○PAGEONE ○墊腳石 ○FNAC ○其他_____
　網路書店：○金石堂 ○誠品 ○博客來 ○其他_____
　　　　　　○傳真訂購 ○郵政劃撥 ○其他_____

8. 您對本書的評價　（請填代號1.非常滿意 2.滿意 3.普通 4.再改進）
　書名___　封面設計___　版面編排___　內容___　文／譯筆___　價格___

9. 您對馥林文化出版的書籍　○經常購買 ○視主題或作者選購 ○初次購買

10. 您對我們的建議

馥林文化官網www.fullon.com.tw
服務專線（02）2381-1180轉391